Quantz / Meerwarth

Wasserkraftmaschinen

Eine Einführung in Wesen, Bau und Berechnung
von Wasserkraftmaschinen und Wasserkraftanlagen

Elfte neubearbeitete und erweiterte Auflage

von

Professor Dr.-Ing. K. Meerwarth
Direktor der Staatl. Ingenieurschule Eßlingen/Neckar

Mit 175 Abbildungen

Unveränderter Nachdruck

Springer-Verlag Berlin Heidelberg GmbH

Vorwort zur elften Auflage

Das von mir neu bearbeitete Buch von Dipl.-Ing. L. QUANTZ, Staatl. Baurat a. D., soll dem Studierenden als zuverlässiger Leitfaden dienen und den Mann der Praxis, der sich über Wasserkraftanlagen und Wasserkraftmaschinen unterrichten will, in ein vielschichtiges, für die Energiewirtschaft wichtiges Gebiet einführen.

Es setzt nur elementare Kenntnisse in Mathematik, Physik und Konstruieren voraus, beschränkt sich auf die Vermittlung gesicherter Grundlagen, berücksichtigt den neuesten Stand der Technik und will Wege und Grenzen aufzeigen, die das Gebot der Wirtschaftlichkeit vorschreibt.

In der neuen Auflage ist auf einen geschichtlichen Rückblick und auf die Behandlung der Wasserräder, bekannter Maschinenteile, der Turbinenregelung und der Normung von Turbinen bewußt verzichtet worden.

Damit wurde Raum für eine eingehendere Darlegung der notwendigen theoretischen Grundlagen, der Berechnung, Konstruktion und Betriebsverhältnisse der Francis-, Kaplan- und Freistrahlturbine und für die Aufnahme neuer, wichtiger Abschnitte über Energiewirtschaft und über allgemeine Richtlinien für die Planung von Wasserkraftanlagen, über die Grundlagen der Tragflügeltheorie mit Anwendung auf die Kaplanturbine und über die Abnahme von Wasserturbinen geschaffen.

Besonderer Wert wurde auf graphische Darstellungen in Form von Diagrammen, Kurvenblättern und Prinzipskizzen und auf die Wiedergabe neuzeitlicher Anlagen, Bauarten und Konstruktionen gelegt.

10 ausführliche Zahlenbeispiele und 175 Abbildungen sollen eine willkommene Ergänzung zum Text sein.

Am bisherigen Charakter des Buches ist so wenig als möglich geändert worden. Aufbau und Inhalt sind aber Maßstäben angepaßt worden, die das behandelte Thema heute verlangt. Dementsprechend ist die Beschreibung wesentlich gegenüber einer sachlichen Erklärung und Begründung zurückgetreten.

Mein aufrichtiger Dank gilt den Firmen, die mir bereitwillig Bildmaterial überließen, und dem Verlag für die vorbildliche Ausstattung des Buches.

Ich wünsche, daß das Buch auch mit seiner elften Auflage einen Beitrag zur Ausbildung und Weiterbildung von Ingenieuren zu leisten vermag, und begrüße jede sachliche Kritik und Anregung.

Eßlingen a. N., im Sommer 1963

Karl Meerwarth

Inhaltsverzeichnis

Inhaltsverzeichnis   V

Seite

I. Wasserkraftanlagen

1. Aufgabe und Aufbau

Die Strömungsenergie des Wassers, die sich in hochgelegenen Naturspeichern (Gebirgsseen) und in frei zu Tal schießenden oder fließenden Gewässern (Wasserfälle, Quellbäche, Flüsse) der Energiewirtschaft als wirtschaftlich ausnützbare Energiequelle anbietet, ist zwar mengenmäßig begrenzt und in ihrer Dichte örtlich sehr verschieden verteilt. Sie steht uns aber als unerschöpflicher Energievorrat so lange zur Verfügung, als der natürliche, durch die Sonnenenergie aufrechterhaltene, durch Klima, Bodengestaltung und Pflanzenwuchs gesteuerte und durch Niederschlag, Verdunstung, Speicherung und Abfluß gekennzeichnete Kreislauf des Wassers nicht durch die Unvernunft des Menschen oder durch Naturkatastrophen aus dem Gleichgewicht gebracht wird.

Bei einem in einem natürlichen Gewässerlauf zu Tal fließenden Wasserstrom wird die Strömungsenergie weitgehend durch die Widerstände im Abflußbett aufgezehrt und als wertlose Wärmeenergie an die Umgebung abgeführt. Er verursacht zudem laufend Veränderungen an den Ufern und der Sohle seines Abflußbetts und kann bei Hochwasser und Eisgang zu schweren Schäden, ja zu verheerenden Verlagerungen der ganzen Gewässerstrecke führen.

Diese Strömungsenergie läßt sich in Wasserkraftanlagen mittels Wasserturbinen in mechanische Arbeit umwandeln und, was heute fast die Regel ist, als elektrische Energie an den Verbraucher weiterleiten, wenn es gelingt, das für den Transport des Naturwasserstroms verbrauchte Energiegefälle mit einem wirtschaftlich tragbaren Aufwand und ohne Gefährdung der Anlieger zurückzugewinnen.

Dies wird erreicht, indem man

1. die für den Ausbau einer Wasserkraftanlage (WKA) vorgesehene Gewässerstrecke, die *Ausbaustrecke*, grundlegend reguliert und

2. innerhalb dieser Ausbaustrecke durch Anstau oder Umleitung des Wasserstroms einen künstlichen Wasserfall schafft.

Dabei ergeben sich 2 Arten von Wasserkraftanlagen:

1. Staukraftanlagen, bei denen man das Energiegefälle vorwiegend durch Aufstau des Wasserstroms in der natürlichen Gewässerstrecke erhält,

2. Umleitungskraftanlagen, bei denen das Energiegefälle vorwiegend in einer künstlich geschaffenen Umleitung anfällt.

Die Ausbaustrecke (Abb. 1), die vom unbeeinflußten Oberwasserspiegel·OWS (Pkt. *O*) bis zum unbeeinflußten Unterwasserspiegel UWS (Pkt. *U*) der natürlichen Gewässerstrecke reicht, begrenzt den Einflußbereich einer Wasserkraftanlage. Diese. Strecke setzt sich aus der Staustrecke *OA*, der Umleitungsstrecke *AD* und der Senkstrecke *DU* zusammen.

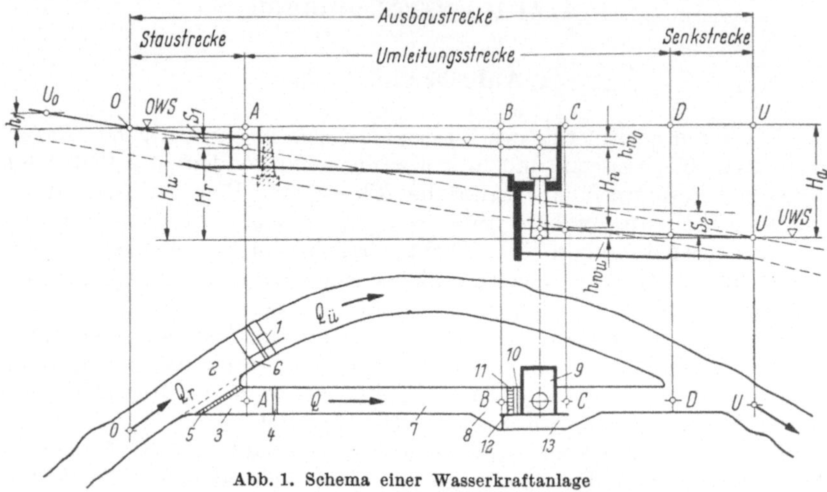

Abb. 1. Schema einer Wasserkraftanlage

Im allgemeinen gehören zu einer Wasserkraftanlage folgende Bauwerke:

1. *Stauanlage*

Sie sitzt am Ende der Staustrecke und besteht aus dem Stauwehr *1* (feste Wehre, Schützen-, Klappen-, Walzen-, Dachwehre, Talsperren), der Wasserfassung *2* und dem Einlaufbauwerk *3* samt Abschlußorganen *4* (Einlaßschützen) und Reinigungsanlagen (Grobrechen *5*, gegebenenfalls Sandfang und Sandschleuse *6*). Am Stauwehr wird der Rohwasserstrom Q_r angestaut, der Werkwasserstrom Q in der Wasserfassung gefaßt und dieser über das Einlaufbauwerk der Triebwasserleitung *7* zugeführt.

2. *Triebwasserleitung*

Sie besteht aus der Zuleitung *AB* und der Ableitung *CD*. In der Zuleitung, entweder als offene Leitung (Freispiegelkanal) oder als geschlossene Leitung (Stollen und Rohrleitung) ausgeführt, fließt *Q* über die Entlastungsanlage *8* zum Krafthaus *9* und von hier durch die Ableitung, meistens ein Freispiegelkanal, wieder in den natürlichen Gewässerlauf zurück. Bei offenen Leitungen sieht man mit Rücksicht auf Sicherheit und Reinigung vor dem Krafthaus eine weitere Einlaßschütze *10* mit davorliegendem Feinrechen *11* vor. Geschlossene Leitungen sichert man zwischen Entlastungsanlage und Krafthaus doppelt durch Drosselklappen, Ring- oder Kugelschieber ab.

3. *Entlastungsanlage*

Diese als Schwallraum oder als Wasserschloß ausführbare Sicherheitsvorrichtung muß einen durch plötzliche Belastungsänderung angefachten Wasserschwall aufnehmen und jeden überschüssigen, die Schluckfähigkeit der Wasserturbinen übersteigenden Wasserstrom unter Umgehung des Krafthauses über Überfälle *12* und Leerschußgerinne *13* unmittelbar und störungsfrei zum „Unterwasser" abführen. Bei offenen Leitungen werden Schwallräume *8*, bei geschlossenen Leitungen Wasserschlösser als Entlastungsanlagen vorgesehen.

4. *Kraftwerk*

Es umfaßt das Krafthaus *9*, in dem die Wasserturbinen, meist mit direkt gekuppelten elektrischen Generatoren, Regelungseinrichtungen, Hilfsmaschinen, Schaltwarte, gegebenenfalls Büroräume untergebracht sind, die Schalt- und Transformatorenanlagen sowie Transporteinrichtungen und Werkstätten.

2. Fallhöhe, Wasserstrom

Unter der Fallhöhe H versteht man den senkrechten, durch Nivellement feststellbaren Höhenunterschied zwischen 2 Wasserspiegeln. Dementsprechend erhält man die *Ausbaufallhöhe* H_a als Spiegeldifferenz zwischen dem Oberwasserspiegel OWS und dem Unterwasserspiegel UWS der Ausbaustrecke. Ausbaufallhöhe und Ausbaustrecke kennzeichnen die Ausbaustufe, also den Energiebereich der Wasserkraftanlage. Die in der Umleitungsstrecke anfallende *Umleitungsfallhöhe* H_u ergibt sich aus der Summe der am Stauwehr anfallenden Stauhöhe s_1 und der Höhendifferenz H_r zwischen den Wasserspiegeln der natürlichen Gewässerstrecke in Pkt. A und Pkt. U. Es gilt also:

$$H_u = H_r + s_1 \quad [\text{m}].$$

Nun treten aber auch in der Triebwasserleitung durch Wandreibung und Strömungswiderstände in Krümmern unvermeidbare Fallhöhenverluste $\sum h_{w_a} = h_{w_o} + h_{w_u}$, also eine Fallhöhenverminderung auf. Damit wird die am Krafthaus konzentrierte, den Wasserturbinen zur Verfügung stehende *Nennfallhöhe*

$$H_n = H_r + s_1 - \sum h_{w_a} \quad [\text{m}].$$

Mit der Nennfallhöhe H_n m, dem Werkwasserstrom Q m³/s und dem spezifischen Gewicht γ kp/m³ des Wassers erhält man die verfügbare Werksleistung

$$N_w = \frac{\gamma Q H_n}{75} [\text{PS}] = \frac{\gamma Q H_n}{102} \quad [\text{kW}]. \tag{1}$$

Die beiden für den Ausbau einer Wasserkraftanlage ausschlaggebenden Leistungskomponenten Q und H_n unterliegen dauernd mehr oder weniger großen, nicht beeinflußbaren Schwankungen. Der in einer Gewässerstrecke angebotene Rohwasserstrom Q_r und damit auch Q hängen von der Größe F_e, von der Bodenbeschaffenheit und von der Wasserspende q seines Einzugsgebiets (Abb. 2) ab, wobei q die sekündliche pro Quadratkilometer Einzugsgebiet anfallende Wassermenge ist, die von den Niederschlägen im Einzugsgebiet abhängt.

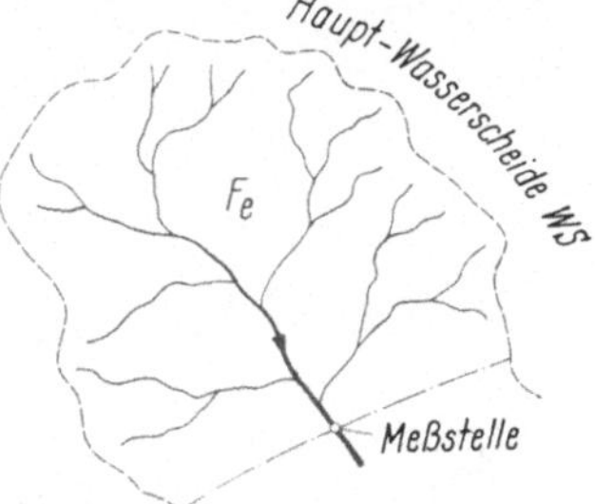

Abb. 2. Einzugsgebiet

Dieses Gebiet wird aber hydrologisch nicht durch seine topographische, sondern durch seine hydrologische Wasserscheide WS (Abb. 3) begrenzt, die sich entsprechend den Niederschlagsmengen verlagert. Da sich q und damit $Q_r = q\,F_e$ nicht genau errechnen läßt, pflegt man Q_r unmittelbar und möglichst laufend an geeigneten Meßstellen in der Gewässerstrecke nach dem in Abschn. 43.1, S. 157, beschriebenen Meßverfahren zu bestimmen. Die unmittelbare Messung setzt unveränderliche Meßquerschnitte in geraden Meßstrecken voraus. Lassen sich laufende Messungen nicht durchführen, so mißt man in dem gewählten Meßquerschnitt einige charakteristische, im Laufe eines Jahres anfallende Rohwasserströme Q_r und entnimmt alle weiteren Werte von Q_r einer Schlüsselkurve (Abb. 4).

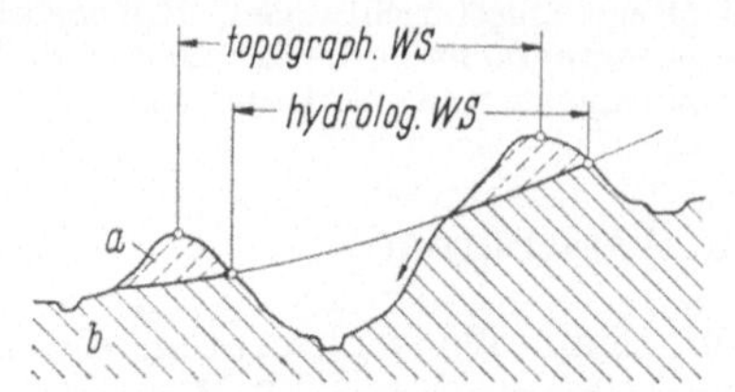

Abb. 3. Wasserscheiden WS
a durchlässiger Boden; b undurchlässiger Boden

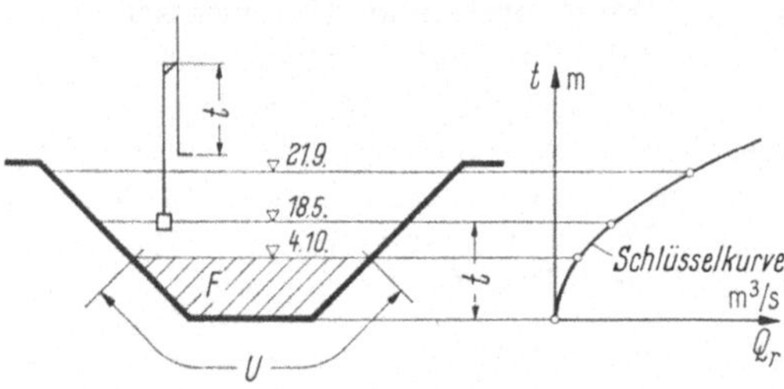

Abb. 4. Schlüsselkurve
F Durchflußquerschnitt; U benetzter Umfang;
t Wassertiefe

Sie ergibt sich, indem man die gemessenen Q_r-Werte in Funktion der zugehörenden Wasser- (Pegel-) Stände t aufträgt und die so ermittelten

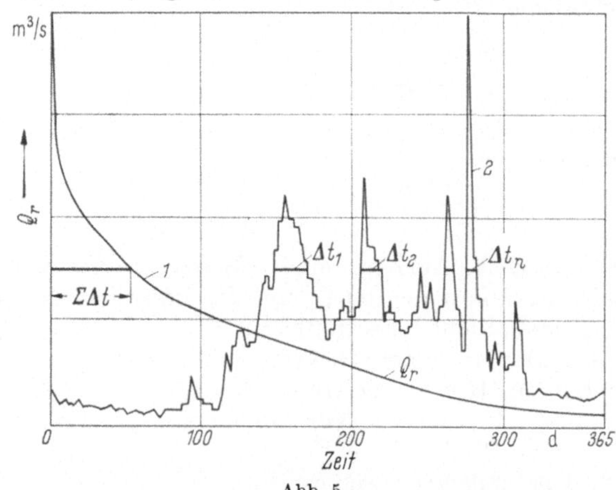

Abb. 5
1 Wassermengendauerlinie;   2 Wassermengenganglinie

Meßpunkte durch einen steten Linienzug verbindet. Trägt man jetzt die Tagesmittelwerte von Q_r in zeitlicher Reihenfolge über die Dauer eines Jahres auf, so bekommt man die Wassermengenganglinie 2 (Abb. 5).

Ihr Verlauf ist je nach Charakter der Gewässerstrecke und des betrachteten Jahres verschieden. Er wird um so gleichmäßiger, je länger die Gewässerstrecke ist. In dieser Richtung wirken auch natürliche Rückhaltebecken, wie z. B. beim Rhein der Bodensee. Dementsprechend ergeben sich sehr unterschiedliche Ganglinien für Hochgebirgs- und Mittellandflüsse, für trockene und nasse Jahre.

Man versteht, daß auch die Fallhöhe entsprechend der Wasserführung zwischen Höchst- und Tiefstwerten schwankt. Da die Stauhöhe s_1 in der Regel festgelegt ist, also alle Überschußwasserströme $Q_{ü} = Q_r - Q$ über das Stauwehr unmittelbar in die Gewässerstrecke abgeführt werden müssen, steigt mit $Q_{ü}$ vor allem der Unterwasserspiegel hinter dem Krafthaus an. Dieser als Rückstau s_2 bezeichnete Spiegelanstieg im Unterwasser vermindert die Nennfallhöhe H_n und damit die Werksleistung N_w. Bei Wasserkraftanlagen mit kleinen Nennfallhöhen kann während einer Hochwasserperiode der Anteil von s_2 an H_n so groß werden, daß der Betrieb völlig zum Erliegen kommt.

3. Energiewirtschaft

3.1 Allgemeines

Energiehaushalt, Anschaffungs- und Betriebskosten einer Kraftanlage werden im wesentlichen durch das Energiedargebot und den Energiebedarf bestimmt. Bei Wasserkraftanlagen unterliegen im Gegensatz zu Wärmekraftanlagen nicht nur der Energiebedarf E_B des Verbrauchers, sondern auch das Energiedargebot E_D, das hier die Natur stellt, ununterbrochen mehr oder weniger periodischen, leider nicht gleichlaufenden Schwankungen, die sich in ihrer Zeitfolge und Größe im voraus nur statistisch erfassen lassen. Die Vorausbestimmung des zu erwartenden Bedarfs und Dargebots bildet jedoch die Grundlage für die Planung einer Wasserkraftanlage und für die Festlegung ihrer Betriebspläne, nach denen im Hinblick auf einen wirtschaftlichen Betrieb gefahren werden muß.

Die Lösung dieser wichtigen Aufgabe ist schwierig und langwierig. Es werden daher hier die üblichen Verfahren nur soweit beschrieben, als zum Verständnis des Sachverhalts notwendig ist.

3.2 Energiedargebot

Zur Ermittlung des Energiedargebots E_D braucht man zunächst die Wassermengen- und Fallhöhendauerlinien. Wie Abb. 5 zeigt, erhält man die Wassermengendauerlinie *1* aus der Wassermengenganglinie *2*, indem man die Q_r-Werte der Wassermengenganglinie zeitlich der Größe nach ordnet.

Maßgebend für die Bemessung der Wasserbauten und Turbinen einer Wasserkraftanlage ist die *Ausbaugröße Q_a* (Abb. 6), d. h. der maximale Wasserstrom, der in den Wasserturbinen verarbeitet werden soll.

Liegen Ausbaugröße Q_a, Ausbaunennfallhöhe H_{n_a} sowie das Längs- und die Querprofile der Triebwasserleitung für die geplante Ausbaustufe fest, so lassen sich die Fallhöhenverluste $\sum h_{w_a}$ in der Triebwasserleitung festlegen und für jeden Q-Wert die Stauhöhen s_1 und s_2 ermitteln. Damit kann man aber aus der Beziehung $H_n = H_{r_a} + s_1 - \left(s_2 + \sum h_{w_a}\right)$ für jeden, der Wassermengendauerlinie 1 entnommenen Q-Wert den zugeordneten Wert H_n der Nennfallhöhe berechnen und die Nennfallhöhendauerlinie 2 auftragen.

Mit dieser Dauerlinie erhält man die *ausnützbare* Wassermengendauerlinie $b\,c\,d$. Ersetzt man die unter dieser Dauerlinie liegende Fläche $a\,b\,c\,d\,e$ durch das flächengleiche Rechteck $a\,b'\,d'\,e$, so stellen seine Höhe den Mittelwert Q_{m_a} des im Jahre ausnützbaren Wasserstroms und

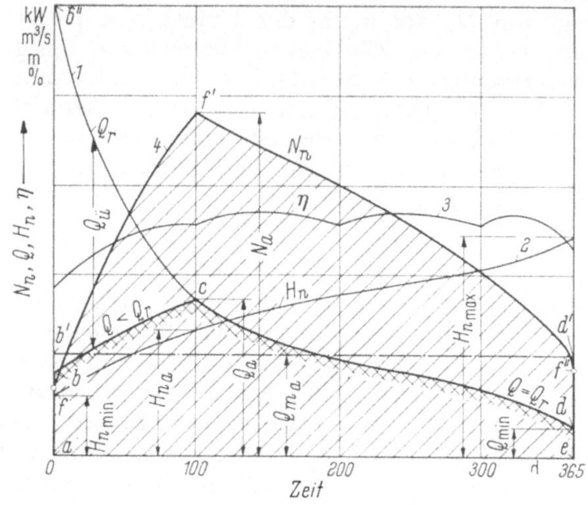

Abb. 6. Leistungsplan

das Verhältnis $W = Q_{m_a}/Q_a$, das als *Werksnutzbarkeit* bezeichnet wird, einen wirtschaftlichen Wirkungsgrad dar. Q_{m_a} ist dabei ein Maßstab für die Einnahmen und Q_a ein Maßstab für die Anschaffungskosten.

Mit η, dem Turbinenwirkungsgrad, und η_G, dem Generatorwirkungsgrad, erhält man aus Gl. (1) die an der Turbinenwelle abgegebene Nutzleistung

$$N_n = \eta\, N_w = \frac{\gamma\, Q\, H_n}{75}\, \eta\, [\mathrm{PS}] = \frac{\gamma\, Q\, H_n}{102}\, \eta \quad [\mathrm{kW}] \tag{2a}$$

und die an den Klemmen abgegebene Generatorleistung

$$N_{n_G} = \eta_G\, N_n \quad [\mathrm{kW}]. \tag{2b}$$

Liegt weiter η bzw. η_G in Funktion von Q und H_n vor, so läßt sich auch die Wirkungsgraddauerlinie 3 aufzeichnen, damit für jedes Wertepaar Q und H_n aus Gl. (2a) bzw. (2b) N_n bzw. N_{n_G} berechnen und schließlich die Leistungsdauerlinie 4 aufzeichnen. Der Inhalt der unter dieser Dauerlinie liegenden Fläche $a\,f\,f'\,f''\,e$ ergibt dann die jährlich von den Wasserturbinen erzeugbare Energie in PSh oder kWh, also das Energiedargebot E_D einer Wasserkraftanlage (s. Beisp. Abschn. 31).

Bei der Betrachtung des Leistungsplans (Abb. 6) erkennen wir zunächst, daß im Bereich $c\,d$ der ausnützbaren Wassermengendauerlinie $Q < Q_a$ ist, also Wassermangel herrscht, und daher die Wasserturbinen trotz steigender Nennfallhöhe H_n immer weniger Leistung abgeben. Dagegen besteht in ihrem Bereich $b\,c$ der Wasserstromüberschuß $Q_{\ddot{u}} = Q_r - Q$, der unausgenützt über das Stauwehr abgeführt werden muß. Wir stellen außerdem fest, daß auch in diesem Bereich infolge absinkender Nennfallhöhe H_n der Wasserstrom $Q < Q_a$ wird und damit die ganz geöffneten Turbinen immer weniger Leistung abgeben. Man muß also Q_a so auslegen, daß E_D ein Optimum wird, s. Abschn. 6.

3.3 Energiebedarf

Diesem Energiedargebot E_D steht in der Regel ein wesentlich größerer Energiebedarf E_B des Versorgungsgebiets gegenüber, der zudem täglich wie jahreszeitlich erheblich schwankt. E_B ist feststellbar, indem man fortlaufend den Leistungsbedarf N_B registriert. Auf diese Weise ergeben sich die in der Praxis als „Lastkurven" bezeichneten Belastungsganglinien eines Tages, einer Woche, eines Jahres, von denen lediglich in Abb. 7 eine typische Tageslastkurve für einen Sommertag, in Abb. 8 eine typische Tageslastkurve für einen Wintertag dargestellt sind.

Zur besseren Übersicht werden den folgenden Betrachtungen nur Tageslastkurven zugrunde gelegt.

Der Inhalt der unter der Belastungsganglinie *1* liegenden Fläche $o\,b\,c\,T$ (Abb. 8) ergibt dann den täglichen Energiebedarf E_B in kWh.

Nun verlangt aber der Energiehaushalt, daß zwischen Energieangebot E_D und Energiebedarf E_B möglichst geringe Fehlbeträge auftreten. Das besagt aber, daß jederzeit nicht nur E_B durch E_D, sondern auch

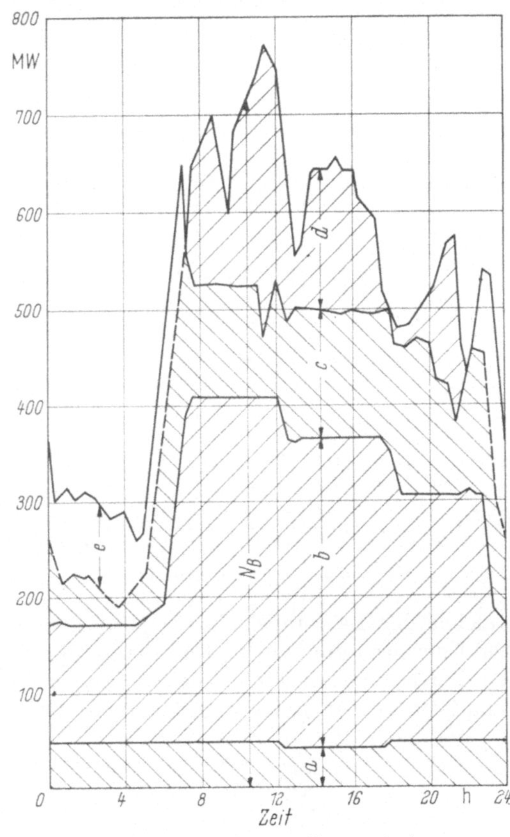

Abb. 7. Lastkurven (Sommertag)
a Laufwasserkraftwerke; *b* Dampfkraftwerke; *c* Fremdstrombezug; *d* Hochdruckwasserkraftwerke; *e* Pumpspeicherwerke

der Leistungsbedarf N_B durch das Leistungsangebot N_D gedeckt werden muß, wobei zunächst noch offenbleibt, von welcher Seite N_D zur Verfügung gestellt wird.

Auf alle Fälle erkennt man sofort, daß sich die sehr kurzfristig auftretende Leistungsbedarfsspitze $N_{B_{max}}$ nicht ohne besondere Maßnahmen und keinesfalls von Wasserkraftanlagen allein wirtschaftlich decken läßt. Es liegt daher nahe, die Belastungsschwankungen derart auszugleichen, daß man ständig mit der Mittellast $N_{B_m} = E_B/T$ fährt, die hierbei auftretenden Energieüberschüsse $E_{\ddot{u}}$, in geeigneter Weise umgeformt, aufspeichert und zur Überbrückung des Energiemangels E_r wieder heranzieht (Abb. 8). Ein derartiger Speicherbetrieb läßt sich bei Wasserkraftanlagen nur sehr selten verwirklichen, weil ihr Energie- und Leistungsangebot zeitlich immer anders als der Energie- und Leistungsbedarf verlaufen. Man muß also bei der Energieaufteilung einen Schritt weitergehen, indem man die Belastungsverhältnisse anhand der Energiesummenlinie *3* (Abb. 9) untersucht.

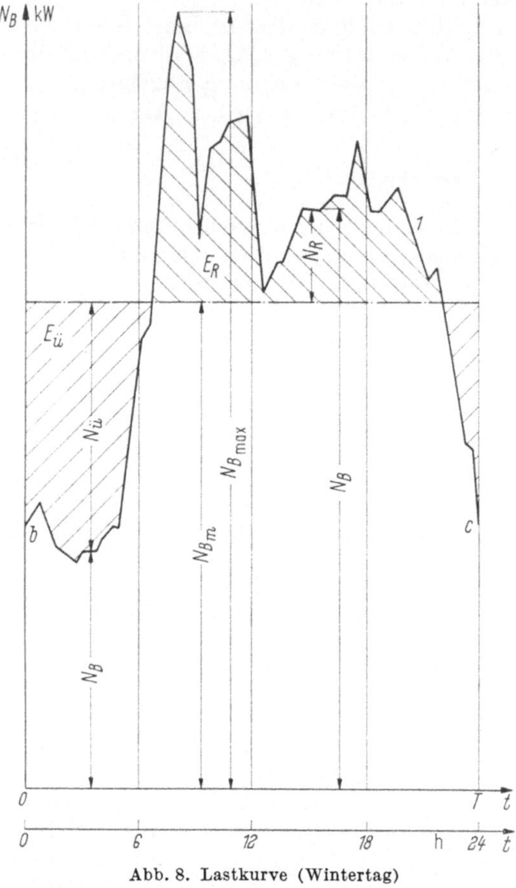

Abb. 8. Lastkurve (Wintertag)

Diese Summenlinie erhält man aus der Belastungsdauerlinie *2*, in welcher der Leistungsbedarf N_B zeitlich der Größe nach geordnet ist. Die Energiesummenlinie ist dann die über N_B aufgetragene Inhaltskurve der Belastungsdauerlinie. Ihre Abszissen E_B stellen somit den Flächeninhalt unter der Belastungsdauerlinie dar.

Demnach gilt:

$$E_b = \sum_{N_B=0}^{N_B} t\, \Delta N = \text{Inhalt der Fläche } o\,a\,b\,c\,T, \tag{a}$$

$$E_B = \sum_{N_B=0}^{N_{B_{max}}} t\, \Delta N = \text{Inhalt der Gesamtfläche } o\,a'c\,T. \tag{b}$$

Steht N_B vom Betrag $x = o$ bis zum Betrag $x = N_{B_{max}}$ über die Gesamtzeit T zur Verfügung, so geht Gl. (a) in die Geradengleichung $E_b = Tx$ über. Die Energiesummenlinie wird dann zur Geraden $3'$. Führt man jetzt als weiteren Begriff den *Energieausnützungsfaktor* $\beta = E_b/E_0$ ein, so erhält man damit einen Maßstab für die Energieaufteilung. Wie Abb. 9 ohne weiteres zeigt, wird β um so schlechter, je kürzer die Belastung N_B dauert.

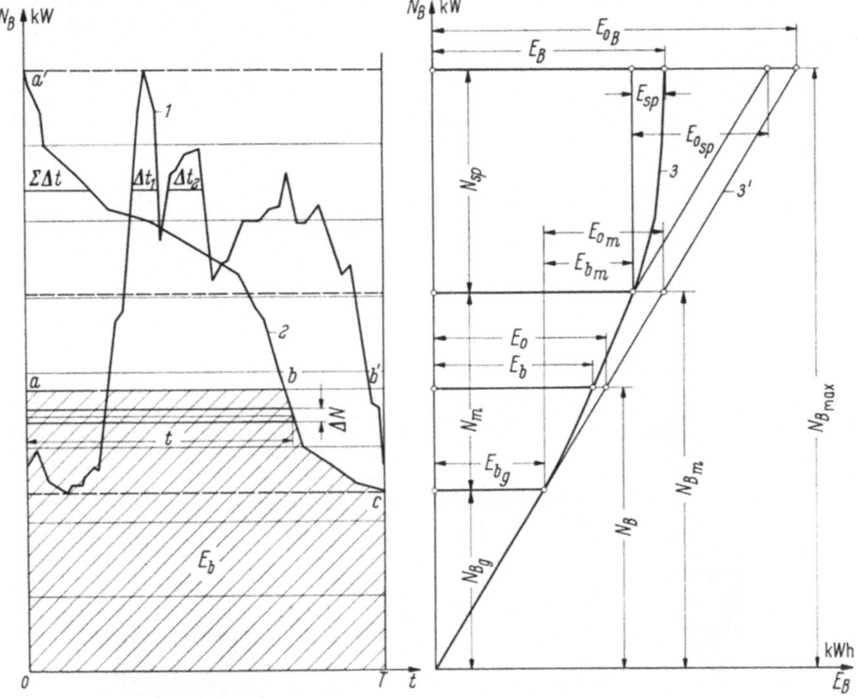

Abb. 9. Energieaufteilung, Energieausnützungsfaktor β
Grundlast: $\beta_g = E_{b_g}/E_{b_g}$; Mittellast: $\beta_m = E_{b_m}/E_{0_m}$; Spitzenlast: $\beta_{sp} = E_{sp}/E_{0_{sp}}$

Da der Energiebedarf E_B eines Versorgungsgebiets meist nur zu einem geringen Teil (etwa 15 % in Westdeutschland) durch „Wasserkraft" gedeckt werden kann, geht man zur Verbundwirtschaft über. Um die Energieversorgung ihres Einzugsgebiets sicherzustellen, wird $N_{B_{max}}$ derart auf Wasserkraft-, Wärmekraft- und Pumpspeicherwerke verteilt, daß der verlangte Energiebedarf E_B gedeckt wird und jedes Kraftwerk den ihm zugewiesenen Energiebedarfanteil bei einem möglichst hohen β-Wert erzeugt. Soweit möglich wird man also Wasserkraft-Laufkraftwerken die Grundlast N_{B_g}, Wärmekraftwerken und Pumpspeicherwerken die Mittellast $N_m = N_{B_m} - N_{B_g}$ und Hochdruckwasserkraftwerken und Pumpspeicherwerken die Spitzenlast $N_{sp} = N_{B_{max}} - N_{B_m}$ zuteilen.

Abb. 7 zeigt, in welcher Weise die Last in einem modernen, großen Energieversorgungsbetrieb verteilt wird.

4. Einteilung der Wasserkraftanlagen

4.1 Niederdruckanlagen $H_n < 10$ m

4.1.1 Reine Flußkraftwerke (Abb. 10).
In gedrängtester Bauweise stehen Krafthaus und Stauwehr mit ihrer Längsachse quer zum Flußlauf. Diese Bauart ist dort am Platze, wo sich höchstes Hochwasser ohne

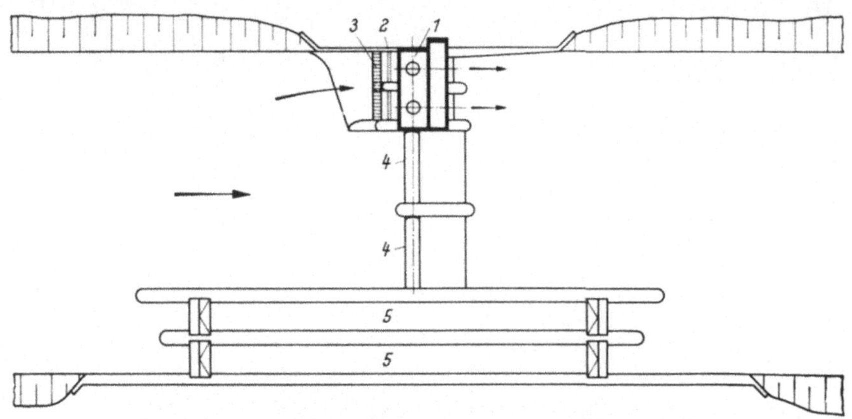

Abb. 10a. Reines Flußkraftwerk

1 Krafthaus;   *2* Einlaßschützen;   *3* Feinrechen;   *4* Stauwehr;   *5* Schleusen

Abb. 10b. Donauflußkraftwerk Jochenstein

$Q_a = 1750$ m³/s; $H_n = 9{,}6$ m;   5 Kaplan-Betonspiralturbinen (Voith und Vöest) mit je $Q_n = 350$ m³/s, $n_n = 62{,}5$ min⁻¹, $N_n = 39\,400$ PS

Verbreiterung des Flußquerschnitts störungsfrei über das Stauwehr abführen läßt.

Bei reinen Flußkraftwerken erhält man beste Energieausbeute, wenn man die Ausbaufallhöhe H_a der ganzen vom Oberlauf bis zur Mündung reichenden Gewässerstrecke in mehrere Ausbaustufen unterteilt, also zum Stufen- oder Staffelausbau übergeht. Hierbei erreicht man wiederum ein Optimum mit Schwellbetrieb. Bei diesem Betrieb wird der Oberlaufwasserstrom in Zeiten geringen Energiebedarfs in einem Speicherbecken vor der obersten Staustufe aufgespeichert, aus diesem Becken als Schwellwasserstrom in Zeiten des Spitzenenergiebedarfs den Zwischenstufen zugeführt und in einem Ausgleichsbecken der letzten Staustufe wieder aufgefangen.

4.1.2 Aufgeteilte Kraftwerke (Abb. 11). Diese Variante des Flußkraftwerkes wird dort gewählt, wo infolge politischer Grenzen im Flußlauf die Energieerzeugung geteilt werden muß. Die beiden an den gegenüberliegenden Ufern sitzenden Krafthäuser werden durch ein im Mittelstrom liegendes Stauwehr verbunden.

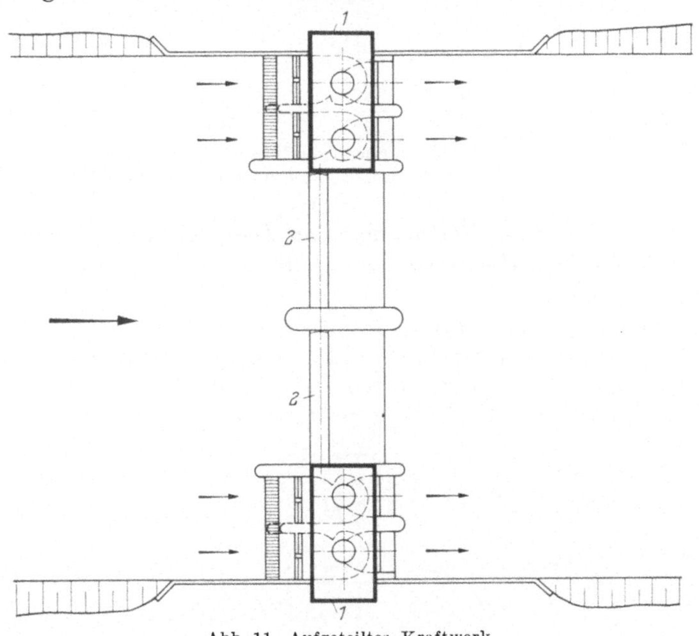

Abb. 11. Aufgeteiltes Kraftwerk
1 Krafthaus;　*2* Stauwehr

4.1.3 Pfeilerkraftwerke. Eine weitere Variante des Flußkraftwerks ergibt sich im Pfeilerkraftwerk, bei dem die Turbineneinläufe, Maschinensätze und Turbinensaugrohre in den Pfeilern des Stauwehrs untergebracht werden. Die breit ausfallenden Pfeiler verengen den Durchströmquerschnitt des zwischen die Pfeiler gespannten Stauwehrs. Infolgedessen kann sich bei Hochwasserabfuhr, also bei völlig geöffnetem Wehr,

1 a*

der Oberwasserspiegel so weit absenken, daß die Turbinenkammern wasserfrei werden. Des weiteren werden die Kraftwerksrechen bei Eisgang und Schwemmzeuganfall hoch belastet. Endlich erfordern Montage und Bedienung der Maschinensätze eine über die ganze Flußbreite laufende Kranbrücke.

4.1.4 Buchtenkraftwerke (Abb. 12). Hier wird das Krafthaus in eine als „Bucht" bezeichnete Flußverbreiterung gestellt und damit der Flußströmung entzogen, so daß dem Stauwehr die gesamte Flußbreite zur

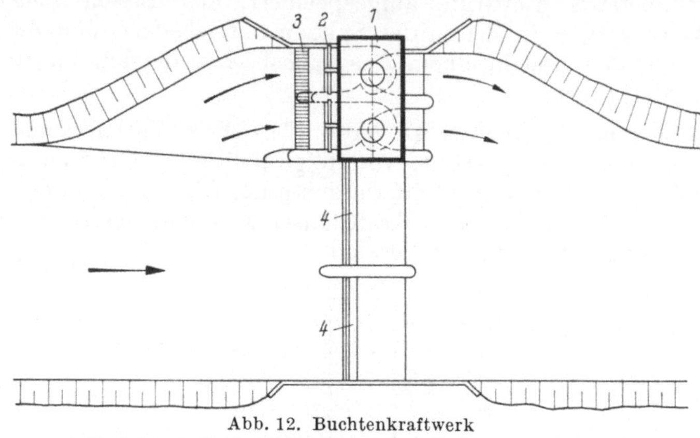

Abb. 12. Buchtenkraftwerk
1 Krafthaus; *2* Einlaßschützen; *3* Feinrechen; *4* Stauwehr

Höchstwasserabfuhr zur Verfügung steht. Diese Kraftwerke eignen sich dort, wo das höchste Hochwasser sehr hohe Beträge gegenüber der Ausbaugröße Q_a aufweist.

4.1.5 Schlingenkraftwerke (Abb. 13). Mit der künstlich geschaffenen Flußschlinge wird das Krafthaus vom Flußlauf und Stauwehr abgetrennt. Diese Anordnung bringt den Vorteil, daß das Krafthaus im Trockenen erstellt und außerdem bei Einbau einer Kanaleinlaufschwelle und eines

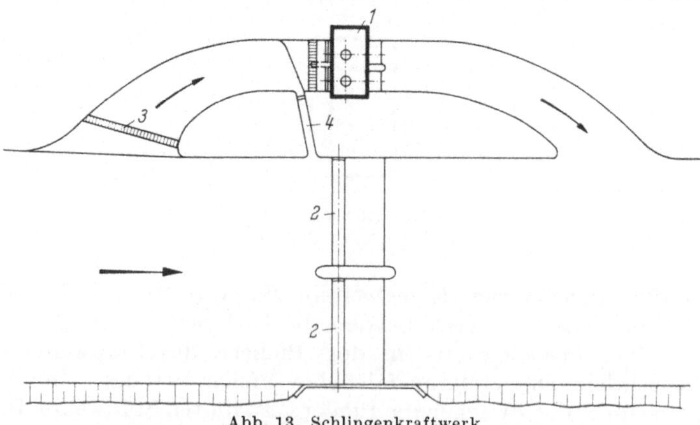

Abb. 13. Schlingenkraftwerk
1 Krafthaus; *2* Stauwehr; *3* Grobrechen; *4* Spülschleuse

Grobrechens gegen Geschiebe- und Schwemmzeuganfall gesichert werden kann.

4.1.6 Überströmte Kraftwerke. Bei einem überströmten Kraftwerk, in dem Krafthaus und Stauwehr in einem Baublock vereinigt sind, wird das Hochwasser, Eis und Schwemmzeug mit einer selbstregelnden Stauklappe über den Baublock abgeführt. Diese Kraftwerke müssen daher wasserdicht ausgeführt werden und kosten im allgemeinen mehr als gleich große Kraftwerke normaler Bauart (Abb. 76).

4.1.7 Kanalkraftwerke (Abb. 1). Sie werden heute nur noch für kleine und mittelgroße Anlagen gebaut. Der Vorteil, daß hier Triebwasserleitung und Krafthaus im Trockenen aufgebaut werden können, wird durch verschiedene Nachteile aufgewogen. Bei langen Kanälen, in denen vielfach mehrere Kraftwerke hintereinander angeordnet sind, muß man lange Trockenbettstrecken in der natürlichen Gewässerstrecke in Kauf nehmen, die, wie die Erfahrung zeigt, zu einer empfindlichen Absinkung des Grundwasserspiegels und damit zur Versteppung des Einzugsgebiets führen können. Sie stören also den natürlichen Wasserhaushalt, vermindern die Güte des landwirtschaftlichen Kulturbodens und beeinträchtigen zudem noch das Landschaftsbild.

Der bei Niederdruckanlagen übliche Energieabstieg in Flußläufen und Kanälen läßt sich bei Nennfallhöhen $H_n > 10$ m nicht mehr wirtschaftlich durchführen. Infolgedessen muß man diesen Abstieg vom Einlaufbauwerk bis zum Krafthaus stufenweise vollziehen. Dementsprechend erhält man:

4.2 Mitteldruckanlagen $H_n < 50$ m

Hier ergeben sich 2 Bauarten:

4.2.1 Kanalkraftwerke (Abb. 14). Man unterteilt die Zuleitung in einen Freispiegelkanal, der mit einem kleinen Spiegelgefälle vom Stauwehr bis zu dem jetzt zum Freispiegelwasserschloß umgebildeten Schwallraum geht, und in eine möglichst kurze Druckleitungsstrecke, die vom Wasserschloß zu den Wasserturbinen abfällt und als Druckrohrleitung oder als Druckschacht ausgeführt werden kann.

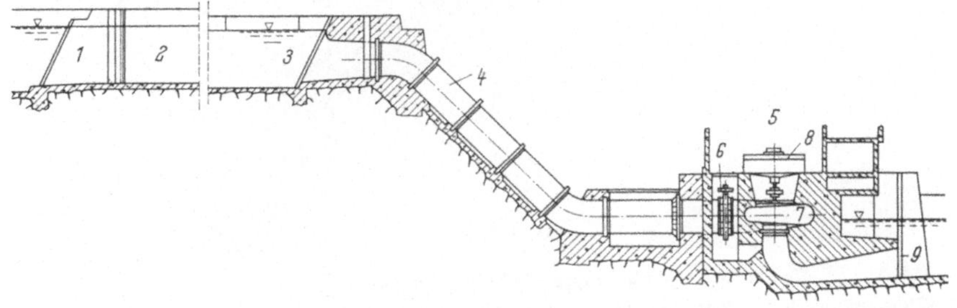

Abb. 14. Mitteldruck-Kanalkraftwerk

1 Einlaufbauwerk;   *2* Freispiegelkanal;   *3* Freispiegelwasserschloß;   *4* Druckrohrleitung;
5 Krafthaus;   *6* Drosselklappe;   *7* Kaplanspiralturbine;   *8* Generator;   *9* Dammbalkenfalz

4.2.2 Staukraftwerke (Abb. 15). Hier tritt anstelle des Stauwehrs eine Talsperrenmauer, von der eine kurze Druckrohrleitung (Druckschacht) zu den Wasserturbinen führt.

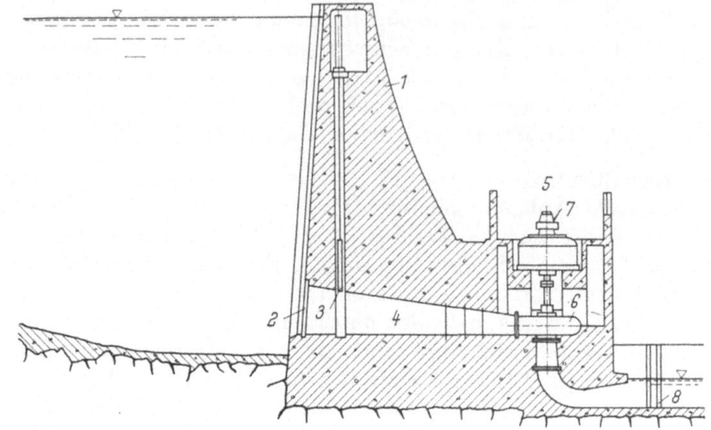

Abb. 15. Mitteldruck-Staukraftwerk

1 Staumauer; *2* Einlaufrechen; *3* Einlaßschütze; *4* Druckstollen; *5* Krafthaus; *6* Francis-spiralturbine; *7* Generator; *8* Dammbalkenfälze

4.3 Hochdruckanlagen $H_n > 50$ m

Sie werden als Staukraft-, Triebwasserkraft- oder als kombinierte Stau- und Triebwasserkraftanlagen ausgeführt.

4.3.1 Staukraftwerke (Abb. 16 und 17). Aus einem Naturspeicher (Gebirgssee) oder Kunstspeicher (Stausee, Talsperre) fließt der Wasser-

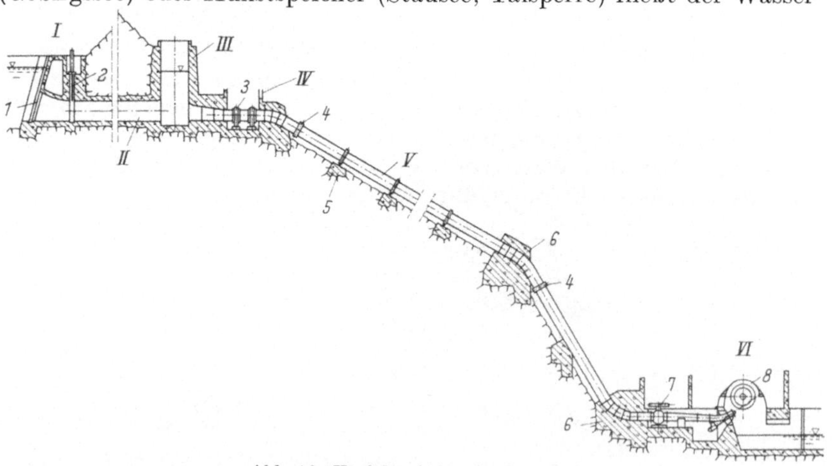

Abb. 16. Hochdruck-Staukraftwerk

I Einlaufbauwerk; *II* Druckstollen; *III* Druckwasserschloß; *IV* Apparatehaus; *V* aufgelöste Druckrohrleitung; *VI* Krafthaus

1 Einlaufrechen; *2* Einlaufrollschütze; *3* Drosselklappen; *4* Muffenverbindungen; *5* Rohrsattel mit Pendelstützen; *6* Rohrverankerung; *7* Kugelschieber; *8* Freistrahlturbine

strom durch einen schwach geneigten Druckstollen zu dem als Druckwasserschloß ausgebildeten Schwallraum und von hier durch offen
verlegte Druckrohrleitungen oder Druckschächte zu den Wasserturbinen.

Abb. 17. Hochdruckkraftwerk Cipreses (Chile)

$Q_a = 37$ m³/s; $H_n = 360$ m; drei 2düsige Doppelfreistrahlturbinen mit liegender Welle (Voith)
mit je $Q_n = 12{,}35$ m³/s; $n_n = 375$ min⁻¹; $N_n = 52\,500$ PS

4.3.2 Triebwasserkraftwerke (Abb. 18). Bei dieser Bauart wird im
Oberlauf eines Gebirgsstroms der Rohwasserstrom Q_r durch ein Fluß-
stauwerk angestaut und der Werkwasserstrom Q am Einlaufbauwerk
abgezapft. Q strömt dann von hier je nach Trassenführung durch einen
Freispiegelhangkanal oder Freispiegelstollen, anschließend durch einen
Druckstollen zum Wasserschloß und von hier durch Druckrohrleitungen
oder Druckschächte zu den Wasserturbinen.

4.3.3 Kavernenkraftwerke. Sämtliche Abschnitte der Triebwasserleitung, das Wasserschloß sowie das Krafthaus werden unterirdisch verlegt und damit allen äußeren Einflüssen entzogen.

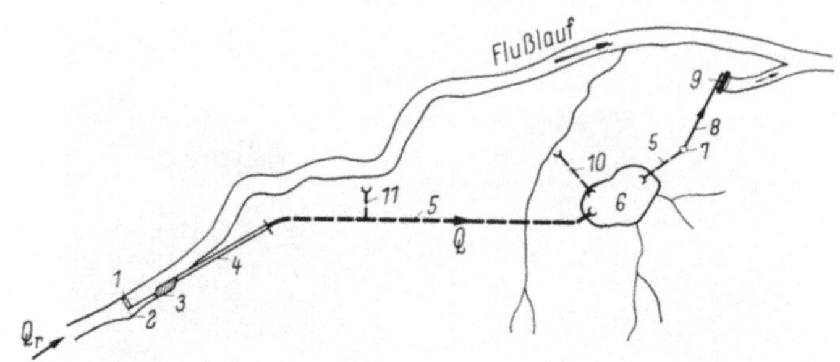

Abb. 18. Schema einer Hochdruck-Triebwasserkraftanlage

1 Stauwehr;   *2* Einlaufbauwerk;   *3* Sandfang;   *4* Freispiegelhangkanal;   *5* Stollen;   *6* Ausgleichsbecken;   *7* Druckwasserschloß;   *8* Druckrohrleitung;   *9* Krafthaus;   *10* Grundablaß;   *11* Stollenfenster

4.4 Speicherkraftanlagen

Abgesehen von reinen Laufkraftwerken, in der Regel Fluß- und Kanalkraftwerke, ergeben sich folgende Speichermöglichkeiten:

a) Tagesspeicherung: Fluß- und Kanalkraftwerke im Staffelausbau mit Vorhaltebecken oder Schwellbetrieb

b) Wochenspeicherung: Mittel- und Hochdruckanlagen mit Kunstspeichern

c) Jahresspeicherung: Mittel- und Hochdruckanlagen mit Talsperren

d) Pumpenspeicherung:

Diese Speicherungsart wird bevorzugt bei Verbundbetrieb verwendet. Sie ermöglicht sofort und auf wirtschaftlichste Weise eine Deckung des Spitzenenergiebedarfs, indem man überschüssige elektrische Energie in speicherbare Strömungsenergie umwandelt, diese Energie in einem Wasserspeicherbecken aufspeichert und den hier aufgespeicherten Energievorrat zur Deckung kurzfristiger Energiebedarfsspitzen in Form von elektrischer Energie wieder an das Verbrauchernetz abgibt.

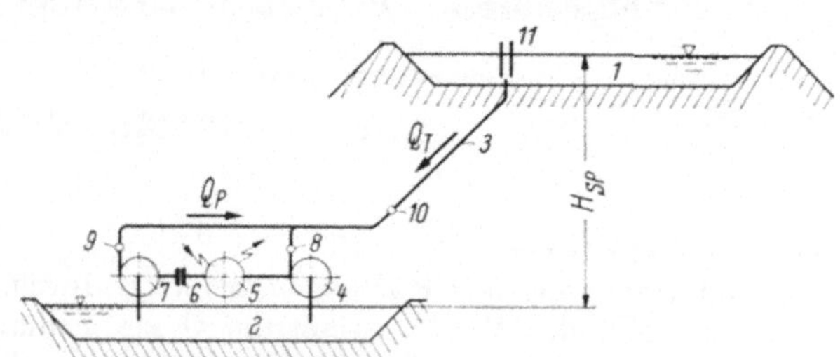

Abb. 19. Schema einer Pumpspeicheranlage

1 Hochspeicher;   *2* Talspeicher;   *3* Druckrohrleitung für Pumpe und Turbine;   *4* Turbine;   *5* Motorgenerator;   *6* Schaltkupplung;   *7* Speicherpumpe;   *8* Kugelschieber;   *9* Ringschieber;   *10* Abschlußschieber;   *11* Zylinderschütze

Dementsprechend gehören zu einer Pumpspeicheranlage (Abb. 19)

1. ein Hochspeicher *1* und ein Talspeicher *2*, die durch eine Rohrleitung *3* verbunden sind. Zwischen diesen beiden Speichern pendelt der Strömungsenergiestrom hin und her. Ihr Spiegelunterschied H_{sp} und der Speicherinhalt I_{sp} des Hochspeichers bestimmen die Größe des speicherbaren Energievorrats;

2. der Maschinensatz des Pumpspeicherwerks. Er besteht aus einer Wasserturbine *4*, einem elektrischen Motorgenerator *5*, einer mit einer Anwurfturbine zusammengebauten Schaltkupplung *6* und einer Kreiselpumpe *7*. Sämtliche Aggregate sitzen in der Regel auf einer gemeinsamen waagrechten oder senkrechten Welle.

Dabei ergibt sich grundsätzlich folgender Betriebsablauf:

1. Pumpenbetrieb. Die Zuleitung zur Turbine ist durch den Kugelschieber *8* geschlossen, der Pumpenringschieber *9* geöffnet. Der aus dem Netz mit Überschußstrom gespeiste und als Motor laufende Motorgenerator *5* treibt bei entlüfteter, leer laufender Turbine *4* und eingeschalteter Schaltkupplung *6* die Kreiselpumpe *7* an. Die Pumpe saugt aus dem Talspeicher *2* den Speicher-

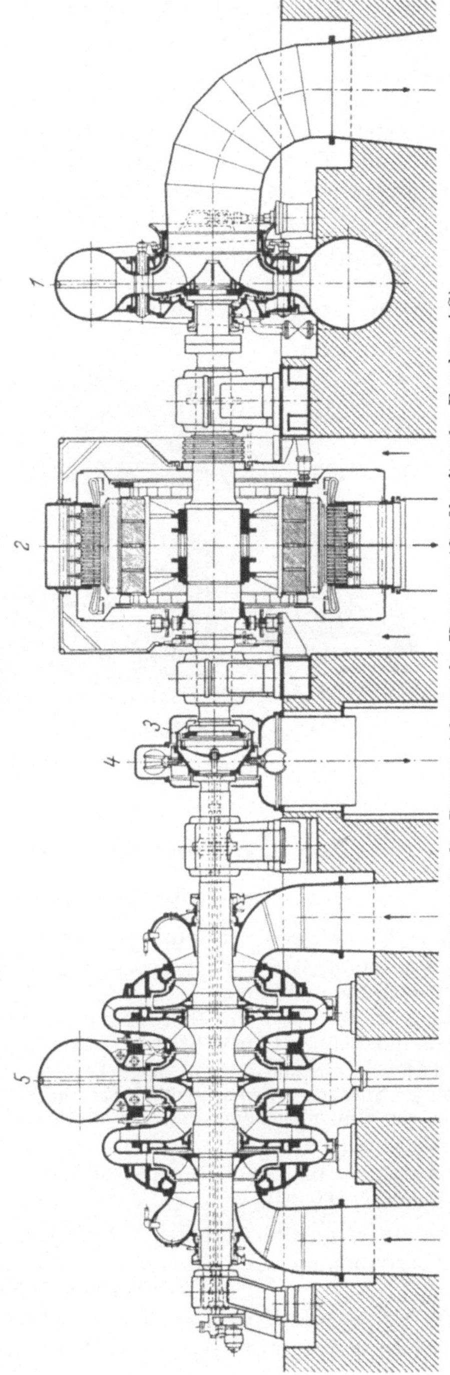

Abb. 20. Maschinensatz des Pumpspeicherwerks Happurg (Großkraftwerke Franken AG)

1 Francisspiralturbine $Q_{max} = 20{,}8\ \mathrm{m^3/s}$, $H_n = 199$ m, $n_n = 375\ \mathrm{min^{-1}}$, $N_n = 36000$ kW (Voith); *2* Synchron-Motor-Generator 44000 kVA (SSW); *3* Schaltkupplung (Voith); *4* Anwurfturbine (Voith); *5* doppelflutige 2stufige Kreiselpumpe $Q_{max} = 14{,}1\ \mathrm{m^3/s}$, $H_{man} = 209$ m, $n_n = 375\ \mathrm{min^{-1}}$, $N_n = 32800$ kW (Voith)

wasserstrom (Q_p) an und fördert ihn durch die Rohrleitung *3* zum Hochspeicher *1*.

2. Turbinenbetrieb. Der Ringschieber *9* ist geschlossen, die Schaltkupplung *6* ausgekuppelt. Der Kugelschieber *8* wird geöffnet. Aus dem Hochspeicher *1* strömt durch die Rohrleitung *3* der Turbinenwasserstrom Q_T zur Turbine *4*. Sie treibt den jetzt als Generator laufenden Motorgenerator *5* an, der den erzeugten Spitzenlaststrom an das Netz abgibt.

$$\text{Der Umsatzwirkungsgrad } \eta_u = \frac{\text{an das Netz abgegebene Generatorleistung}}{\text{vom Netz aufgenommene Motorleistung}}$$

ist hoch und erreicht Werte von $\eta_u = 70$ bis 73%.

Abb. 21. Maschinensaal des Pumpspeicherwerks Geesthacht/Hamburg
$N = 43\,400$ PS (Escher Wyss)

5. Die wichtigsten Bauelemente

5.1 Stauanlagen

5.1.1 Allgemeines. Stauanlagen müssen

1. den erforderlichen Werkwasserstrom Q zurückhalten und gereinigt der Triebwasserleitung zuführen,

2. den Wasserspiegel des Rohwasserstroms Q_r so hoch anstauen, daß die verlangte Nennfallhöhe H_n gewährleistet wird,

3. Rohwasserströme $Q_r > Q$ möglichst ohne wesentliche Überschreitung der festgelegten Stauhöhe s_1 einschließlich Eis und Schwemmgut ohne Gefährdung und Störung der Stauanlage und Anlieger abführen,

4. wasserdicht sein und

5. mit einem Mindestaufwand an Bedienung sicher und möglichst automatisch geregelt werden können.

Man unterscheidet dabei

1. Stauanlagen mit Freispiegel- und mit Druckwassereinlaufbauwerken. Freispiegeleinlässe werden bei Kanalkraftwerken, Druckwassereinlässe bei Staukraftwerken verwendet.

2. Stauanlagen mit festen und beweglichen Stauwehren.

Die Stauhöhe s_1 ist durch die Stauweite l_1 der hier nicht weiter betrachteten Staukurve und l_1 durch den Abstand zwischen Oberliegerkraftwerk und der meist behördlich vorgeschriebenen Schonfallhöhe h_1 festgelegt (Abb. 1). Stauwehre müssen allen statischen und dynamischen Beanspruchungen, die infolge der Kraftwirkung des Wasserstroms entstehen, gewachsen sein. Die statischen Kräfte, die am geschlossenen Stauwehr wirken, lassen sich einfach berechnen.

Wie in der Hydrostatik gezeigt wird, ergibt sich die Gesamtkraft P des Wasserdrucks $p = \gamma h$ auf eine ebene Rechtecksfläche F von der Breite b bei einer Wassertiefe h_1 zu:

$$P = \gamma \sum p\,\Delta F = \gamma\,h_s\,F = \gamma\,\frac{h_1^2}{2}\,b\,. \tag{3}$$

P wirkt in der Schwerlinie des Schwerpunkts M der in Abb. 22 schraffierten Druckverteilungsfläche. h_s ist dabei der vom Oberwasserspiegel gemessene Abstand des Schwerpunkts S der Fläche F.

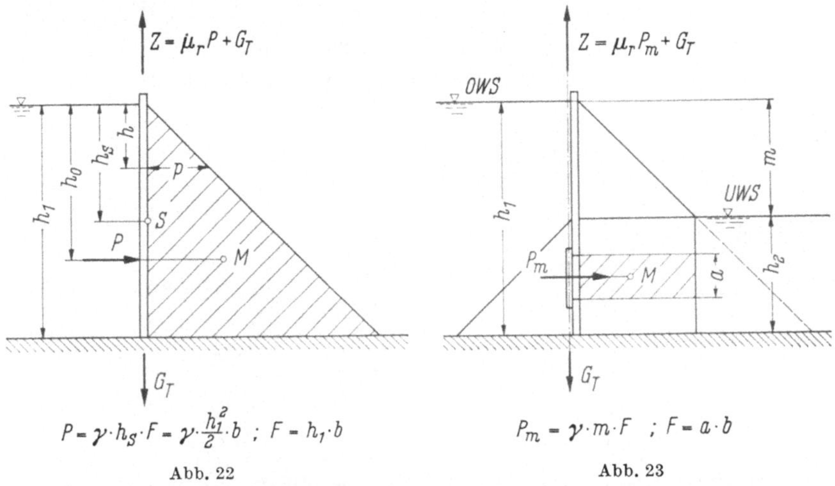

Abb. 22   Abb. 23

Bei einer Rechteckfläche, die unter dem Unterwasserspiegel UWS liegt, wird die Gesamtkraft

$$P_m = \gamma\,m\,F\,. \tag{3a}$$

P_m hängt also nur von der Spiegeldifferenz m ab (Abb. 23).

Bei gekrümmten Flächen gilt der Satz vom Auftrieb. Er besagt: Der Auftrieb A ist gleich dem Gewicht $G_v = \gamma\,V$ des vom Körper verdrängten Wasservolumens V. A greift im Schwerpunkt M dieses Volumens an (Abb. 24). Die Horizontalkraft H ist die Gesamtkraft P auf die Vertikalprojektion F_v der gekrümmten Fläche. Wie die Abb. 22 bis 24 zeigen, läßt sich mit P, A und H die statische Aufzugskraft Z berechnen, wenn das Gewicht G_T der Wehrtafel und der Reibungsbeiwert μ_r in der Tafelführung bekannt sind.

2*

Wie oben erwähnt, müssen Stauwehre Wasserströme abführen, die Beträge des Höchstwasserstroms erreichen können. Stauwehre sind demnach Überfälle oder Grundablässe.

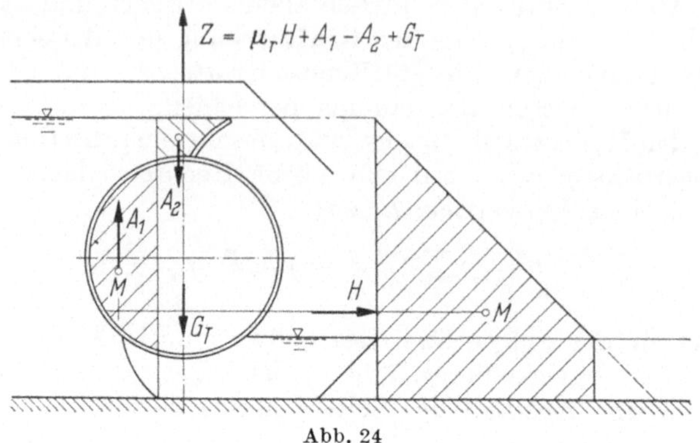

Abb. 24

Der über- bzw. durchfließende Wasserstrom wird bei

a) vollkommenen Rechtecksüberfällen von der konstanten Breite b (Abb. 25)

$$Q = \frac{2}{3}\,\mu\,b\,\sqrt{2g}\left(h_1 + \frac{c_0^2}{2g}\right)^{3/2} - \left(\frac{c_0^2}{2g}\right)^{3/2}\quad[\text{m}^3/\text{s}].$$

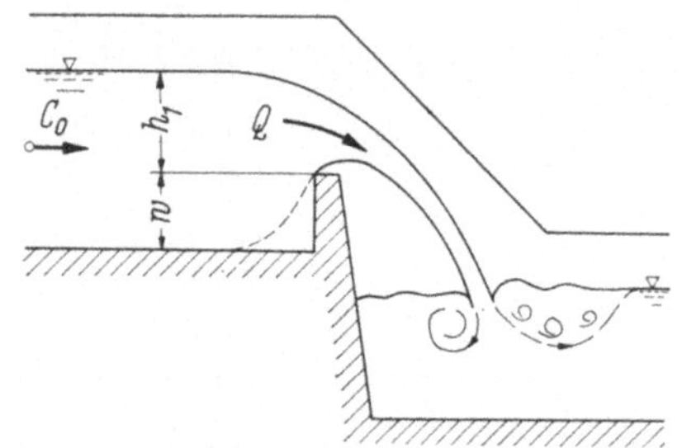

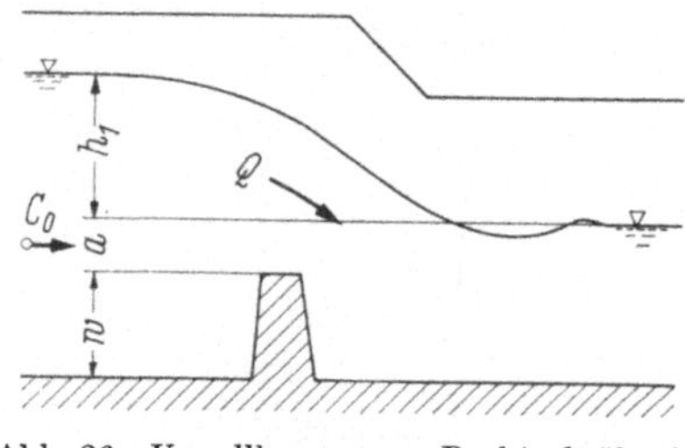

Abb. 25. Vollkommener Rechtecksüberfall   Abb. 26. Unvollkommener Rechtecksüberfall

b) unvollkommenen Rechtecksüberfällen von der konstanten Breite b (Abb. 26)

$$Q = \frac{2}{3}\mu\,b\,\sqrt{2g}\left\{\left(h_1 + \frac{c_0^2}{2g}\right)^{3/2} - \left(\frac{c_0^2}{2g}\right)^{3/2}\right\} + \mu\,a\,b\,\sqrt{2g}\left(h_1 + \frac{c_0^2}{2g}\right)^{1/2}\quad[\text{m}^3/\text{s}].$$

Dabei wird der Ausfluß-Beiwert μ überschlägig:

$\mu = 0{,}65$ bei scharfkantiger Wehrkrone

$\mu = 0{,}85$ bei abgerundeter Wehrkrone.

c_0 ist die Zulaufgeschwindigkeit vor dem Überfall.

Ganz entsprechend folgt für Grundablässe (Abb. 27)

$$Q = \mu\,a\,b\,\sqrt{2g}\left(h + \frac{c_0^2}{2g}\right)^{1/2}\quad[\text{m}^3/\text{s}].$$

Die dynamischen Kräfte, die bei geöffneten Wehren auftreten, werden am besten durch Modellversuche ermittelt, weil sie sich rechnerisch kaum einwandfrei bestimmen lassen. Zudem gestatten Modellversuche eine Übertragung der Meßergebnisse auf die modellähnliche Großanlage.

5.1.2 Feste Wehre. Bei kleinen Wehrhöhen w verwandte man früher schräg in die Stromrichtung gestellte Streichwehre, die meist als Quadersteindämme mit dachförmigem Querschnitt bis zu 100 m Länge ausgeführt wurden, und somit den einfachsten Wehrbau darstellen. Sie verlangen kaum Wartung, können aber bei Hochwasser zu Überschwemmungen führen.

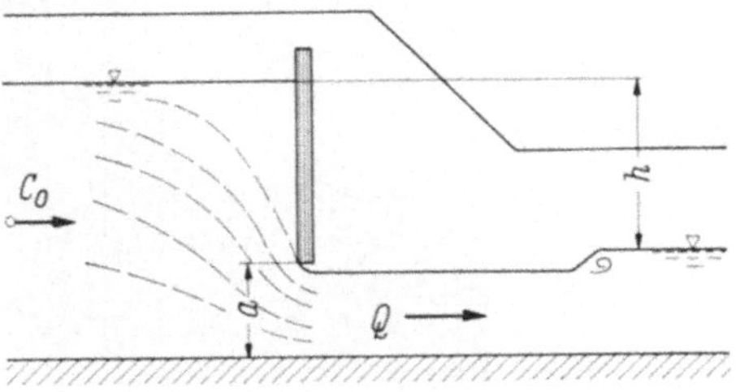

Abb. 27. Rechteckiger Grundablaß

5.1.3 Hubwehre

5.1.3.1 Gleitschützenwehre (Abb. 28 u. 29). Sie ergeben die einfachste Bauart unter den heute allgemein verwendeten beweglichen Wehren.

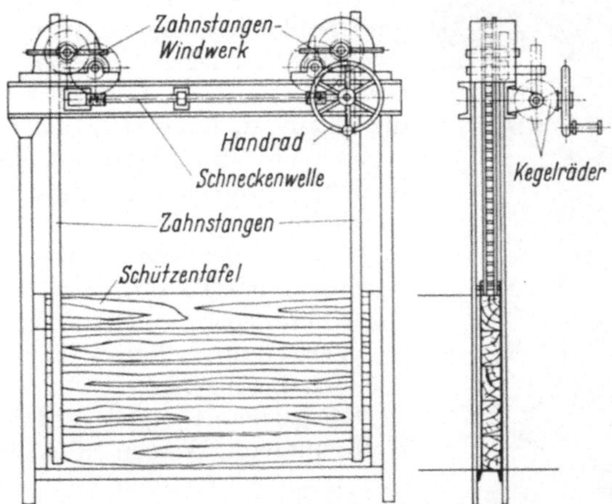

Abb. 28. Kleine Gleitschütze für Handantrieb

Je nach Breite der Staufläche unterteilt man das Wehr auf ein oder mehrere Schützentore, die in der Regel nicht breiter als 5 m gemacht werden. Man unterscheidet Wehre mit einfachen und Wehre mit Doppelschützen. Die Schütze besteht aus einer meist aus Forchenholzbohlen zusammengesetzten Schützentafel, dem Schützengestell, in dem die Tafel geführt wird, und dem Windwerk, das zum Heben und Senken der Tafel dient, und von Hand, bei größeren Aufzugskräften von Elektromotoren ggf. ferngesteuert angetrieben wird. Im allgemeinen verwendet man 2 Zahnstangenwindwerke je Tafel, mit denen das Verkanten der Tafel vermieden wird.

Abb. 29. Kleines Gleitschützenwehr

Abb. 30. MAN-Rollschütze
3,14 m Lichtweite,
6,59 m Tafelhöhe

Die Doppelschütze erlaubt gleichzeitig Sohlenspülung und Schwemmzeugabfuhr über die Schütze. Besondere Sorgfalt ist auf gute Sohlendichtung und kräftige Torkonstruktion zu legen. Da nach Gl. (3) die Gesamtkraft P, die Hubkraft Z und damit die Beanspruchung mit dem Quadrat der Wassertiefe anwachsen, der Gleitreibungsbeiwert μ_r groß ist, die Schützentafeln leicht einfrieren, also bei jähem Wetterwechsel nicht mehr gezogen werden können und außerdem bei Teilöffnung zur Auskolkung des Wehrkörpers und Flußbetts führen, ist die Verwendung dieser Wehre auf kleine Anlagen beschränkt.

Bei großen Anlagen geht man daher zu Rollschützen-, Walzen-, Sektor-, Segment- und Dachwehren über.

5.1.3.2 Rollschützenwehre. Grundsätzlich ergeben sich die gleichen Bauarten wie bei den Gleitschützenwehren. Die Schützentafeln werden aber auf beiden Seiten mit Rollstühlen ausgestattet, die auf großen Rollen in den Führungsbahnen der Schützentore hoch- und niederrollen und dabei nur noch die Rollreibung überwinden müssen (Abb. 30). Die Schützenkörper werden in Stahlblech, bei großen Abmessungen als geschweißte Mehrgurtkonstruktion sehr formsteif ausgeführt. Anstelle von Zahnstangenwindwerken treten elektromotorisch betriebene, in der Regel ferngesteuerte Kettenwindwerke. Doppelschützenwehre erhalten getrennte Windwerke, um jede Tafel für

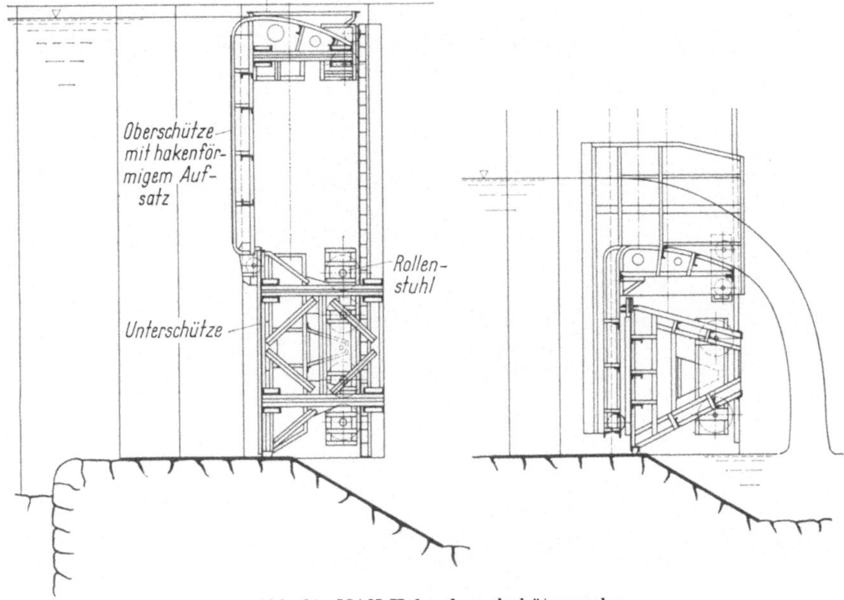

Abb. 31. MAN-Hakendoppelschützenwehr
Links: normale Staulage; rechts: Oberschütze abgesenkt

sich verstellen und das Wehr gleichzeitig als Spül- und Fluteinrichtung benutzen zu können. Eine besondere Bauart ergibt sich im Hakendoppelschützenwehr (Abb. 31). Seine Obertafel endet in einem, im Querschnitt „hakenförmigen", also strömungstechnisch guten Aufsatz. Außerdem lassen sich beide Schützenkörper über den höchsten Hochwasserspiegel heben, wobei die Untertafel in die Obertafel geschoben wird. Damit lassen sich höchste Hochwasserströme unbehindert durch die frei gewordene Wehröffnung abführen.

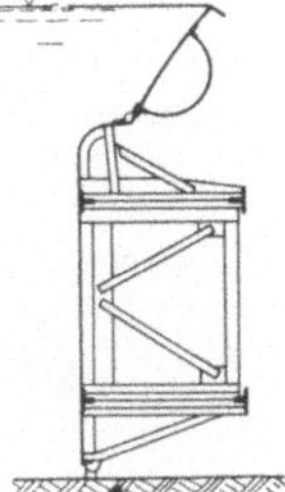

Abb. 32
MAN-Schütze
mit Aufsatzklappe

Leider sind Doppelschützenwehre bei anhaltendem Frost nicht eisfrei zu halten. Des weiteren verursachen sie bei Eis- und Schwemmzeugabfuhr unnötig große Wasserverluste. Beide Nachteile werden weitgehend beseitigt, wenn man einfache Schützenwehre mit Aufsatzklappen verwendet (Abb. 32), die durch ein eigenes Windwerk oder vom Schützenwindwerk verstellt werden. Automatisch gesteuerte Aufsatzklappen sichern den bei Schiffahrtsbetrieb erforderlichen Wasserabfluß.

5.1.3.3 Walzenwehre. Bei dieser besonderen Hubwehrbauart werden innenversteifte Stahlblechhohlzylinder als Staukörper verwendet, die infolge ihrer Verdrehungssteifigkeit selbst bei großen Lichtweiten einseitig verstellt werden können, infolge ihrer Form gute Überströmung ergeben und gegen Eis- und Geschiebetrieb äußerst widerstandsfähig sind.

Der zylindrische Staukörper wälzt sich mit seinen beiden Zahnkränzen auf schrägen, meist unter 70° ansteigenden Zahnstangenbahnen,

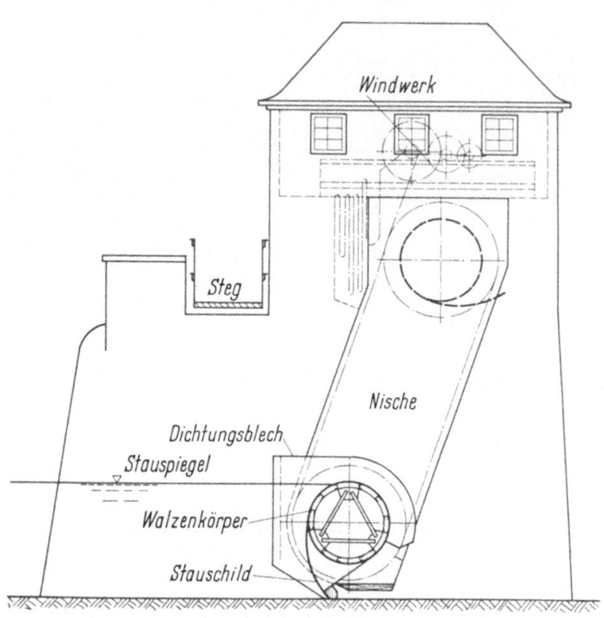

Abb. 33. MAN-Walzenwehr, Walzenkörper mit Stauschild

die in den Nischen der Wehrpfeiler liegen, sehr betriebssicher ab. Er wird mittels MAN-Laschenketten von einem elektromotorisch betriebenen Windwerk gehoben und gesenkt.

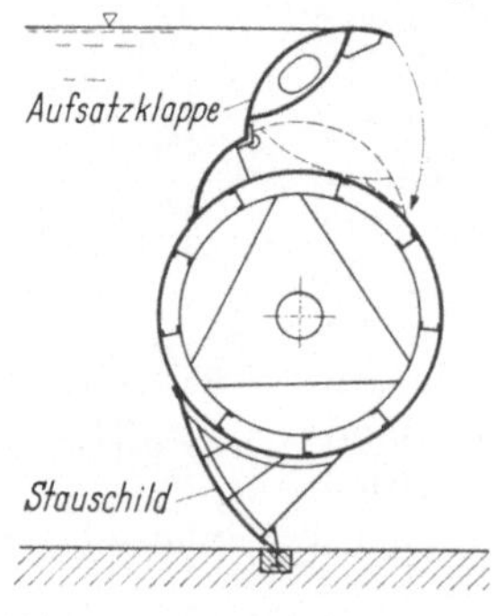

Abb. 34. Walzenwehr mit Stauschild und fischbauchförmiger Aufsatzklappe (MAN)

Den Walzenkörper dichtet man gegen die Sohle meist durch gummibewehrte Holzbohlen, gegen die Seitenwände durch federnde, mit Holzbohlen gefütterte Stahlblechschilde ab, die vom Wasserdruck an die Seitenwände gedrückt werden.

Reine Walzenkörper neigen bei Teilwehröffnung zu gefährlichen, vom Wasserstrom angefachten Flatterschwingungen. Sie müssen außerdem bei jeder Spiegeländerung sowie zur Abfuhr von Eis und Geschiebe jedesmal gehoben werden. Man verwendet daher heute Walzenkörper mit Stauschildern (Abb. 33), Walzenkörper mit Stauschild und Aufsatzklappen (Abb. 34), seltener versenkbare Walzenkörper mit Stauklappen.

Entscheidend bei diesen Bauformen ist eine einwandfreie Sohlendichtung. Sie erreicht man, indem man die Stauschilde mit federnden, selbstdichtenden Dichtungsblechen oder mit Gelenkdichtungsblechen ausstattet, die vom Innern des Walzenkörpers auf die Sohle gepreßt werden.

Am betriebssichersten werden Aufsatzklappen vom Hauptwindwerk angetrieben. Walzenwehre eignen sich für Stauhöhen von 1 bis 6 m und Lichtweiten bis zu 40 m. Bei mehrtorigen Walzenwehren dient das Mittelwehr als Regelwehr, das hier mit Aufsatzklappen oder versenkbar ausgeführt wird.

Abb. 35. MAN-Walzenwehr

5.1.4 Umlegwehre

5.1.4.1 Segmentwehre. Kennzeichnend für diese Bauart ist die Drehbewegung eines kreissektorförmigen Staukörpers um eine waagrechte Achse, bei dem die Gesamtkraft P des Wasserdrucks p durch die in die Zylinderachse gelegte Drehachse des Staukörpers geht und infolgedessen kein Drehmoment durch P auftritt (Abb. 36). Sie eignen sich daher für hohe Wasserdrücke, wie sie bei Talsperren auftreten.

Der Wasserdruck p wird von der Stahlblechwand des durch Längs- und Diagonalriegel versteiften Staukörpers über die beiden, seitlich angeordneten Stützarme auf die Stützarmdrehgelenke über-

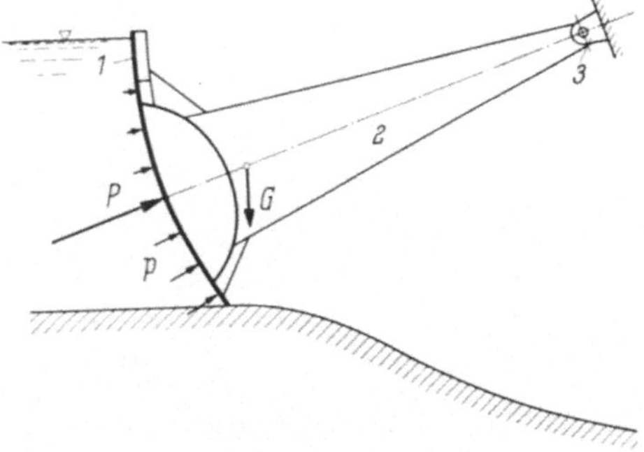

Abb. 36. Segmentwehr (schematisch)
1 Staukörper; *2* Stützarm; *3* Drehgelenk

tragen (Abb. 37). In der Regel wird der Staukörper durch 2 Ketten- oder Zahnstangenwindwerke verstellt. Bei torsionssteifer Ausführung des Staukörpers reicht ein Windwerk aus. Die Windwerkbelastung nimmt mit größer werdendem Wasserspalt ab. Sie kann außerdem noch verringert werden, wenn man den Krümmungsmittelpunkt des Staukörpers über den Mittelpunkt der Drehgelenke legt. Man erhält dann ein auf Heben wirkendes Drehmoment. Sohlen- und Seitendichtung entsprechen

Abb. 37. MAN-Segmentwehr

den Konstruktionen der Walzenwehre. Zur besseren Wasserstandsregelung und Eis- und Schwemmgutabfuhr kann man Aufsatzklappen vorsehen.

5.1.4.2 Selbsttätige Umlegwehre. Dazu gehören die Sektor-, Dach- und Klappenwehre. Kennzeichnend für diese Wehre ist, daß man zum Heben und Senken ihres Staukörpers entweder die am Staukörper wirkenden Auftriebskräfte (Abb. 39) oder ein am Staukörper befestigtes

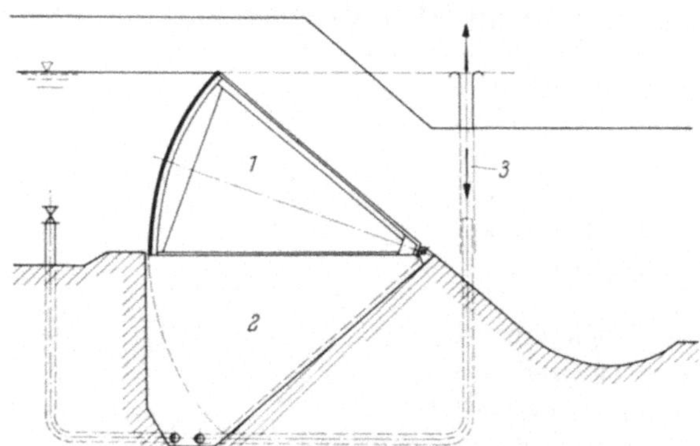

Abb. 38. Sektorwehr (schematisch). *1* Staukörper; *2* Wehrgrube; *3* Steuerventil

Gegengewicht G_w (Abb. 41) benützt und dafür sorgt, daß in jeder Oberwasserspiegellage alle am Staukörper angreifenden Kräfte und Momente im Gleichgewicht bleiben. Da sie sich automatisch auf jeden Wasserstand einstellen, eignen sie sich vor allem für starkwechselnde Wasserströme.

Sektorwehre (Abb. 38) entsprechen in ihrer Wirkungsweise und im Aufbau den Segmentwehren. Von diesen unterscheiden sie sich nur dadurch, daß ihr kreissektorförmiger, nach oben durch Stahlwände abgeschlossener und durch Stahlbinder versteifter Staukörper in eine stets unter Wasserdruck stehende Wehrgrube abgesenkt wird.

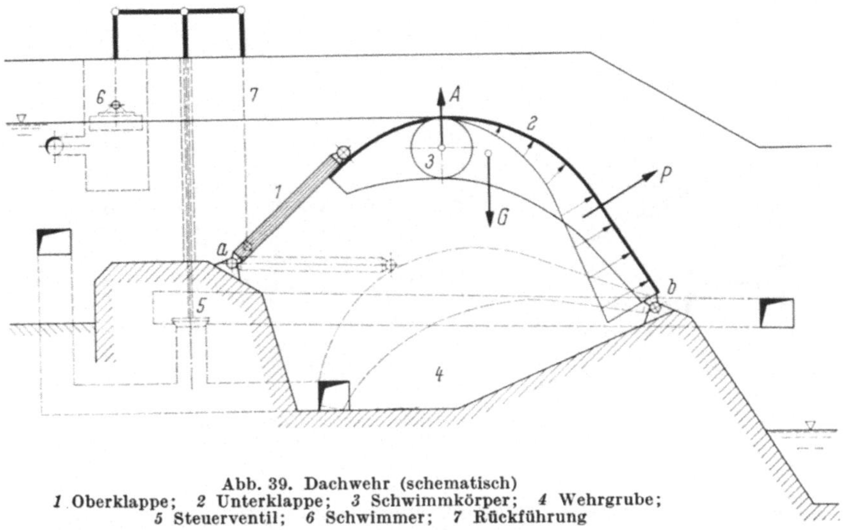

Abb. 39. Dachwehr (schematisch)
1 Oberklappe; *2* Unterklappe; *3* Schwimmkörper; *4* Wehrgrube;
5 Steuerventil; *6* Schwimmer; *7* Rückführung

Sie können infolge ihrer Steifigkeit für große Lichtweiten verwendet werden, erfordern aber bei großen Stauhöhen tiefe und teure Wehrgruben und führen Geschiebeantrieb schlecht ab.

Abb. 40. Dachwehr (Voith)

Dachwehre (Abb. 39 u. 40) bestehen aus 2 Staukörpern, nämlich einer ebenen Oberklappe *1* und einer gewölbten Unterklappe *2*, die dachförmig eine stets unter Wasserdruck stehende Wehrgrube wasserdicht abdecken, sich um die Achsen *a* und *b* schwenken und gegenläufig umlegen. Sie werden als geschweißte Rippenkörper ausgeführt und durch

Holzbohlen abgedeckt. Die Unterklappe erhält außerdem einen Schwimmkörper *3*.

Sektor- und Dachwehre werden durch Schwimmerauslaßventile automatisch auf die verlangte Höhenlage eingeregelt. In Abb. 39 sind

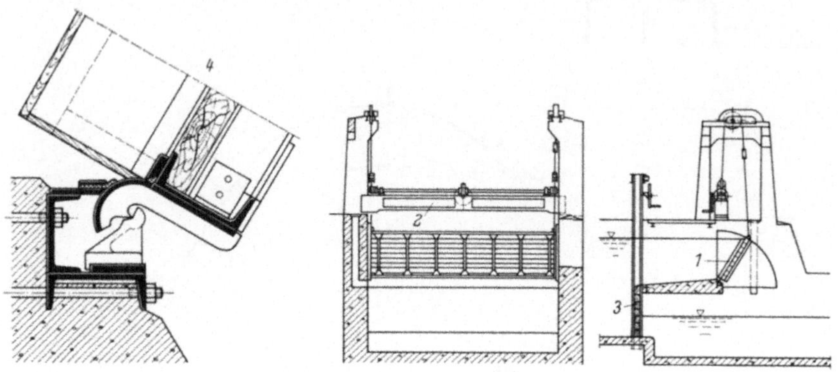

Abb. 41. Obergewichts-Stauklappenwehr (Voith)
1 Stauklappe;   *2* Obergewicht;   *3* Grundschütze;   *4* Lagerung der Stauklappe

schematisch die Regeleinrichtung eines Dachwehres und die am Wehr wirksamen Kräfte bei höchster Wehrlage dargestellt.

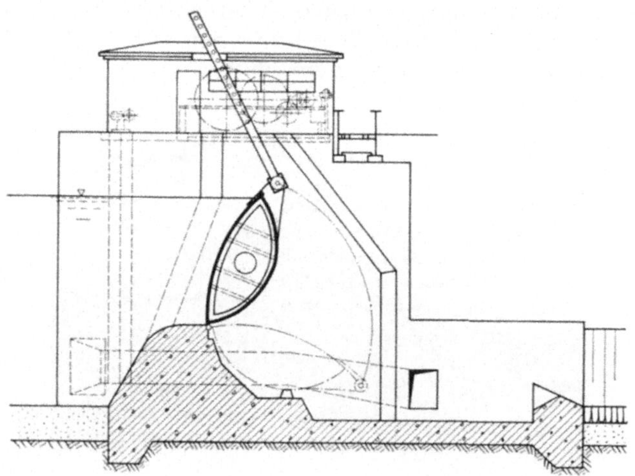

Abb. 42. MAN-Klappenwehr mit fischbauchförmiger Stauklappe

Klappenwehre werden als selbsttätige Ober- und Untergewichtsklappenwehre (Abb. 41) und als ein- und mehrtorige Klappenwehre mit Windwerk- oder Stellmotorantrieb, diese für Stauhöhen bis zu 6 m und Torbreiten bis zu 40 m ausgeführt (Abb. 42).

5.2 Triebwasserleitung

5.2.1 Der Energieverlust bei stationärer Turbulenzströmung

5.2.1.1 In Freispiegelkanälen (Abb. 43). An jedem stationär zu Tal fließenden Wasserteilchen von der Masse $m = \dfrac{\gamma}{g}\, F\varDelta l$ besteht Gleichgewicht zwischen der Reibungskraft $W = \tau\,\varDelta 0$, die infolge der Schubspannung τ an der Oberfläche $\varDelta 0 = U\,\varDelta l$ des Teilchens wirkt, und der Schwerkraftkomponente $G_\alpha = G\sin\alpha = \gamma\,F\,\varDelta l \sin\alpha$, die im Schwerpunkt S des Teilchens vom Gewicht G angreift. Es gilt also: $G_\alpha = W$. Daraus folgt mit dem Profilradius $R = F/U$ und der Schubspannung $\tau = \lambda'\,\dfrac{\gamma}{g}\,\dfrac{c^2}{2}$ das zum Transport nötige Spiegelgefälle $(=$ Sohlengefälle$)$

$$J = \sin\alpha = \frac{h_1 - h_2}{l} = \frac{h_w}{l} = \lambda'\,\frac{c^2}{R\cdot 2g}$$

und daraus mit $k = \sqrt{\dfrac{2g}{\lambda'}}$ die Fließgeschwindigkeit

$$c = k\sqrt{RJ}.$$

Der Beiwert k, der von R, J und der Oberflächenrauhigkeit abhängt, erreicht bei unverschalten Erdkanälen Beträge von $k = 40$ bis 50, bei betonierten Kanälen Beträge von $k = 50$ bis 80.

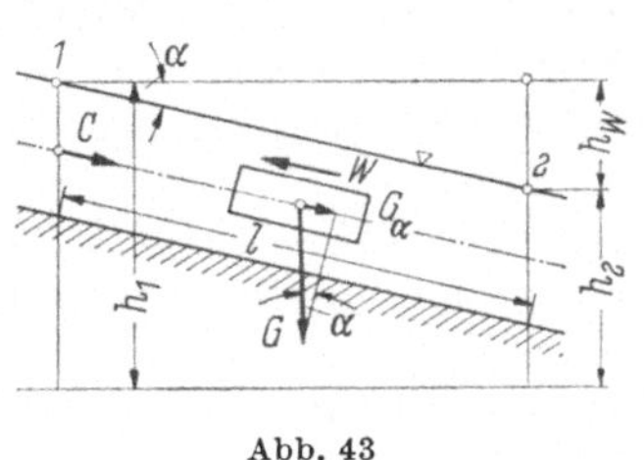

Abb. 43

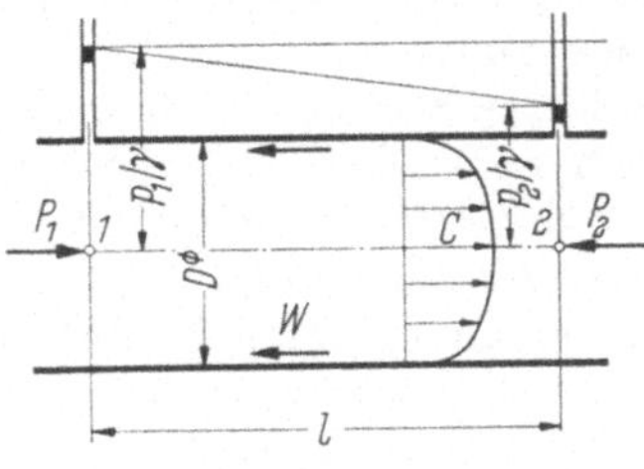

Abb. 44

5.2.1.2 In Rohrleitungen (Abb. 44). Hier muß W vom Druckkraftunterschied $\varDelta P = P_1 - P_2 = (p_1 - p_2)\,F$ überwunden werden. Daraus folgt die zum Transport nötige Druckdifferenz in einer l m langen Rohrleitung

$$\frac{p_1 - p_2}{\gamma} = \lambda'\,\frac{U}{F}\,l\,\frac{c^2}{2g} = h_w.$$

Dementsprechend erhält man für kreisrunde Rohrleitungen, bei denen $R = D/4$ wird, mit $\lambda = 4\,\lambda'$

$$h_w = \lambda\,\frac{l}{D}\,\frac{c^2}{2g}.$$

Der Beiwert λ, der u. a. von der Wandrauhigkeit und der Reynoldsschen Zahl Re, einer die Strömungsverhältnisse kennzeichnenden Größe abhängt, läßt sich für technisch glatte Rohre überschlägig aus der

Gleichung von LANG

$$\lambda = \alpha + \frac{0,0018}{\sqrt{c\,D}}$$

bestimmen. Dabei wird

$\alpha = 0,01 - 0,012$ für gezogene und geschweißte Stahlrohre

$\alpha = 0,02$ für genietete Stahlrohre und gußeiserne Rohre.

Triebwasserleitungen müssen so bemessen werden, daß der zur Verzinsung und Tilgung des Baukapitals notwendige Aufwand, die Unterhaltungskosten und der durch den Energieverlust h_w bedingte Ausfall an Einnahmen insgesamt zu einem Minimum werden.

5.2.2 Freispiegelkanäle (Abb. 45). Je nach Geländeverlauf muß man eingeschnittene, aufgetragene Kanäle oder Varianten dieser beiden Kanalformen verwenden. Entlang von Steilhängen verlegte Kanäle bezeichnet man als Hangkanäle.

Von einem Kanal wird verlangt, daß er den erforderlichen Wasserstrom Q bei möglichst kleinem Sohlengefälle J befördert. Das Sohlengefälle ist in der Regel mehr oder weniger durch den Geländeverlauf, also durch die Trassierung festgelegt und liegt bei den meisten Kanälen im Bereiche von $J = 0,002 - 0,0001$. Dabei nimmt man für kleine Kanäle die größeren Werte, und für große Kanäle die kleinen Werte. Der Profilradius R wird zwar beim Halbkreisquerschnitt ein Maximum. Diese Querschnittsform ist aber mit Rücksicht auf standsichere Kanälwände und wirtschaftliche Herstellung kaum zu gebrauchen. Man verwendet daher bei Erdkanälen meist Trapezquerschnitte mit einem Böschungswinkel φ, der je nach Bodenbeschaffenheit auf der benetzten Böschungsseite $\varphi = 25°$ bis $50°$ betragen kann. Die kleinen Werte gelten für Lehm- und Tonböden, die großen Werte für steinige Böden. Auf der unbenetzten Böschungsseite wird der Böschungswinkel flacher als auf der benetzten Seite.

Der Trapezquerschnitt geht mit wachsender Einschnittiefe t immer mehr in einen Dreiecksquerschnitt über.

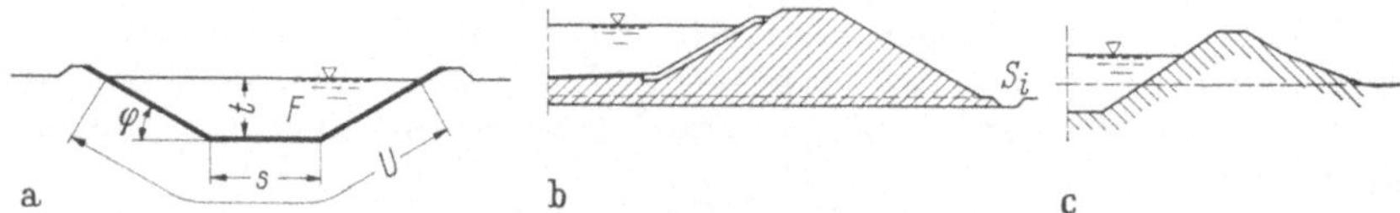

Abb. 45a—c. Freispiegelkanalquerschnitte
a) Querschnitt eingeschnitten;   b) Querschnitt aufgetragen;   c) Querschnitt eingeschnitten-aufgetragen. F wasserführender Querschnitt; U benetzter Umfang; φ Böschungswinkel; t Wassertiefe; s Sohlenbreite; S_i Sickerkanal

Bei unverkleideten Kanälen werden mittlere Fließgeschwindigkeiten von $c = 1,0 - 1,2$ m/s, bei betonierten Kanälen mittlere Fließgeschwindigkeiten bis $c = 1,5$ m/s zugelassen. Hangkanäle erhalten vielfach Rechtecksquerschnitte. Sickerwasser muß durch besondere Sickerkanäle seitlich abgeführt werden.

5.2.3 Stollen (Abb. 46). Man unterscheidet Freispiegel-, Druck- und Rohrstollen. Da der Stollenbau sehr teuer ist, verwendet man Stollen nur dort, wo man Leitungsstrecken verkürzen kann, Freispiegelkanäle durch äußere Einflüsse gefährdet werden, hohe Wasserdrücke auftreten, mit hohen Grundstückspreisen zu rechnen ist und das Landschaftsbild nicht beeinträchtigt werden darf. Stollen müssen standfest, wasserdicht, befahrbar sein und möglichst glatte Innenwände haben. Ihre Querschnittsform, Auskleidung und Bewehrung (Abb. 46) richten sich nach der

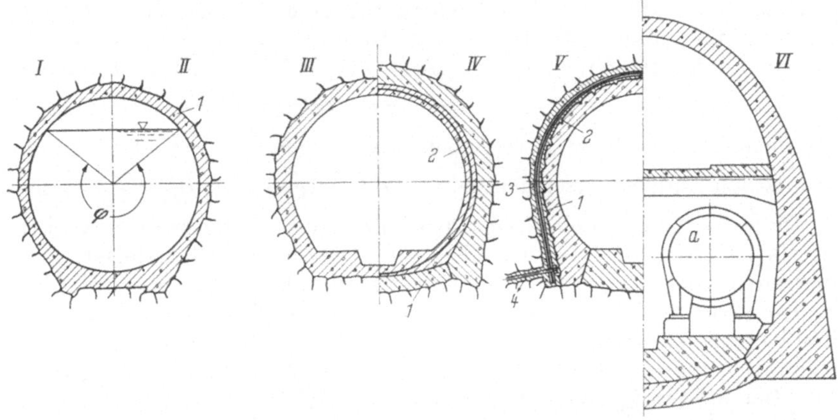

Abb. 46. Betonfreispiegelstollen — Betondruckstollen — Betonrohrstollen
I ohne Spritzbetonschicht; *II* mit Spritzbetonschicht *1*; *III* ohne Sohlengewölbe; *IV* mit Sohlengewölbe *1* und bewehrtem Innenring *2*; *V* mit Stahlgittereinlage *1*, Stahlstreckbogen *2*, Torkretaußenring *3* und Verankerung *4*; *VI* Rohrstollen mit Druckrohrleitung *a*

Festigkeit und Struktur des Gesteins und nach der Größe des Gebirgs- und Innendrucks. Hohe Drücke erfordern Stahlbewehrung und besondere Abdichtungsbeläge. Die Größe ihres Querschnitts F wird einerseits durch die Größe des Wasserstroms Q und der zulässigen Fließgeschwindigkeit c, andererseits durch den für den Stollenvortrieb erforderlichen Ausbruchquerschnitt F_0 bestimmt. Die zulässige Fließgeschwindigkeit c beträgt

bei Freispiegelstollen $c = 1{,}0 - 1{,}5$ m/s,
bei Druckstollen mit felsenrauher Innenfläche $c = 1 - 2$ m/s,
bei Druckstollen mit felsenglatter Innenfläche $c = 2 - 3$ m/s,
bei Druckstollen mit Betonauskleidung $c = 3 - 4$ m/s und mehr.

Freispiegelstollen sind geschlossene Freispiegelkanäle, in denen also der Wasserstrom mit einem freien Wasserspiegel fließt. Damit sind sie, wie Freispiegelkanäle, auf sehr kleine Sohlengefälle in der Größenordnung von $J = 0{,}0015 - 0{,}0005$ beschränkt. Druckstollen können dagegen bis zu einer Achsenneigung von $90°$ und für Drücke bis zu $p = 100$ atü ausgeführt werden.

Das hydraulisch beste Stollenprofil ist der Kreisquerschnitt, der sehr druckfest · ist und bei Freispiegelstollen mit einem Füllungswinkel $\varphi = 300°$ die günstigste Wasserfüllung bringt. Mit Rücksicht auf Her-

stellung und Befahrbarkeit wählt man aber meistens hufeisenförmige
Stollenprofile (Abb. 46). Druckstollen sind derart zu verlegen, daß sie
auf ihrer ganzen Länge, selbst bei tiefster Absenkung des Stauspiegels,
ständig unter Überdruck stehen.

5.2.4 Wasserschloß. In jeder Rohrleitung, die mit der Geschwindigkeit c voll durchströmt wird, treten bei plötzlichem Abschluß bzw. bei
plötzlichem Öffnen ihrer Ausflußmündung infolge Massenträgheit der
Rohrfüllung und Elastizität der gefüllten Rohrleitung gefährlich hohe
Druckstöße H_d auf, die sich wellenartig mit einer Schallgeschwindigkeit
$a \approx 1000 \, \text{m/s}$ durch die ganze l m lange Rohrstrecke fortpflanzen und an
den Rohrenden reflektiert werden (Abb. 49b). Diese Druckstöße hängen
von der Laufzeit $T = 2\dfrac{l}{a}$ der Druckwelle und von der Schluß- bzw.
Öffnungszeit t ab, die zum Schließen bzw. Öffnen der Ausflußmündung
erforderlich sind. Sie erreichen bei $t > T$ Beträge bis zu $H_d \cong \dfrac{a\,c}{g}\,\dfrac{T}{t}\,\text{m}$.

Diese Vorgänge stellen sich bei plötzlicher Entlastung bzw. bei
plötzlicher Belastung der Turbinen ein. Die Druckwellen dürfen sich
aber aus Sicherheitsgründen nicht in die oft sehr langen bis zum Einlaufbauwerk reichenden Stollen und Freispiegelkanäle fortpflanzen.
Man baut daher am Knickpunkt zwischen Stollen (Freispiegelkanal) und
Fallrohrleitung ein Wasserschloß ein (Abb. 47), das diese Druckwellen
reflektiert und lediglich die Trägheitskräfte der Wassermassen im Stollen
abdämpfen muß.

5.2.4.1 Druckwasserschloß. Dementsprechend treten im Druckwasserschloß nur noch die in Abb. 47 dargestellten, gedämpften Spiegelschwingungen auf, die sehr langsam abklingen und folgende maximale
Ausschläge

$$h_o = c_{\max} \sqrt{\dfrac{f\,L}{g\,F}} - \dfrac{h_w}{2} \quad \text{bei plötzlicher Entlastung}$$

$$h_u = c_{\max} \sqrt{\dfrac{f\,L}{g\,F}} - \dfrac{h_w}{4} \quad \text{bei plötzlicher Belastung}$$

erreichen können.

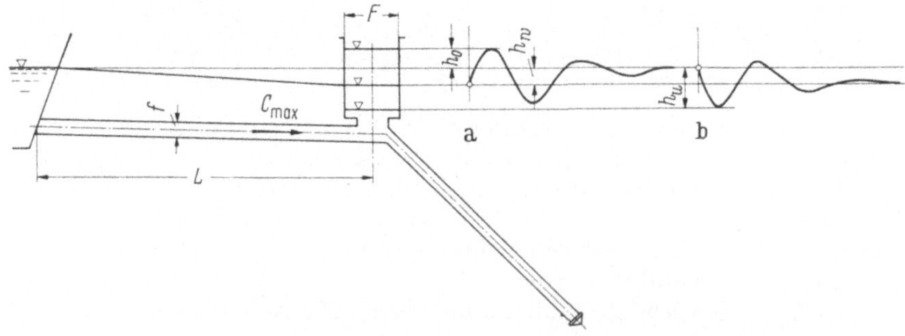

Abb. 47. Spiegelschwingungen im Wasserschloß
a) bei plötzlicher Entlastung;   b) bei plötzlicher Belastung

Damit diese Schwingungen nicht durch Regelvorgänge der Turbinen aufgeschaukelt werden, muß der Druckschacht des Wasserschlosses im Bereich von $h = h_0 + h_u$ einen Mindestquerschnitt

$$F_{\min} \geqq 0{,}1 \cdot \frac{fL}{H_n} \frac{c_{\max}^2}{h_w}$$

erhalten. Außerdem sind zur Vermeidung von Lufteinbruch die Einmündungen des Stollens und der Fallrohrleitung im Wasserschloß tiefer als h_u zu legen.

Das Wasserschloß kann als Schachtwasserschloß (Abb. 16), Drosselwasserschloß (Abb. 48), Kammerwasserschloß (Abb. 48), Differentialwasserschloß (Abb. 48) und Kavernenwasserschloß (Abb. 48) ausgeführt

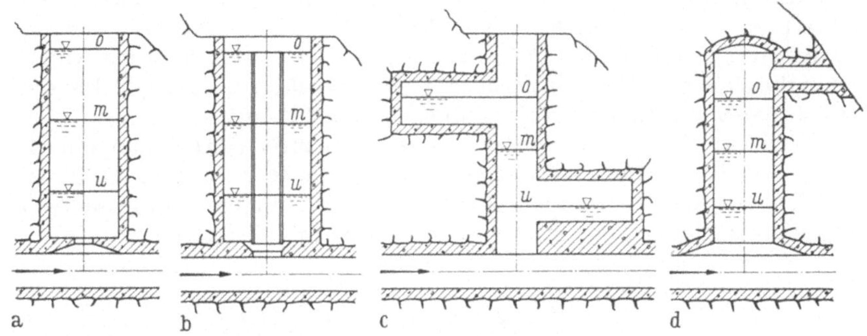

Abb. 48a—d
a) Drosselwasserschloß; b) Differentialwasserschloß; c) Kammerwasserschloß; d) Kavernenwasserschloß. o Höchstspiegellage; m Betriebsspiegellage; u Tiefstspiegellage

werden. Bei den in Abb. 48a und b abgebildeten Bauarten dämpft man die Schwingungen durch Blenden und durch verengte Querschnitte ab. Das Kavernenwasserschloß muß eine Entlüftung haben.

5.2.4.2 Freispiegelwasserschloß (Abb. 14). Hier muß der bei Entlastung auftretende Wasserschwall über Überfälle abgeführt werden.

5.2.5 Rohrleitungen

5.2.5.1 Allgemeines. Sie werden als Hangrohr- und als Druckrohrleitungen mit kreisrunden und stets voll durchströmten Querschnitten ausgeführt. Wie in Freispiegelkanälen fließt auch in Hangrohrleitungen der Wasserstrom mit kleinem Fließgefälle. Da hierbei der Wasserdruck im Rohr klein bleibt, kann man bei Hangrohrleitungen Beton-, Spannbetonrohre oder auch Holzrohre verwenden. Bei Druckrohrleitungen, die vor allem beim Energieabstieg der Hochdruckanlagen eine wichtige Rolle spielen, muß man wegen der hohen statischen und dynamischen Beanspruchung der Rohrwände und Rohrverbindungen geschweißte oder genietete Stahlrohre aus zähem Stahl St 34-St 52 mit einer Streckgrenze $\sigma_s = 21-36$ kp/mm^2 und einer Bruchdehnung $\delta = 27-22\%$ vorsehen.

Außer der verlangten Festigkeit gegen Zug, Biegung und Knickung, müssen alle Rohrleitungen im Hinblick auf die hohen, hier zulässigen Wassergeschwindigkeiten besonders glatte Innenwände haben, wasserdicht, korrosionsfest und formsteif sein. Sie bestehen aus einzelnen Flanschrohren oder aus fortlaufend zusammengenieteten oder zusammengeschweißten Stahlrohrsträngen bzw. aus durchgehenden Eisenbeton- oder Holzrohren. Ihre Einzelteile (Rohrschüsse, Rohrschalen, Abschlußorgane) sind so zu bemessen, daß sie ganz oder zerlegt zur Rohrstraße befördert, hier zusammengebaut und verlegt werden können.

Rohrleitungen lassen sich offen und verdeckt verlegen. Bei offen verlegten Leitungen, in der Regel Druckrohrleitungen mit großem Durchmesser, werden die einzelnen Rohrstränge auf Betonsockeln gelagert und an den Leitungsknickpunkten in stahlbewehrten Betonklötzen verankert (Abb. 16 u. 49a). Die infolge Temperaturschwankung auftretenden Längsbewegungen nimmt man an den Rohrsätteln durch Pendelstützen oder durch einfache Gleitbleche auf und gleicht sie durch Dehnungsstücke oder Rohrmuffenverbindungen (Abb. 51) aus.

Verdeckte Leitungen werden meistens auf ihrer ganzen Länge in die Erde eingebettet und vorwiegend bei kleinen Rohrdurchmessern verwendet. Sie werden damit allen schädlichen äußeren Einflüssen entzogen, lassen sich aber schwer überwachen und instand halten.

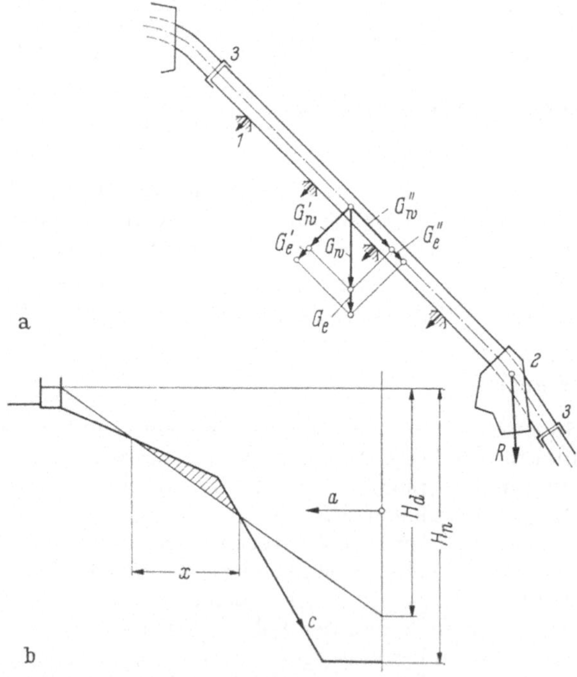

Abb. 49a u. b

1 Rohrsattel; *2* Fixpunkt; *3* Muffenverbindung; *x* durch Unterdruck gefährdete Rohrzone; *a* mit Schallgeschwindigkeit laufende Druckstoßfront H_d; *c* Fließgeschwindigkeit des Wasserstromes

Für den notwendigen Verkehr zwischen Wasserschloß und Krafthaus sind ein Treppenweg, bei großen Rohrleitungsanlagen eine schmalspurige Stand- oder eine Hängeseilbahn vorzusehen. Niederschläge auf die Rohrstraße müssen durch besondere Sturzgerinne abgeführt werden.

5.2.5.2 Berechnung. Eine Rohrleitung kann als ein auf Stützen gelagerter Hohlzylinderbalken betrachtet werden, dessen Wand im wesentlichen durch das Gewicht G_w seiner Wasserfüllung und durch sein Eigengewicht G_e auf Biegung und gleichzeitig durch den Wasserdruck p auf Zug beansprucht wird. Dabei hat sie den Wasserstrom Q mit einer Geschwindigkeit c zu befördern, bei der die in Abschn. 5.21, S. 30, aufgeführten Bedingungen erfüllt werden.

Mit $F = \dfrac{\pi D^2}{4}$, dem Rohrquerschnitt folgt aus der Stetigkeitsbedingung $Q = c\,F$ (s. S. 65) die Rohrlichtweite $D = \sqrt{\dfrac{4\,Q}{\pi\,c}}$.

Die größte Wandstärke s ergibt sich bei einem Verhältnis $s/D < 1/20$ mit σ_z der zulässigen Spannung und $p = p_s + p_d$, dem größten durch die statische Druckhöhe $p_s/\gamma = H_n$ und die dynamische Druckhöhe $p_d/\gamma = H_d$ festgelegten Innendruck bei einem Rostzuschlag s_r aus der Kesselformel zu:

$$s = \frac{p\,D}{2\,\sigma_z} + s_r.$$

Bei dickwandigen Rohren ($s/D > 1/20$) kann s u. a. aus der Gleichung von GRASHOF

$$s = r_i\,\sqrt{\frac{\sigma_z + 0{,}7\,p}{\sigma_z - 1{,}3\,p}} + s_r \quad \text{mit} \quad r_i = \frac{D}{2}.$$

berechnet werden. Der Berechnung von s ist mindestens schwellender Belastungsfall und eine mehrfache Sicherheit zugrunde zu legen.

Bei langen Rohrstrecken und hohen Drücken wird mit Rücksicht auf eine wirtschaftliche Bauweise mit zunehmenden Druck die Rohrlichtweite D verringert und die Wandstärke s vergrößert, also die ganze Rohrleitung bis zur Einmündung in das Krafthaus stufenweise verengt.

Die Mindestwandstärke s_0 wird durch die verlangte Formsteifigkeit des leeren Rohres und durch einen möglicherweise auftretenden Unterdruck auf $s_0 \approx 0{,}01\,D$ festgelegt.

Die senkrecht zur Rohrachse stehenden Komponenten G'_e, G'_w der äußeren Kräfte G_w, G_e beanspruchen die Rohrleitung auf Biegung. Auf die schwierige Berechnung dieses mehrfach gelagerten, statisch unbestimmten „Trägers" wird hier verzichtet. Die in Richtung der Rohrachse wirkenden Komponenten G''_w, G''_e der Gewichte G_w, G_e müssen bei aufgelösten, d. h. längsbeweglichen Rohrleitungen in ihrem vollen Betrag durch Fixpunkte aufgenommen werden (Abb. 49a).

5.2.5.3 Ausführung

5.2.5.3.1 **Stahlrohre.** Sie werden in Schußlängen von 5 bis 10 m hergestellt. Genietete Rohre erhalten je nach Beanspruchung einfach überlappte, 1- bis 3reihige Längs- und Quernähte oder einseitig verlaschte, 1- bis 3reihige Längs- und Quernähte (Abb. 50). Einreihige Nähte kommen für kleine, mehrreihige Nähte für hohe Drücke in Frage. Infolge der raschen Entwicklung der Schweißtechnik treten in steigendem Maße anstelle genieteter Rohre geschweißte Rohre. Ihre Längs- und Quernähte werden dabei meist stumpf zusammengestoßen und mit einer V-Naht elektrisch zusammengeschweißt, bei der sich die Schweißnaht gut nachprüfen läßt.

Die einzelnen Rohrschüsse kann man durch Muffen oder Flanschen verbinden. Bei Muffenverbindungen (Abb. 51) lassen sich wie bei Dehnungsstücken außer der bereits genannten Längsdehnung auch noch kleine Fehlabweichungen in der Verlegung ausgleichen. Sie werden daher bei aufgelösten Leitungen verwendet. Geschlossene Leitungen, bei denen die äußeren Kräfte durch die Rohrwand laufen, verlangen feste Flanschverbindungen (Abb. 51), die infolgedessen sehr kräftig ausgeführt werden müssen. An den Schußenden lassen sich auch lose Flanschverbindungen verwenden. Bei sehr hohen Drücken müssen die letzten Rohrschüsse mitunter auch noch bandagiert werden.

Abb. 50. Rohrnähte

5.2.5.3.2 Beton- und Holzrohre. Betonrohre, die im Schleuderverfahren ohne und mit Vorspannung für Durchmesser von 300 bis 2500 mm und Längen bis etwa 3,5 m ausgeführt werden, sind frostbeständig und sehr widerstandsfähig gegen Korrosion. Die im Laufe der Zeit sich ausbildende Schleimschicht vermindert die Rohrreibung.

Holzrohre können für Drücke bis etwa 7 atü ver-

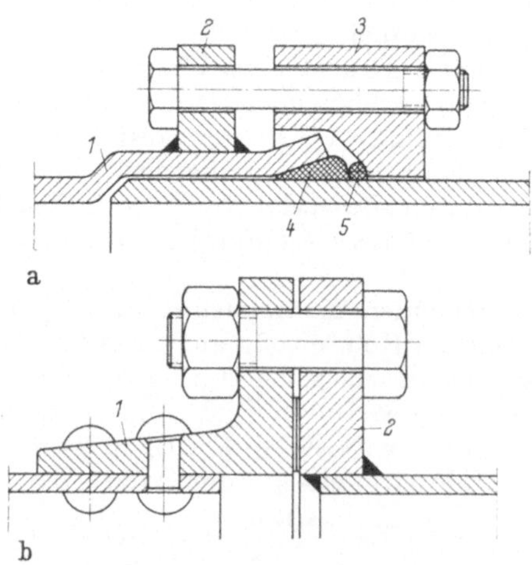

Abb. 51a u. b. Rohrverbindungen
a) Muffenverbindung; *1* Muffe mit aufgeschweißtem Stahlflansch *2*; *3* loser Stahlflansch; *4* Gummidichtung; *5* Drahtring. b) Flanschverbindung; *1* aufgenieteter Stahlwinkelring; *2* aufgeschweißter Stahlflanschring

wendet werden. Sie werden aus Fichten- oder Weißtannenholzdauben, die durch Stahlbandagen zusammengehalten werden, fortlaufend zusammengebaut oder schußweise fabrikfertig bezogen und durch

Abb. 52. Druckrohrleitung mit genieteten Rohrschüssen (MAN)

Spezialanstriche isoliert. Holzrohre sind gegen Humussäure empfindlich und nur für kleine Längskräfte verwendbar.

5.2.5.3.3 Rohrstraßen. Je nach Anzahl und Größe der Turbinen wird der Energieabstieg auf eine oder mehrere Rohrleitungen verteilt (Abb. 17).

5.2.6 Reinigungsanlagen, Abschluß- und Sicherheitsorgane

5.2.6.1 Reinigungsanlagen. Triebwasserleitungen und Turbinen müssen vor dem in fast jeder Gewässerstrecke anfallenden Schwemmzeug aller Art und vor Geschiebe geschützt werden. Grobes Schwemmzeug wird daher bereits am Einlaufbauwerk von einem aus Stahlschienen oder Walzprofilstäben zusammengesetzten Grobrechen, feines Schwemmzeug entweder vor dem Wasserschloß oder unmittelbar vor offenen Turbineneinläufen von einem aus Flacheisenstäben bestehenden Feinrechen mit Stablichtweiten von 50 bis 100 mm abgefangen. Kleine Rechen werden mit Putzharken von Hand, große Rechen mit ortsfesten oder fahrbaren Rechenreinigungsmaschinen gereinigt.

Die Gesamtfläche des meist unter 60 bis 75° geneigten Rechens muß so groß bemessen werden, daß die Durchflußgeschwindigkeit auch bei teilweise belegter Rechenfläche zwischen den Rechenstäben unter etwa 1 m/s bleibt.

Geschiebe müssen vor dem Einlaufbauwerk in entsprechend angeordneten und bemessenen Sandfanganlagen abgesetzt und durch Spülkanäle abgeführt werden.

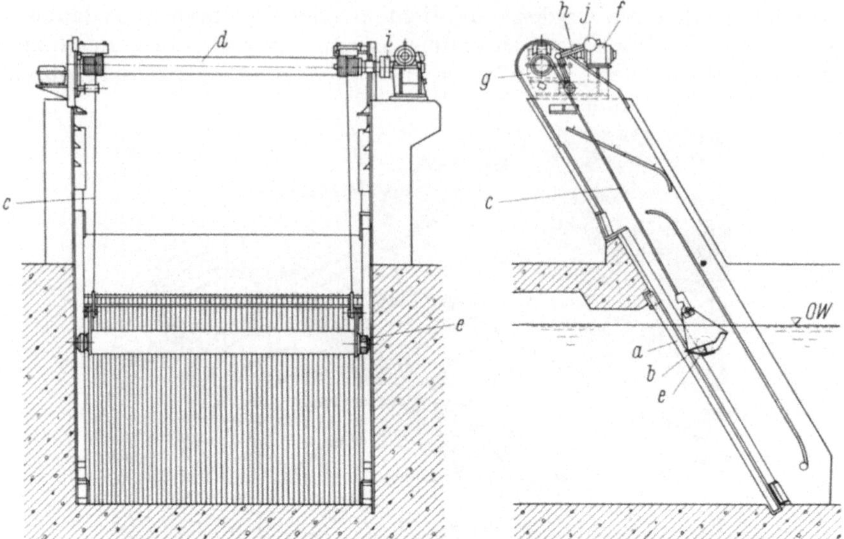

Abb. 53. Ortsfester Rechenreiniger (Voith)

a Rechen; *b* Putzharke; *d* Seiltrommelwelle mit Seilen *c* und Laufrollen *e*; *f* Antriebsmotor; *g* Getriebe; *h* Sicherheitskupplung; *i* elastische Kupplung; *j* Schlaffseilsicherung

Abb. 54. Fahrbare Rechenreinigungsmaschine (Voith)

5.2.6.2 Abschlußorgane. Freispiegelkanäle werden am Einlaufbauwerk, vor einem Freispiegelwasserschloß und vor offenen Turbineneinläufen meist durch Gleit- oder Rollschützen abgeschlossen, die in der Konstruktion grundsätzlich den auf S. 21 aufgeführten Bauarten entsprechen

und auch in gleicher Weise verwendet und betätigt werden. Vor Tal-
sperreneinläufen benutzt man ausschließlich hydraulisch verstellbare und
automatisch gesteuerte Rollschützen, bei Druckrohrleitungen von Pumpspeicherwerken hydraulisch verstellbare, ferngesteuerte Zylinderschützen
(Abb. 55) vor der Einmündung in den Hochspeicher.

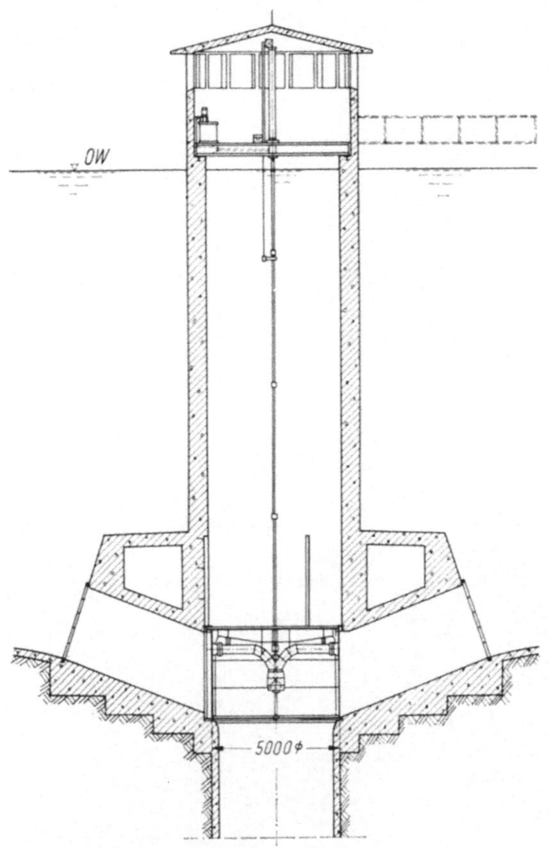

Abb. 55. Zylinderschütze

   Bei Druckrohrleitungen treten anstelle von Schützen druckfeste
Flach-, Kugel- und Ringschieber und Drosselklappen.
   Die bekannten Flachschieber verwendet man fast nur noch bei kleinen
Spiralgehäuseturbinen. Man baut sie dann unmittelbar vor dem Spiralgehäuse in die Druckrohrleitung ein. Bei großen Turbinen und Nennfallhöhen von $H_n =$ etwa 100 bis 1000 m tritt an ihre Stelle der sehr
druckfeste Kugelschieber (Abb. 56 u. 57). Er besteht aus einem geteilten
kugelförmigen Stahlgußgehäuse (a) und einem drehbaren, als Hohlzylin-
der ausgebildeten Drehkörper (b) aus Grau- oder Stahlguß, der mit
2 Drehzapfen im Gehäuse gelagert ist, eine Abschlußplatte (c) besitzt und

um 90° von der Schluß- in die Betriebsstellung geschwenkt wird. Da seine Lichtweite gleich der Rohrlichtweite ist, fließt das Wasser bei Betriebsstellung unbehindert und verlustfrei durch den Schieber. In der

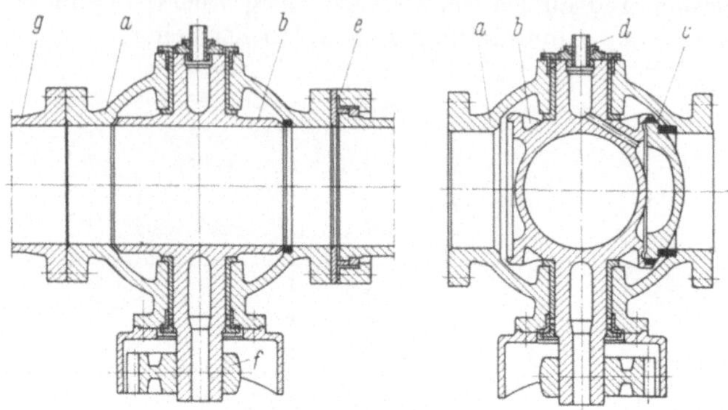

Abb. 56. Kugelschieber

a Stahlgußgehäuse; *b* Stahlgußdrehkörper; *c* Abschlußplatte; *d* Druckwasseranschluß; *e* Hochdruckflansch mit Ausbaudichtung; *f* Zahnsegment zum Antrieb von *b*

Schlußstellung wird die lose, im Drehkörper gelagerte Kugelhaubenabschlußplatte (*c*) durch den Wasserdruck auf ihren Metallsitz im Gehäuse gepreßt und damit der Schieber wasserdicht abgeschlossen.

Abb. 57. Kugelschieber mit hydraulischem Antrieb, $p = 57$ atü (Escher Wyss)

Kugelschieber werden mit senkrecht und waagrecht angeordneten Drehzapfen ausgeführt und in der Regel hydraulisch verstellt und automatisch gesteuert.

Für Nennfallhöhen bis H_n von etwa 150 m (ausgeführt bis $H_n = 270$ m) verwendet man außerdem Drosselklappen (Abb. 58.) Die Drossel-

klappe besteht aus einem sehr kurz gebauten Ringgehäuse und einem
nahezu kreisrunden, im Querschnitt linsenförmigen Klappenhohlkörper,
der mit seinen durchgehenden oder eingesetzten, senkrecht oder waagrecht angeordneten Stahlzapfen drehbar im Gehäuse gelagert ist. Ge-
häuse- und Klappenkörper werden bei kleinen Lichtweiten aus Grauguß

Abb. 58. Drosselklappe mit hydraulischem Antrieb, $D = 3$ m lichte Weite (Escher Wyss)

hergestellt und bei großen Lichtweiten als Stahlguß- oder Schweiß-
konstruktion ausgeführt. Der in Schlußstellung nahezu senkrecht zur
Gehäuseachse stehende, in Betriebsstellung in dieser Achse liegende
Abschlußkörper kann rein metallisch, metallplattiert, mit Gummi auf

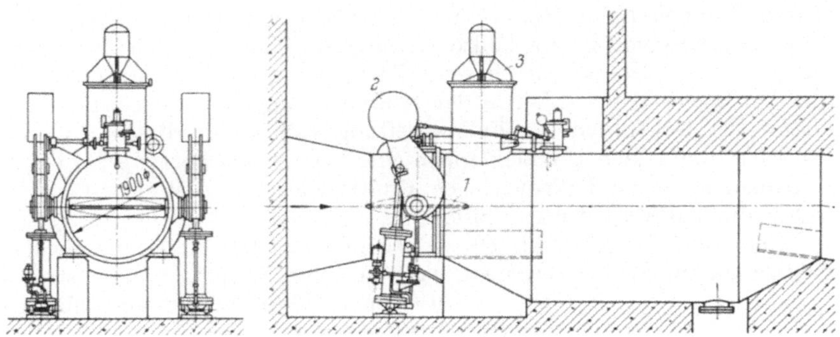

Abb. 59. Fallgewichtsdrosselklappe für $H = 88$ m
1 Drosselklappe;   2 Fallgewicht;   3 Lüftungsventil

Metall oder mit einer Gummimembrandichtung gegen das Gehäuse abgedichtet und von Hand, elektromotorisch, hydraulisch oder durch Fallgewichte (Abb. 59) verstellt werden. Drosselklappen, wie Kugelschieber, sind reine Abschlußorgane. Jede Zwischenstellung des Abschlußkörpers verursacht Abreißen der Strömung und damit gefährliche Flatterschwingungen sowie Korrosion. Beide scheiden daher als Regulierorgane aus.

5.2.6.3 Sicherheitsabschlüsse und Rohrbruchsicherungen. Zu den Sicherheitsabschlüssen gehören Drosselklappen, Ringschieber und Kegelstrahlschieber. Drosselklappen, in der Regel zwei hintereinandergeschaltete

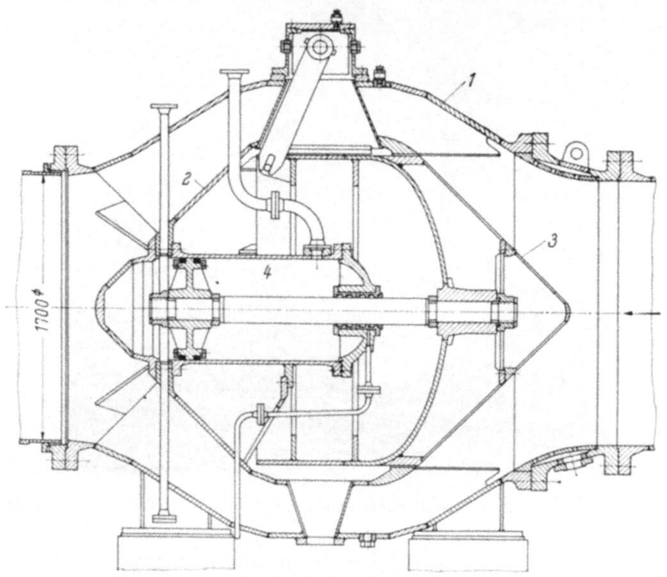

Abb. 60. Ringschieber (Voith)
1 geschweißtes Stahlblechgehäuse; *2* geschweißter Stahlblechführungskörper;
3 Abschlußkolben mit Kegelhaube und Drucköstellmotor *4*

Drosselklappen (Abb. 16), werden vor allem unmittelbar hinter dem Druckwasserschloß in die Fallrohrleitung eingebaut. Bei dieser Anordnung erhält die stromabwärts liegende Klappe einen Fallgewichtsverschluß, der bei jähem Druckabfall in der Fallrohrleitung sofort anspricht und damit bei Rohrbruch die Fallrohrleitung stillegt. In diesem Fall ist zwischen die beiden Drosselklappen eine Rohrbruchsicherung (Abb. 59) einzubauen, die das Fallgewicht bei Rohrbruch sofort auslöst und gleichzeitig die Fallrohrleitung belüftet.

Der Ringschieber (Abb. 60) eignet sich als Abschluß- und Sicherheitsorgan für Speicherpumpen, da er in jeder Stellung seines „stromlinienförmigen", in der Achsrichtung hydraulisch verstellbaren Abschlußkolbens nur geringe Druckverluste verursacht und infolge seiner Steifigkeit für sehr hohe Drücke und große Wasserströme zu verwenden ist.

Der Kegelstrahlschieber (Abb. 62) dient als Nebenauslaß und als Ablaßvorrichtung zur Wasserabgabe aus Stauanlagen, weil er durch die kegelförmige Fächerung des Wasserstroms die Strömungsenergie des ausschießenden Strahles weitgehend vernichtet.

Abb. 61. Ringschieber (Schweißkonstruktion) (Voith)

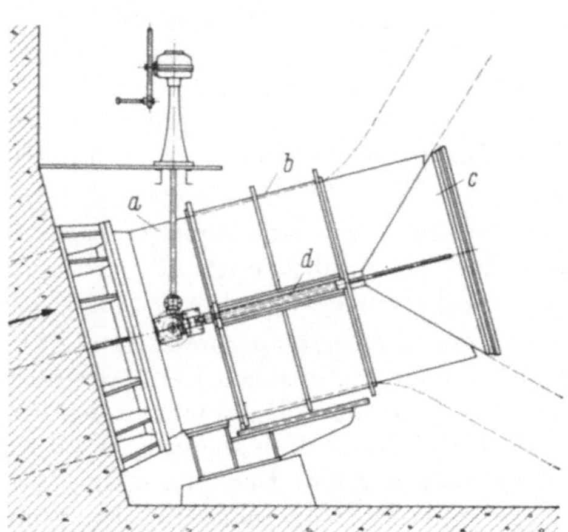

Abb. 62. Kegelstrahlschieber (Voith)

a Schiebergehäuse; *b* Rohrstück, axial verschiebbar; *c* Ausflußkegel; *d* Schraubenspindeln zum Verstellen des Rohrstückes *b*

6. Allgemeine Richtlinien für die Planung

Der Ausbau einer Wasserkraftanlage ist bei der Bedeutung, die heute dem Wasser als kostbarem Lebensspender beigelegt werden muß, stets im Rahmen der gesamten Volkswirtschaft zu betrachten. Dementsprechend sind schon bei der Planung nicht nur die Bedürfnisse der Energiewirtschaft zu befriedigen, sondern auch die Belange der Wasserversorgung, der Landwirtschaft, der Binnenschiffahrt, der Anlieger und des Gesundheitswesens zu beachten. Beide Bedingungen sind derart aufeinander abzustimmen, daß für jeden Interessenten, der im Einzugsgebiet einer geplanten Wasserkraftanlage liegt, ein Optimum an Wirtschaftlichkeit und Sicherheit gewährleistet werden kann.

Infolgedessen sollen sich an der Planung, insbesonders großer, also sehr kostspieliger Wasserkraftanlagen in gleicher Weise Bauherr, Bau- und Lieferfirmen wie wissenschaftliche Sachverständige des Maschinenbaus, der Elektrotechnik, des Bauingenieurwesens, der Energie-, Wasser- und Volkswirtschaft, der Geologie und Architekten als Berater beteiligen.

Entscheidend für die Ausbauwürdigkeit einer Wasserkraftanlage sind vor allem die Notwendigkeit ihres Ausbaus, ihre Wettbewerbsfähigkeit mit andersartigen vorhandenen oder geplanten Energieerzeugungsanlagen und letzten Endes auch ihre Gemeinnützigkeit.

Man hat sich also bei der Planung einer Wasserkraftanlage mit der Feststellung des zu erwartenden Energie- und Leistungsbedarfs ihres Versorgungsgebiets und des in ihrem Einzugsgebiet anfallenden Energiedargebots zu befassen, weiter die wasserwirtschaftlichen und geologischen Verhältnisse ihres Einzugsgebiets zu klären und schließlich anhand einer genauen Kostenaufstellung ihre Preiswürdigkeit nachzuweisen.

Der Planung muß eine genaue Information über die Ausbaumöglichkeiten (Standort und Trassierung) vorausgehen. Sie erhält man, indem man den voraussichtlichen Lageplan der geplanten Wasserkraftanlage maßstäblich in eine mit genauen Höhenlinien versehene Landkarte einträgt, die das künftige Einzugsgebiet, also die gesamte zu erfassende Gewässerstrecke enthält. Läßt sich anhand dieser Untersuchung die Ausbauwürdigkeit feststellen, so kann mit den sehr umfangreichen Arbeiten zur Ermittlung der Anlagekosten begonnen werden.

Sie umfassen

1. die endgültige Festlegung des Lageplans. Dieser ist meist im Maßstab 1 : 2500 auszuarbeiten. Er muß bereits alle Abschnitte der Ausbaustrecke in ihren Einzelheiten enthalten.

2. die Ermittlung der Wassermengendauerlinien. Sie können vielfach von den hierfür zuständigen technischen Landesämtern bezogen werden. Liegen sie nicht vor, so sind die Abflußmengen des Einzugsgebiets gem. Abschn. 2, S. 4 und 43.1, S. 157, durch Messung zu bestimmen, bei der am besten Meßflügel benützt werden. Den Wassermengendauerlinien sind, soweit möglich, die Mittelwerte einer 10- bis 20jährigen Erhebung zugrunde zu legen.

3. Vermessung der Ausbaustrecke und Festlegung des Längenprofils. Das Längenprofil einer Ausbaustrecke wird nach den Regeln der Geodäsie durch Nivellieren mittels Nivellierinstrumenten vermessen und dann in einem verzerrten Maßstab aufgezeichnet. Dabei pflegt man für die Längen einen Maßstab 1 : 1000 bis 1 : 5000, für die Höhen einen Maßstab 1 : 100 zu benutzen. In dieses Profil sind außer dem Sohlenverlauf der Ausbaustrecke alle wichtigen Höhenmarken, wie Stauziel, Wehr- und Einlaufschwellen, Normal- und Höchstwasserstände, einzutragen.

4. Wahl der Ausbaugröße Q_a. Abgesehen von Anlagen, bei denen der Leistungsbedarf ihres Versorgungsgebiets weit unter dem Leistungsdargebot der Gewässerstrecke liegt, ist die richtige Wahl der Ausbaugröße Q_a entscheidend für Baukosten und Wirtschaftlichkeit der Anlage. Die Festlegung von Q_a hängt vom Charakter der Wassermengen- und Nennfallhöhendauerlinien sowie von den Betriebseigenschaften der Turbinen und der Turbinenzahl ab. Dem Bestreben, ein möglichst hohes Energie- und Leistungsdargebot (kWh/Jahr) aus einer Wasserkraftanlage herauszuholen, werden mitunter durch den zu erwartenden Kleinstwasserstrom Q_{min} (niedrigstes Niederwasser — Wasserklemme, Abb. 6), bei dem sich nur sehr wenig an Leistung erwarten läßt, Grenzen gesetzt.

Bei stark schwankenden Wasserströmen muß man daher die Ausbauwassermenge Q_a auf mehrere gleichartige und möglichst gleich große Turbinen (Abb. 6) aufteilen. Ihre Anzahl wird durch das Verhältnis Q_{min}/Q_a bestimmt. Sie ist so klein wie möglich zu halten, um an Baukosten und Reservelagern einzusparen und die Betriebsüberwachung zu vereinfachen. Diese Richtung führt zu immer größer werdenden Maschineneinheiten, bei Laufkraftwerken zum Fortfall der Maschinenhallen und zum Bau von Wehr- und Pfeilerkraftwerken, bei Hochdruckanlagen zur Kavernenbauweise.

Die Auswahl der Turbinentype und -bauart hängt in erster Linie von der Ausbaunennfallhöhe H_{n_a} sowie von den Verhältnissen Q_{min}/Q_a und $H_{n_{min}}/H_{n_{max}}$ (Abb. 6) ab. Von Einfluß ist weiter die Betriebsart der Wasserkraftanlage. So bevorzugt man bei Niederdruckanlagen mit stark schwankenden Wasserströmen und stark schwankenden Fallhöhen den Einbau von Kaplanturbinen. Vielfach ergeben sich gute Ausbauverhältnisse bei einem 100- bis 150tätigem Ausbau, d. h. bei einer Ausbauwassermenge, die mindestens 100 bis 150 Tage im Jahr anfällt. In besonderen Fällen, wie z. B. beim Staffelausbau mit Schwellbetrieb, kann man bis auf 50 Tage im Jahr heruntergehen.

Bei der Behandlung aller weiterer Planungsarbeiten muß auf die Fachliteratur hingewiesen werden, da sie die Grenzen dieses Buches weit überschreitet.

II. Allgemeines über Wasserkraftmaschinen
7. Überblick

Wasserkraftmaschinen sind Kreiselmaschinen, bei denen sich der Umsatz von Strömungsenergie in mechanische Arbeit in stetig rotierenden Kreiselrädern vollzieht.

Sie werden in Wasserturbinen und Wasserräder unterteilt. Wasserturbinen sind Strömungsmaschinen, Wasserräder Schwerkraftmaschinen.

Bei der Wasserturbine wird die im Turbinenwasserstrom zugeführte und vorwiegend als Druckenergie verfügbare Strömungsenergie im Schaufelgitter des rotierenden Laufrades durch Beschleunigung und Umlenkung oder nur durch Umlenkung des Wasserstroms in mechanische Arbeit umgewandelt.

Völlig anders geartet ist der Energieumsatz im Wasserrad. Es setzt die vorwiegend als Lagenenergie verfügbare Strömungsenergie durch Schwerkraftwirkung des in seinen Radzellen aufgefangenen und darin niedersinkenden Wasserstroms in mechanische Arbeit um.

Wasserturbinen werden seit etwa 130 Jahren gebaut. Von den im Laufe des 19. Jahrhunderts auf den Markt gekommenen Turbinensystemen verschwanden die von FOURNEYRON, JONVAL, GIRARD, HENSCHEL, SCHWAMKRUG, ZUPPINGER u. a. entwickelten und auf Kleinbetriebe beschränkten Turbinentypen sehr rasch, als es 1891 OSKAR v. MILLER gelang, elektrische Energie durch Freileitungen von einer Wasserkraftanlage über eine größere Strecke dem Verbraucher zuzuführen. Mit dieser Fernübertragung, die den Ausbau großer, nicht mehr unmittelbar an das Absatzgebiet gebundener Wasserkraftanlagen ermöglichte, setzte stürmisch die Entwicklung automatisch regelbarer Francis- und Peltonturbinen und ab 1920 die Entwicklung der Kaplanturbine ein. Sie führte zur Vorherrschaft der Francis-, Kaplan- und Peltonturbinen, die heute bei größter Betriebssicherheit, geringster Wartung und langer Lebensdauer Wirkungsgrade von 90 bis 93% erreichen und unverkennbar in Richtung des Großturbinenbaus verläuft.

Demgegenüber spielen Wasserräder, die mit ihren kleinen Leistungen, niedrigen Drehzahlen und wegen ihrer unzureichenden Regelbarkeit auf Kleinstbetriebe beschränkt bleiben, in der modernen Energiewirtschaft keine Rolle mehr. Sie werden daher nicht weiter behandelt.

8. Einteilung

Kennzeichnend für Wirkungsweise, Einteilung und Bauart der Wasserturbinen sind das Druckgefälle und die Durchflußrichtung des Wasserstroms im Laufrad sowie die Beaufschlagung des Laufrades durch den Wasserstrom.

8.1 Überdruckturbinen

Der Energieumsatz in diesen Turbinen erfordert außer dem Laufrad R ein Leitrad L vor und ein Saugrohr S hinter dem Laufrad (Abb. 63). Im Laufrad dieser Turbinen herrscht ein Druckgefälle, das zur Beschleunigung des Wasserstroms dient. Es bedingt, daß die Durchflußquerschnitte aller am Energieumsatz beteiligten Bauelemente vom Wasserstrom voll durchflutet werden. Überdruckturbinen arbeiten also mit vollbeaufschlagten Laufrädern. Sie werden heute ausschließlich als Francis- und Kaplanturbinen ausgeführt.

Die 1838 von HOWD (USA) erfundene und 1848 erstmals von FRANCIS (USA) geprüfte Francisturbine (Abb. 64) ist eine radial beaufschlagte, die 1912 von Prof. Dr. VIKTOR KAPLAN erfundene Kaplanturbine (Abb. 65) eine axial beaufschlagte Überdruckturbine.

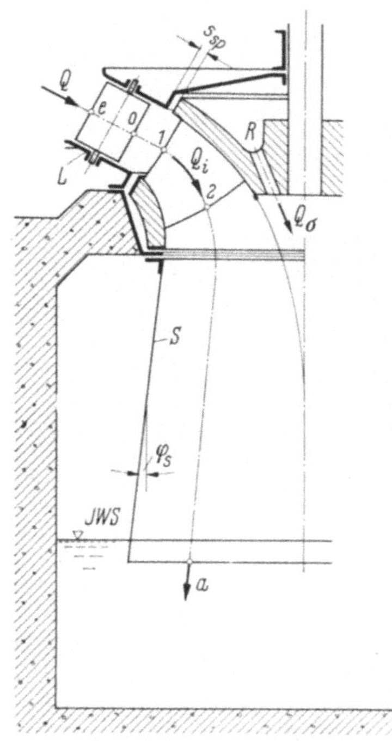

Abb. 63. Überdruckturbine (schematisch)   **Abb. 64.** Laufrad einer Francisturbine (Voith)

Abb. 65. Laufrad einer Kaplanturbine, geöffnet (Voith)

Bei beiden, heute hochentwickelten Bauarten verwendet man das 1860 von Prof. FINK erfundene Leitrad mit verstellbaren, in der Regel

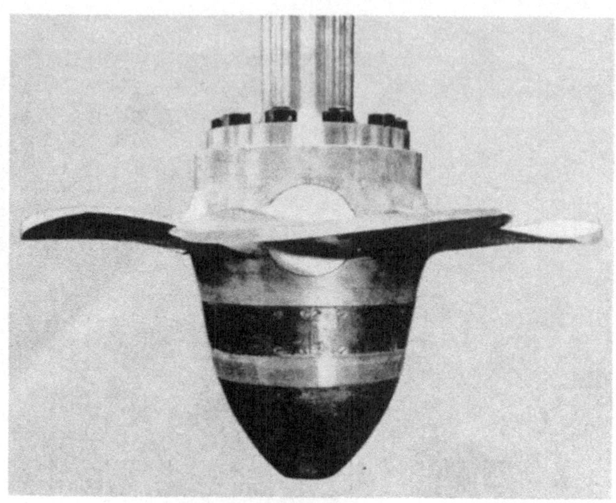

Abb. 66. Laufrad einer Kaplanturbine, geschlossen

tragflügelartigen Leitschaufeln (Abb. 67), die in feststehenden, zylindrisch (Abb. 68) oder keglig (Abb. 79) angeordneten Schaufelgittern eine Feinregelung des Wasserstroms gestatten, den Eintrittsdrall in das Laufrad erzeugen und den Wasserstrom in der vorgeschriebenen Richtung dem Laufrad zuführen.

Während das Francislaufrad aus einer Vielzahl, durch Schaufelwände getrennter Kanäle, somit aus einem relativ enggestellten, radialaxial durchströmten Schaufelgitter (Abb. 64 u. 94) besteht, besitzt das Kaplanlaufrad nur 4 bis 8 tragflügelförmige und im rotierenden Laufrad verstellbare Schaufeln, also ein sehr weit gestelltes, axial durchströmtes Schaufelgitter (Abb. 65 u. 95). In dem an das Laufrad anschließenden Saugrohr (Abb. 63) oder Saugkrümmer (Abb. 72 u. 74) wird der Wasserstrom mit möglichst kleinem Austrittsdrall

Abb. 67. Leitrad mit zylindrisch angeordnetem Schaufelgitter und Innenregelung (Voith)
1 Leitschaufel; 2 Lenker; 3 Verstellring; 4 Leitradring; 5 Leitraddeckel

zum Unterwasser abgeführt und dabei ein großer Teil der im Laufrad nicht umsetzbaren Strömungsenergie zurückgewonnen.

Francisturbinen werden für Leistungen von $N_n = 2$ bis $200\,000\,\mathrm{kW}$ und Nennfallhöhen von $H_n = 2$ bis $500\,\mathrm{m}$, Kaplanturbinen für Leistungen von $N_n = 2$ bis $100\,000\,\mathrm{kW}$ und Nennfallhöhen von $H_n = 2$ bis $60\,\mathrm{m}$ gebaut.

Abb. 68. Leitrad mit zylindrisch angeordnetem Schaufelgitter und Außenregelung (Voith

8.2 Freistrahlturbinen

Kennzeichnend für diese Bauart ist das vom Wasserstrom völlig druckfrei und nur teilweise durchströmte Laufrad.

Man unterscheidet hier: Tangential- und Durchströmturbinen. Im Bereich großer Nennfallhöhen herrscht heute ausschließlich die 1880 von PELTON (USA) erfundene und heute hoch entwickelte, tangential teilbeaufschlagte Freistrahlturbine (Abb. 69). Ihr Leitrad ist zu einer feinregelbaren Nadeldüse (Abb. 70) zusammengeschrumpft, aus der mit hoher Geschwindigkeit ein völlig druckfreier, kreisrunder Strahl austritt und das Laufrad nur auf einem kleinen Teil seines Umfangs tangential beaufschlagt. Anstelle des Schaufelgitters treten viele, am Umfang des Laufrades befestigte und aus 2 Halbellipsoidschalen zusammengesetzte Schaufeln, in denen der Wasserstrahl durch die Schaufelschneide geteilt

Abb. 69. Laufrad einer Peltonturbine (Voith)

und jede Strahlhälfte in ihrer Halbschale lediglich um $\sim 180°$ umgelenkt wird (Abb. 96).

Da im Laufrad überall Atmosphärendruck herrscht und daher das Laufrad in freier Luft umläuft, muß man die Turbine so hoch über den Unterwasserspiegel stellen, daß das Laufrad in keinem Fall im Unterwasser „watet". Aus diesem Grund ist auch das Saugrohr überflüssig, ja ungeeignet.

Freistrahlturbinen werden für Leistungen von $N_n = 2$ bis 100 000 kW und Nennfallhöhen bis $H_n = 1800$ m gebaut.

Für Nennfallhöhen bis etwa $H_n = 50$ m und kleine Leistungen verwendet man auch die 1903 von A. G. M. Michell (Australien) erfundene und 1917 von Prof. Banki (Ungarn) vorgeschlagene teilbeaufschlagte Durchströmturbine (Abb. 71). Bei dieser Turbine tritt aus einer verstellbaren Zungendüse ein rechteckiger, druckfreier Strahl, der das enggestellte Schaufelgitter eines walzenförmigen Laufrades zweimal, mehr oder weniger meridional durchströmt.

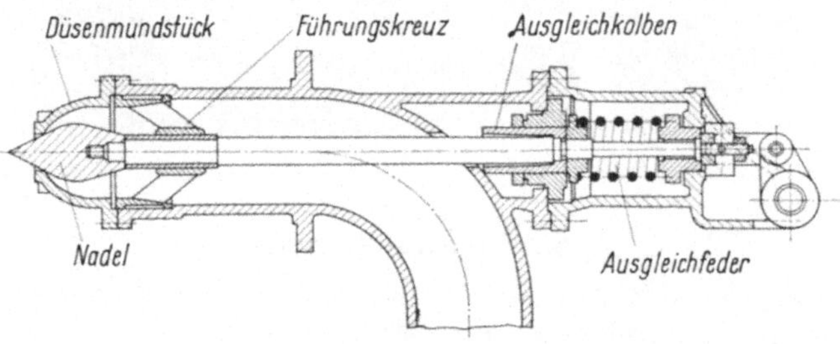

Abb. 70. Nadeldüse

9. Bauarten und ihre Verwendung

9.1 Überdruckturbinen

Francisturbinen werden heute fast ausschließlich als Einradmaschinen mit stehender und liegender Welle, Kaplanturbinen nur als Einradmaschinen und vorwiegend mit stehender Welle gebaut.

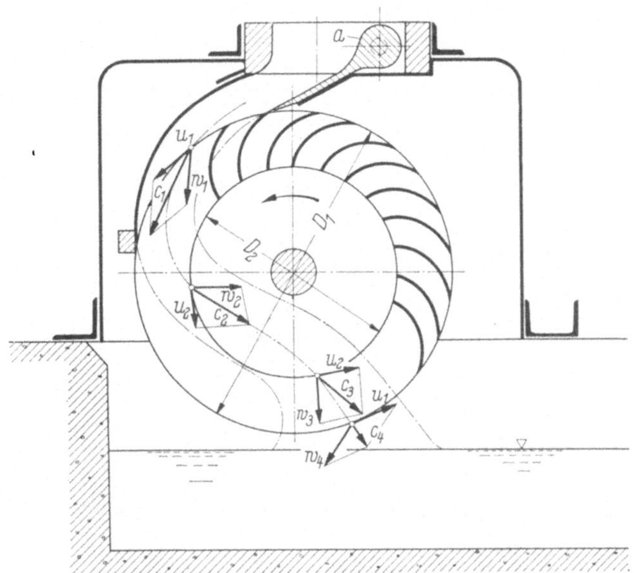

Abb. 71. Durchströmturbine (Michell-Ossberger)

9.1.1 Offener Einbau. Hier sitzt die Turbine in einer offenen, am Ende eines Freispiegelkanals sitzenden Wasserkammer. Dieser offene Einbau von Francis- und Kaplanturbinen kommt nur für Kleinwasserkraftanlagen mit Leistungen bis $N_n \approx 200$ kW und Nennfallhöhen bis $H_n \approx 5$ m in Frage, bei denen der Bauaufwand für die Kammer und Krafthausfundamente in wirtschaftlich tragbaren Grenzen bleibt und keine hohen Ansprüche an die Wasserführung zur Turbine gestellt werden. Man bevorzugt stehende Welle mit fliegend angeordnetem Laufrad, Abtrieb über ein Kegelradgetriebe auf eine liegende Welle und Betonsaugkrümmer (Abb. 72). Mit dieser Anordnung erhält man hohe Abtriebsdrehzahlen. Die im Grundriß und meist auch im Querschnitt rechteckige Wasserkammer ist so reichlich zu bemessen, daß die Zulaufgeschwindigkeit zur Kammer 0,6 bis 0,8 m/s nicht überschreitet. Dabei muß der Wasserspiegel in der Kammer so hoch über der Turbine stehen, daß diese im Betrieb keine Luft ansaugt und ein Abreißen des Wasserstroms in der Turbine vermieden wird. Der Oberwasserspiegel muß daher mindestens $h_0 = 0{,}2$ bis $0{,}5\ D_1 \sqrt{H_n}$ [m] über der Turbine liegen. D_1, der Laufraddurchmesser, und H_n sind in m einzusetzen.

Bei sehr kleinen Nennfallhöhen läßt sich diese Grenzbedingung nur mit einer Heberkammer erfüllen (Abb. 72). Sie wird bei kleinen h_0-Werten durch die anfahrende Turbine entlüftet. Große h_0-Werte erfordern künstliche Dauerbelüftung.

Für Leistungen unter $N_n \approx 50$ kW wählt man auch die liegende Welle. Hier wird die Turbine entweder mit fliegendem Laufrad, Krümmer im Schacht, Saugrohr oder Saugkrümmer (Abb. 73) oder 2fach gelagert mit Krümmer außer Schacht und Blechsaugrohr ausgestattet.

4*

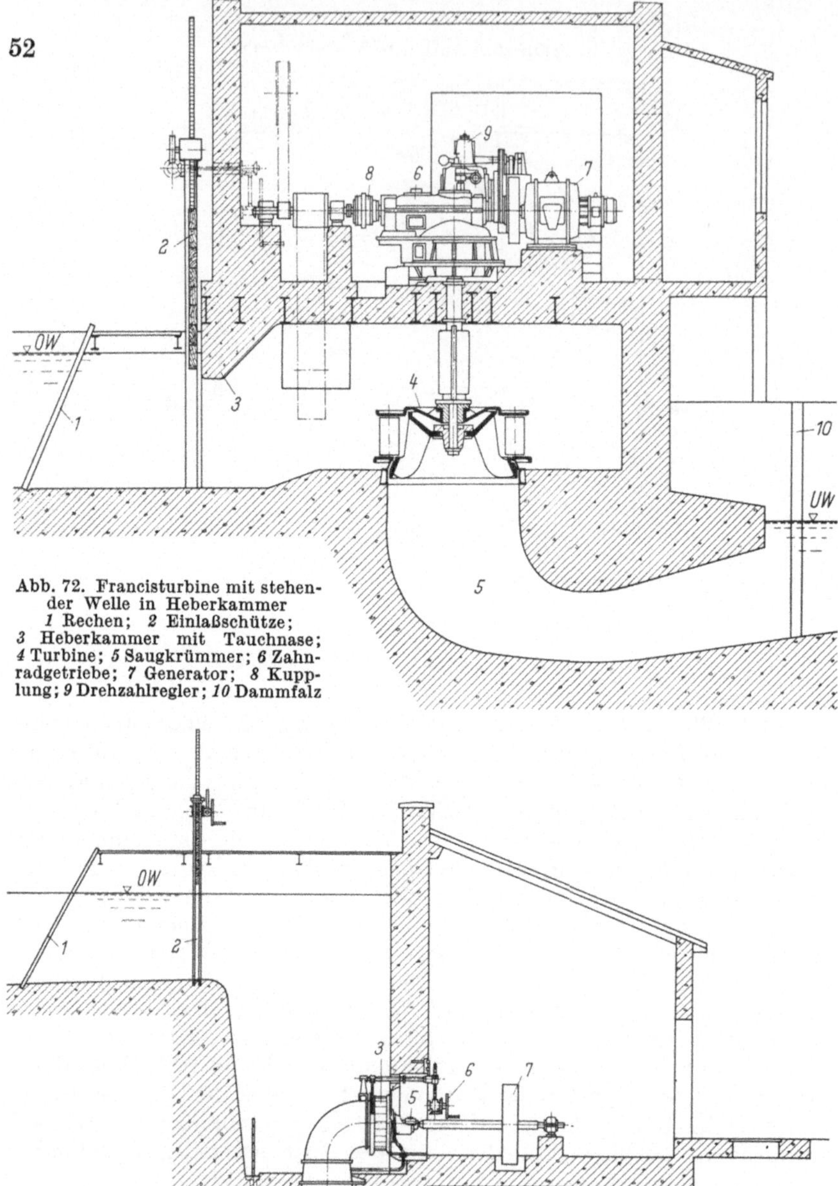

Abb. 72. Francisturbine mit stehender Welle in Heberkammer
1 Rechen; *2* Einlaßschütze;
3 Heberkammer mit Tauchnase;
4 Turbine; *5* Saugkrümmer; *6* Zahnradgetriebe; *7* Generator; *8* Kupplung; *9* Drehzahlregler; *10* Dammfalz

Abb. 73. Francisturbine mit liegender Welle in offener Kammer
1 Rechen; *2* Einlaßschütze; *3* Turbine; *4* Stahlblechsaugrohr; *5* Turbinenwelle; *6* Hand-
verstellung des Leitrades; *7* Riemenscheibe; *8* Dammfälze

9.1.2 Betonspiralturbinen. Ihre Domäne sind Flußkraftwerke mit großen Wasserströmen und Nennfallhöhen bis $H_n \approx 10$ m. Der in einem Freispiegelkanal ankommende Wasserstrom wird unter sehr günstigen

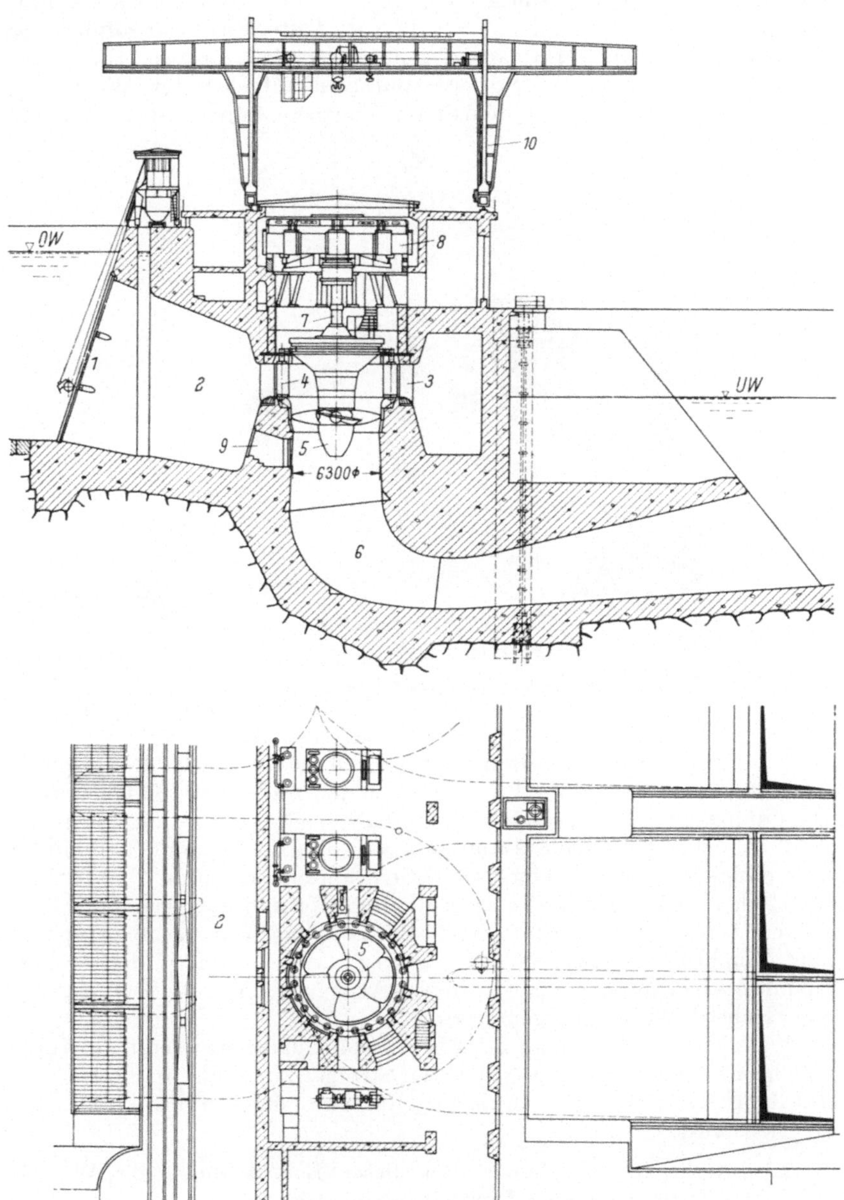

Abb. 74. Betonspiralturbine (Voith)
1 Rechen; 2 Betonspirale; 3 Vorschaufelring; 4 Leitschaufeln; 5 Kaplanlaufrad; 6 Betonsaugkrümmer; 7 Turbinenwelle; 8 Generator; 9 Betriebsgang; 10 Portalkran

Strömungsverhältnissen in einer Betonspirale mit rechteckig trapez-
förmigen Querschnitten über einen Vorschaufelstützring und ein außen-
geregeltes Leitrad dem fliegend angeordneten Laufrad zugeführt und
von hier durch einen stetig vom Kreis- zum Rechtecksquerschnitt
übergehenden Betonsaugkrümmer in das Unterwasser abgeführt. Es
werden ausschließlich Kaplanräder mit stehender, in zwei Halslagern
geführter und in einem Segmentspurlager aufgehängter Welle verwendet, die unmittelbar mit dem Stromerzeuger gekuppelt sind (Abb. 74).

Abb. 75. Schnittmodell einer Kaplanbetonspiralturbine (Voith)

Man ordnet wie beim offenen Einbau entweder vor der Betonspirale
einen Feinrechen und eine Einlaßschütze und hinter dem Saugkrümmer
Dammfälze zum Einlegen von Dammbalken an oder begnügt sich, wie
Abb. 75 zeigt, mit einem Dammfalz vor der Betonspirale und hinter
dem Saugkrümmer mit einer schrägen Dammbalkenbahn. Die Turbine
läßt sich also bei geschlossener Einlaßschütze und eingelegten Dammbalken trockensetzen. Ein kurzer Betriebsgang von der Betonspirale
zum Saugkrümmer gestattet die Kontrolle des Laufrades. Bei kleinen
Nennfallhöhen muß wie beim offenen Ausbau auch in die Betonspirale
eine Heberdecke eingezogen werden.

Vielfach verzichtet man auf die Maschinenhalle und setzt die durch
eine leichte Schutzhaube abgedeckten Stromerzeuger auf die freie Decke
des Krafthausunterbaus (Abb. 74), die von einem Portalkran über-
strichen wird.

9.1.3 Rohrleitungsturbinen. Bei dieser Bauart fließt der Wasserstrom der Turbine in einer Rohrleitung zu. Die Turbinen müssen daher
in druckfesten Rohr- oder Spiralgehäusen, die sich organisch an die
Druckrohrleitung anschließen, eingebaut werden.

9.1.3.1 Rohrturbinen. Sie werden für Leistungen bis $N_n \approx 5000\,\mathrm{kW}$ und Nennfallhöhen bis $H_n \approx 25\,\mathrm{m}$ gebaut. Sie eignen sich vor allem für Stufenflußkraftwerke, weil sie gegenüber Betonspiralturbinen folgende Vorteile besitzen: Rohrturbinen zeichnen sich durch einfache Wasserführung aus. Da bei dieser Bauart die Einlaufspirale und damit teure, raumbeanspruchende und bautechnisch schwierige Baukonstruktionen wegfallen, läßt sich der Aggregatabstand viel kleiner als bei Betonspiralturbinen halten. Man bevorzugt sie daher bei Pfeilerkraftwerken,

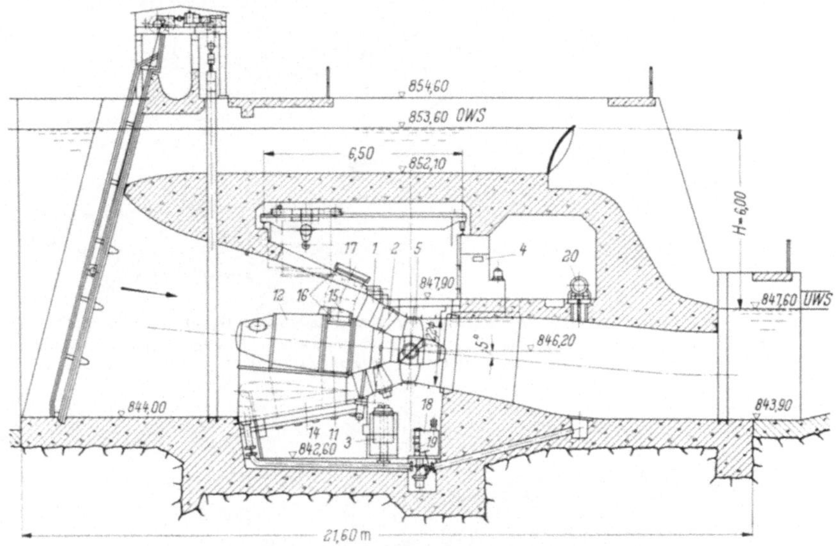

Abb. 76. Rohrturbine in Monoblockbauweise, Lechkraftwerk Reutte (Escher Wyss)

$H_n = 6{,}0\,\mathrm{m}$, $n_n = 165/1000\,\mathrm{min^{-1}}$, $N_n = 1200\,\mathrm{kW}$

1 Vorschaufelring;   *2* Leitrad;   *3* Leitradstellmotor;   *4* Drehzahlregler;   *5* Kaplanlaufrad;   *12* Generator;   *17* Generator-Luftkühler

bei Pumpspeicherwerken, in denen sie als Turbine wie als Pumpe arbeiten müssen, und außerdem bei Anlagen, die über einen großen Fallhöhenbereich hinweg einen bestimmten Höchstwasserstrom verarbeiten müssen.

Rohrturbinen erhalten ausschließlich Kaplanräder. Sie können unmittelbar (Abb. 76) oder über Zahnradgetriebe (Abb. 77, 78 u. 79) mit Stromerzeugern gekuppelt werden. Bei der „Monoblock"-Bauart (Abb. 76), die nur für kleine Leistungen in Frage kommt, ist der unmittelbar mit dem Laufrad gekuppelte Stromerzeuger in einem stromlinienförmigen Stahlblechkessel untergebracht. Eine weitere Bauart einer Getrieberohrturbine zeigt Abb. 78. Bei dieser Kleinturbine erfolgt der Abtrieb über ein Kegelradgetriebe senkrecht zur Turbinenwelle.

Größere Wasserströme werden durch zwei, im Querschnitt rechteckige Kanäle um den Stromerzeuger und das Getriebe herum zum Laufrad geführt. Hierbei werden Stromerzeuger und Getriebe in einem von oben zugänglichen Mittelschacht aufgestellt (Abb. 79 u. 80).

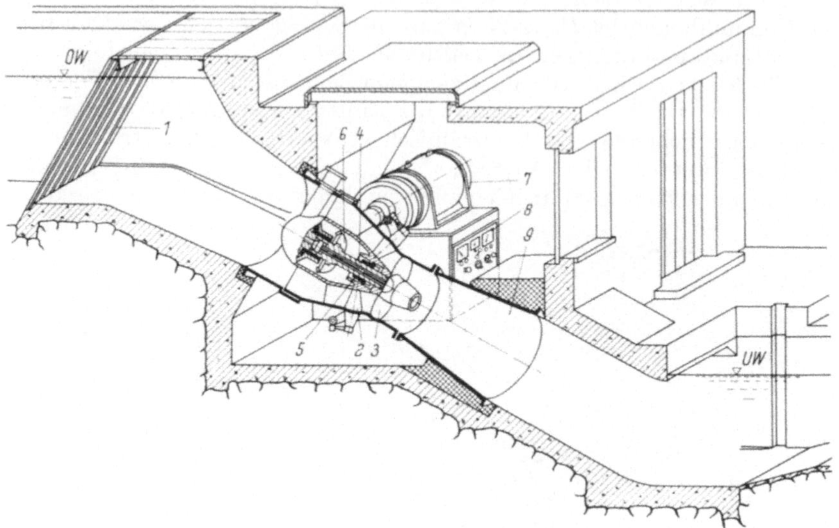

Abb. 77. Rohrturbine mit Kegelradgetriebe und außen liegendem Generator (Escher Wyss)
1 Rechen;   *2* Leitrad;   *3* Kaplanlaufrad;   *4* Turbinenwelle;   *5* Lager und Stopfbüchsen;
6 Kegelradgetriebe;   *7* Generator;   *8* Drehzahlregler;   *9* Saugrohr

Abb. 78. Rohrturbine mit Kegelradgetriebe und außen liegendem Generator (Escher Wyss)

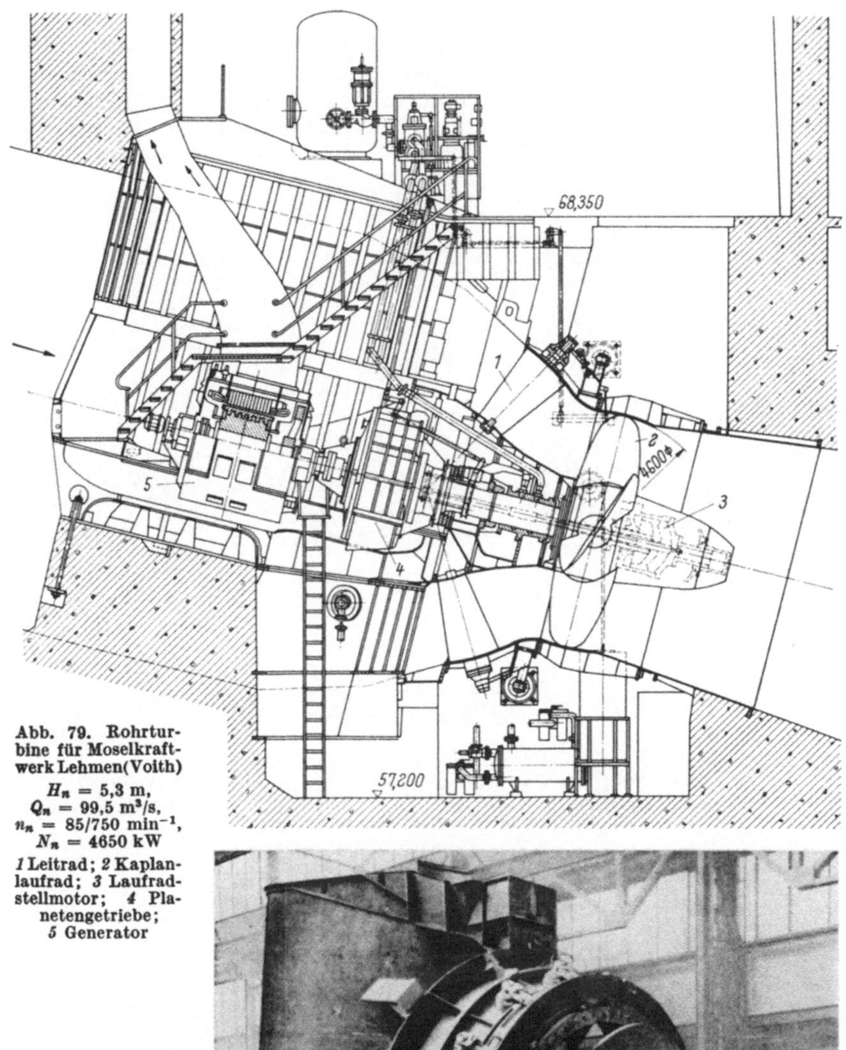

Abb. 79. Rohrturbine für Moselkraftwerk Lehmen (Voith)

$H_n = 5,3$ m, $Q_n = 99,5$ m³/s, $n_n = 85/750$ min⁻¹, $N_n = 4650$ kW

1 Leitrad; *2* Kaplanlaufrad; *3* Laufradstellmotor; *4* Planetengetriebe; *5* Generator

$H_n = 5,08$ m, $Q_n = 99,5$ m³/s, $n_n = 78/750$ min⁻¹, $N_n = 4420$ kW

Abb. 80. Rohrturbine für das Moselkraftwerk Trier (Escher Wyss)

9.1.3.2 Spiralturbinen. Sie verarbeiten heute Nennfallhöhen bis $H_n = 500$ m und erreichen Leistungen bis $N_n = 200000$ kW. Man bevorzugt hierbei die bei Betonspiralturbinen übliche Anordnung mit stehender Welle, fliegendem Laufrad und Betonsaugkrümmer, bei der

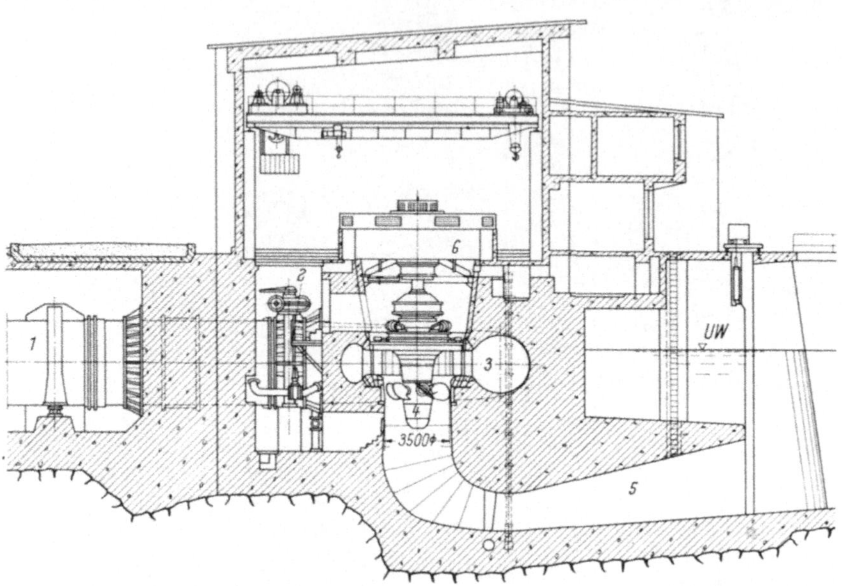

Abb. 81. Kaplanspiralturbine Speicherkraftwerk Roßhaupten (Lech)
$H_n = 20$ bis 38 m, $Q_n = 75$ m³/s, $n_n = 200$ min⁻¹, $N_n = 33800$ PS (Voith)
1 Druckrohrleitung;   2 Fallgewichtsdrosselklappe;   3 Stahlblechspirale;   4 7flügeliges Kaplanlaufrad;   5 stahlbewehrter Betonsaugkrümmer;   6 Generator

Abb. 82. Francisspiralturbine mit liegender Welle und geschweißtem Stahlblechspiralgehäuse
(Voith)

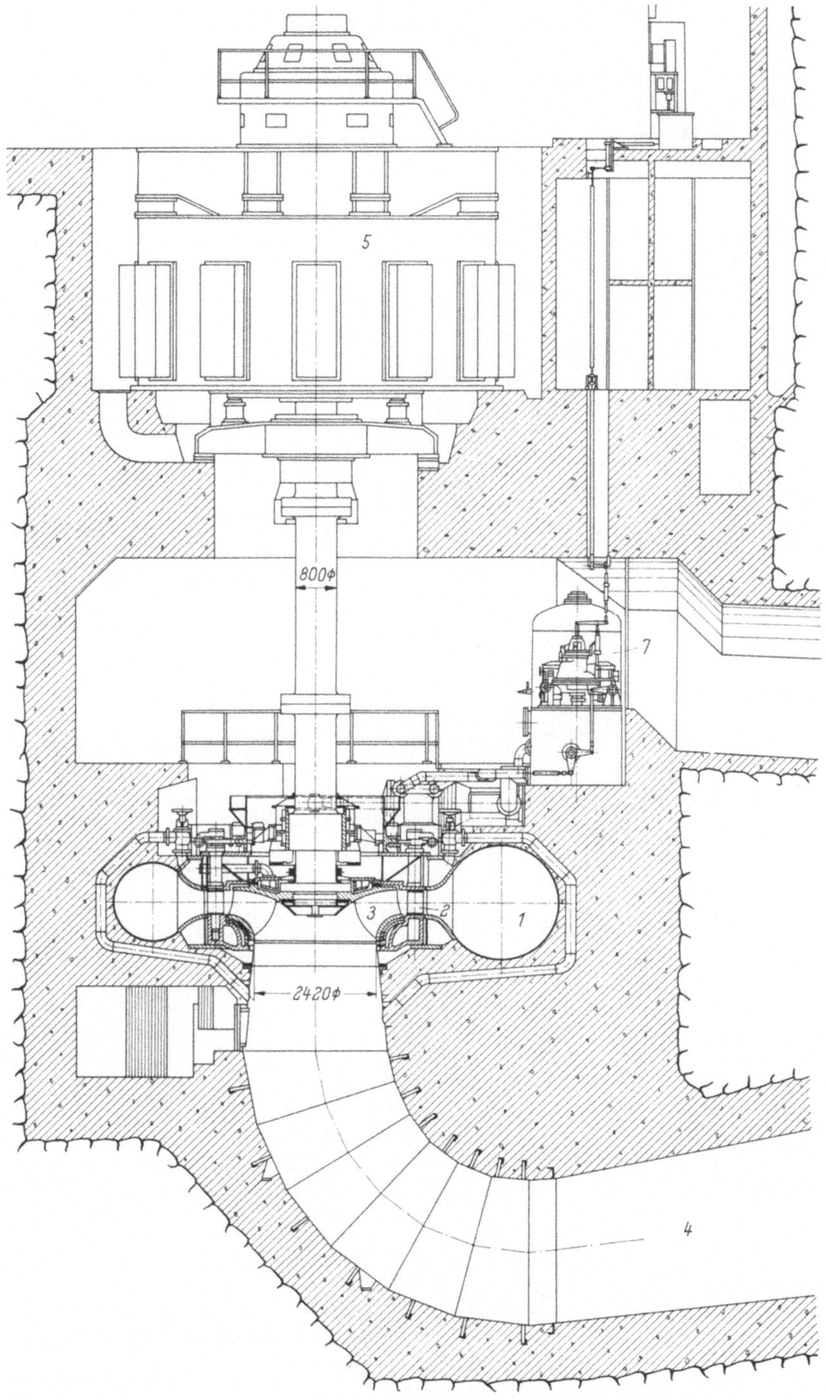

Abb. 83. Francisspiralturbine mit stehender Welle (Anlage Split) (Voith)
$H_n = 265$ m, $Q_n = 51{,}3$ m³/s, $n_n = 300$ min⁻¹, $N_n = 163\,000$ PS
1 Stahlblechspiralgehäuse;   *2* Leitrad;   *3* Francislaufrad;   *4* stahlbewehrter Betonsaugkrümmer;   *5* Generator;   *7* Drehzahlregler

sich relativ kleine Saughöhen und damit eine kavitationsfreie Lage des Laufrades ergeben.

Im Hinblick auf die zulässigen Festigkeitswerte müssen bei großen Wasserströmen und Nennfallhöhen bis $H_n = 250$ m geschweißte

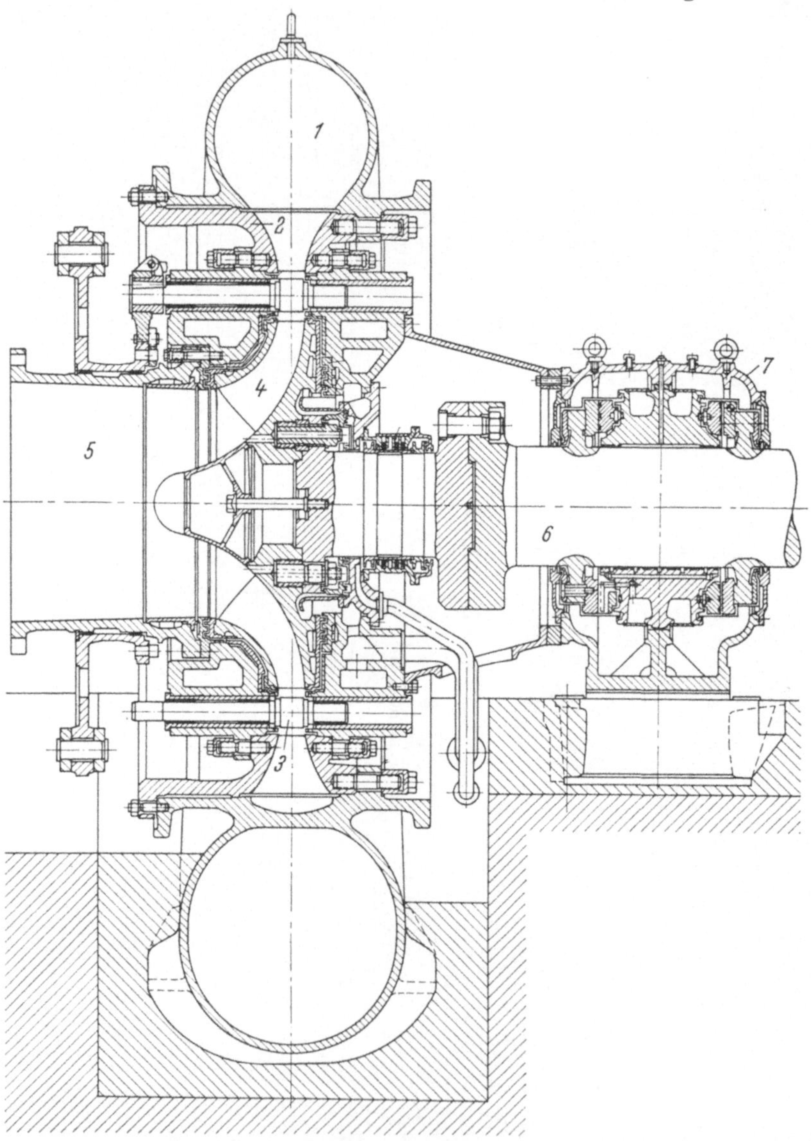

Abb. 84. Francisspiralturbine mit liegender Welle und Stahlgußspiralgehäuse, Tauernkraftwerke AG, Oberstufe Limberg (Escher Wyss)

$H_n = 305$ bis 364 m, $Q = 17,1$ bis $18,75$ m³/s, $n_n = 500$ min⁻¹, $N_n = 60\,900$ bis $80\,000$ PS

1 Stahlgußspiralgehäuse; 2 Vorschaufelring; 3 Leitrad; 4 Francislaufrad; 5 Saugrohrstutzen; 6 Turbinenwelle; 7 Gleitsegmentspurlager

Abb. 85. Kleine Francisspiralturbine mit liegender Welle und Graugußspiralgehäuse (Voith)

Stahlblechspiralgehäuse (Abb. 81 u. 83) und bei Nennfallhöhen über $H_n = 250$ m Stahlgußspiralgehäuse (Abb. 84) vorgesehen werden.

Für kleine Abmessungen und Nennfallhöhen bis $H_n = 100$ m reichen Graugußspiralgehäuse (Abb. 85) aus.

Alle diese Spiralgehäuse haben in der Regel kreisförmige Querschnitte.

9.2 Freistrahlturbinen

9.2.1 Tangentialturbinen. Sie werden mit liegender wie mit stehender Welle ausgeführt und in der Regel unmittelbar mit einem Stromerzeuger

Abb. 86. Freistrahlturbine, Anlage Fortun, Norwegen (Voith)

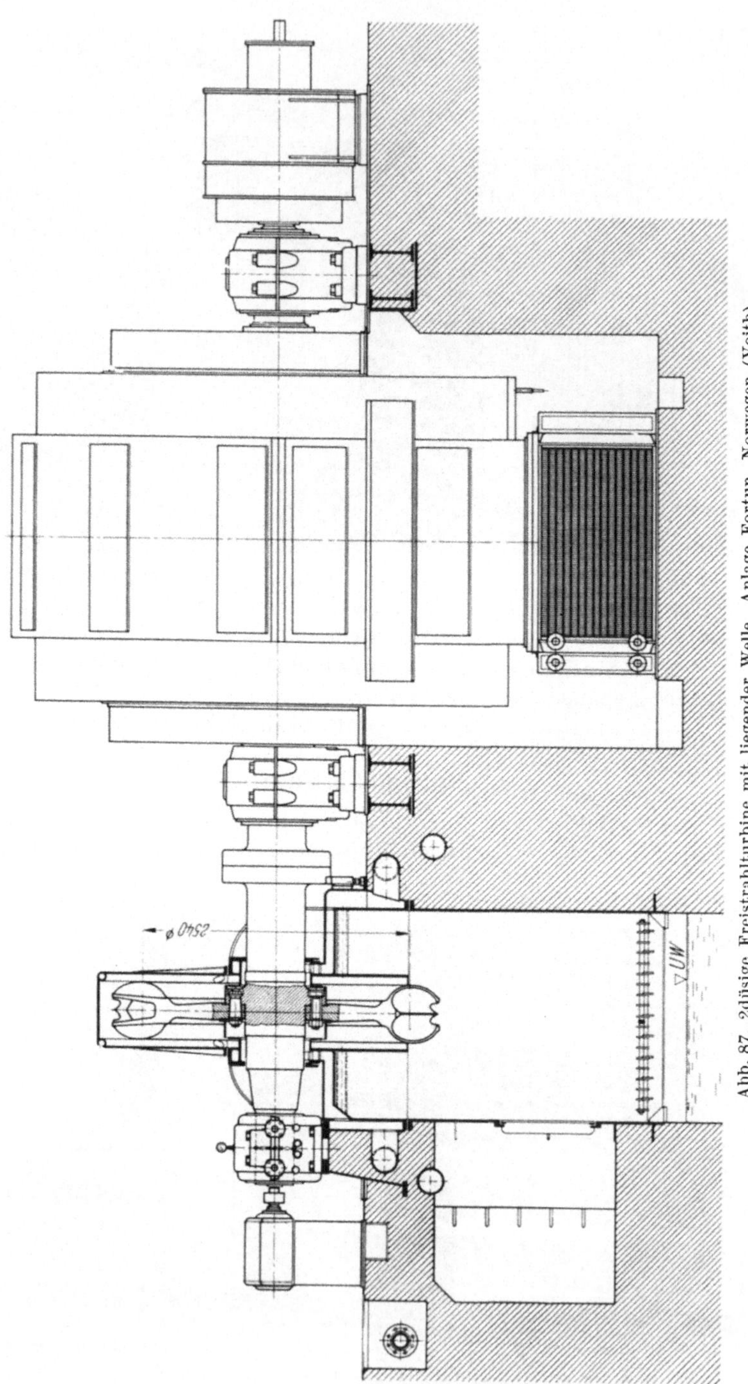

Abb. 87. 2düsige Freistrahlturbine mit liegender Welle, Anlage Fortun, Norwegen (Voith)
$H_n = 940$ m, $Q_n = 4{,}42$ m³/s, $n_n = 500$ min⁻¹, $N_n = 50000$ PS

gekuppelt. Bei der liegenden Ausführung beschränkt man sich heute ausschließlich auf 1- oder 2düsige Einradturbinen und auf Doppelturbinen, meist mit 2 Düsen pro Rad. Hierfür mögen als typische Beispiele die in Abb. 86 u. 87 dargestellte 2düsige Großeinradturbine und die in Abb. 88a u. 88b dargestellte Großdoppelturbine mit ihren beiden 2düsigen Laufrädern dienen. Turbinen mit stehender Welle sind Einradmaschinen. Sie haben gegenüber der liegenden Bauart

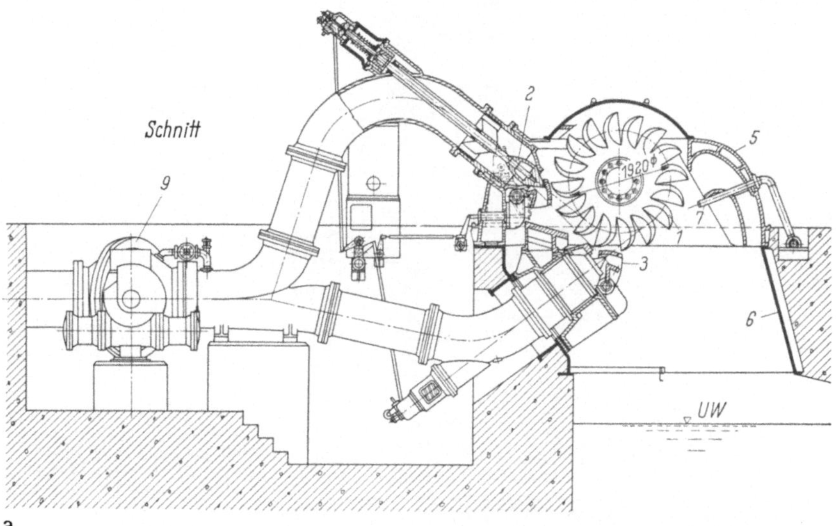

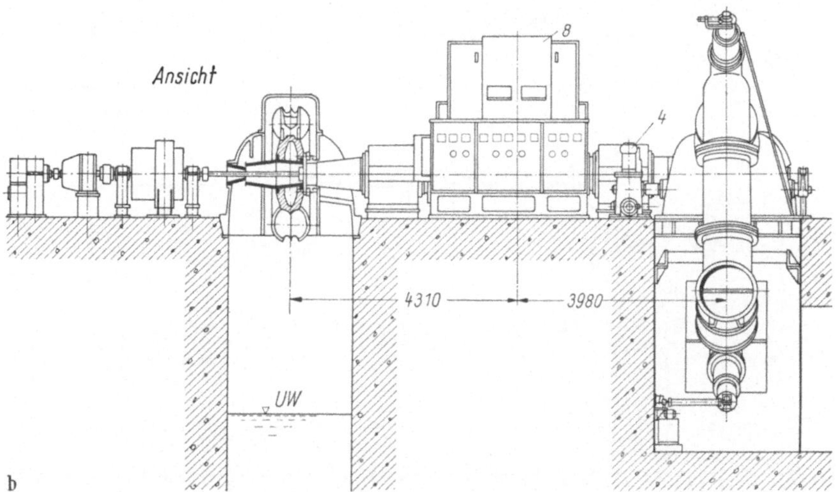

Abb. 88a u. b. 2düsige Doppelfreistrahlturbine mit liegender Welle, Anlage Cipreses, Chile
(Voith)

$H_n = 358,5$ m, $\quad Q_n = 12,35$ m³/s, $\quad n_n = 375$ min⁻¹, $\quad N_n = 52400$ PS

1 Laufrad; 2 Nadeldüse; 3 Strahlablenker; 4 Ablenkerstellmotor; 5 Gehäuse; 6 Schachtpanzerung; 7 Bremsdüse; 8 Generator; 9 Kugelschieber

den Vorzug, daß sich am Umfang des Laufrades bis zu 6 Düsen unterbringen lassen. Das bedeutet, daß eine stehende Turbine maximal den 6fachen Wasserstrom einer liegenden Eindüsenturbine gleicher Laufradabmessung verarbeiten kann. Abb. 89a u. 89b zeigen eine 6düsige stehende Großturbine.

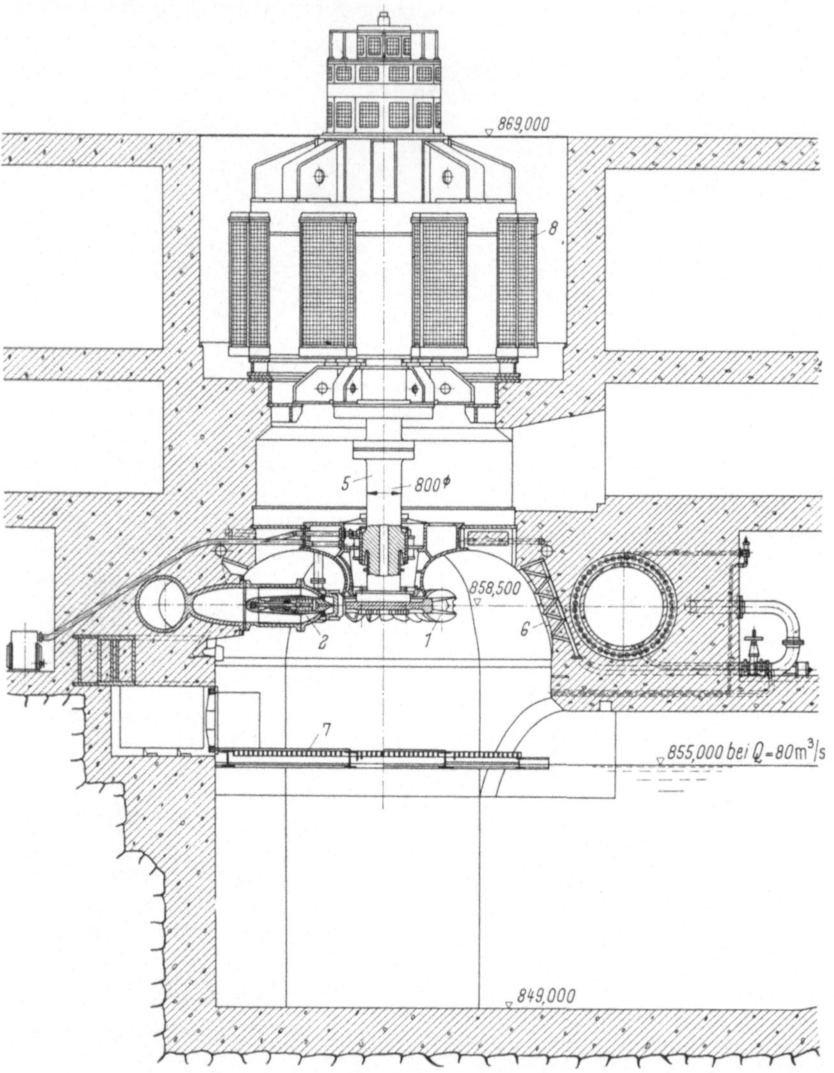

Abb. 89a. 6düsige Freistrahlturbine mit stehender Welle, Kraftwerk Kurobegawa 4, Japan
(Voith)

$H_n = 540$ m, $Q_n = 18$ m³/s, $n_n = 300/360$ min⁻¹, $N_{max} = 135\,000$ PS

1 Laufrad;   2 Nadeldüse mit Innenverstellung;   3 Strahlablenker;   4 Düsenringleitung;
5 Turbinenwelle;   6 Gehäuse;   7 Strahlenergievernichter;   8 Generator

9.2.2 Durchströmturbinen. Das walzenförmige, ausschließlich mit liegender Welle ausgeführte Laufrad unterteilt man in der Achsrichtung

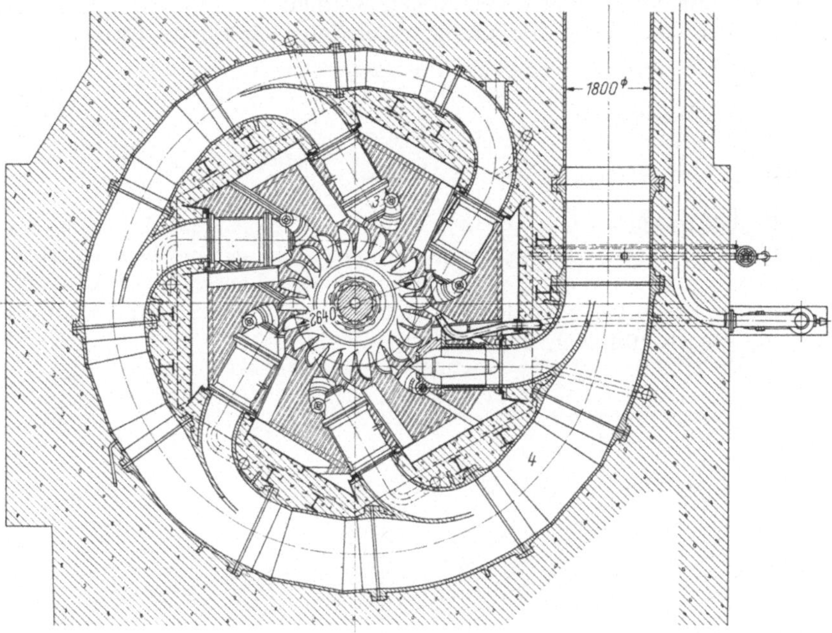

Abb. 89b. Grundriß zu Abb. 89a

in 1 bis 4 Beaufschlagszonen, wobei jede Zone durch eine verstellbare Zungendüse beaufschlagt wird (Abb. 71). Mitunter wird ein Saugrohr vorgesehen.

III. Theoretische Grundlagen

10. Die Energiegleichung der stationären Strömung

Eine Wasserturbine läuft im Beharrungszustand, wenn der Wasserstrom Q, die Nennfallhöhe H_n und die Drehzahl n der Turbine konstant bleiben. In diesem Fall herrscht stationäre Strömung, bei der die Strömungsgeschwindigkeit c in jedem Querschnitt der Turbine zeitlich konstant bleibt und sich nur örtlich von Durchflußquerschnitt zu Durchflußquerschnitt ändert. Für diese stationäre Strömung gelten die Stetigkeitsbedingung und der Satz von der Erhaltung der Energie.

Die Stetigkeitsbedingung besagt, daß in einer strömenden Flüssigkeit weder Flüssigkeit entsteht noch vergeht und somit durch jeden Querschnitt F einer „Stromröhre" immer derselbe Flüssigkeitsstrom Q fließt. Seine Größe ergibt sich dann aus der Stetigkeitsbedingung zu

$$Q = c\,F = c_1\,F_1 = c_2\,F_2 = \ldots = \text{const}, \tag{1}$$

wobei c immer senkrecht zu F zu messen ist. c verhält sich also umgekehrt verhältnisgleich zu F. Bei wirklichen, d. h. zähen Flüssigkeiten muß der Mittelwert von c genommen werden.

In einer stationären Strömung treten folgende Energieformen auf:

a) die Lagenenergie $\qquad\qquad E_1 = G\,h\,,$

b) die Druckenergie $\qquad\qquad E_d = p\,F\,s = p\,V = p\,\dfrac{G}{\gamma}\,,$

c) die Geschwindigkeitsenergie $E_c = \dfrac{m\,c^2}{2} = \dfrac{G}{g}\,\dfrac{c^2}{2}\,.$

Hierbei bedeuten $G = \gamma\,V$ das Gewicht, $V = F\,s$ das Volumen der durch F strömenden Flüssigkeitsmasse $m = G/g$, h ihr Schwerpunktsabstand von einer beliebig festgelegten Bezugsebene $x - x$ (Abb. 90), γ das spezifische Gewicht der Flüssigkeit und p den Flüssigkeitsdruck auf die Durchflußfläche F.

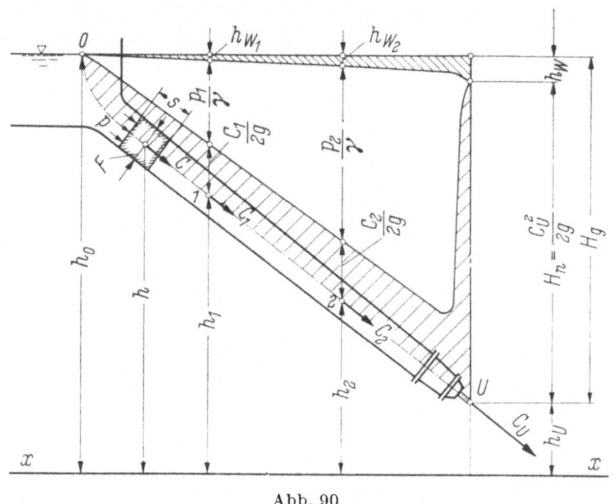

Abb. 90

Der Satz von der Erhaltung der Energie verlangt aber, daß die Summe $E = E_1 + E_d + E_c$ entlang einer Strömröhre (Leitung) konstant bleibt. Diese Summe nennt man Strömungsenergie. Damit lautet die Energiegleichung der stationären Strömung

$$E = G\,h + G\,\frac{p}{\gamma} + \frac{G}{g}\,\frac{c^2}{2} = \text{const.} \qquad (\mathrm{I\,a})$$

Diese Gleichung wird in der Regel auf die Gewichtseinheit bezogen. Es gilt dann:

$$E = h + \frac{p}{\gamma} + \frac{c^2}{2g} = \text{const.} \qquad (\mathrm{I\,b})$$

Man nennt h die Ortshöhe, p/γ die Druckhöhe und $c^2/2g$ die Geschwindigkeitshöhe.

Die 1732 von BERNOULLI gefundene Energiegleichung gilt auch für wirkliche Flüssigkeiten, wenn man die bereits bekannten Energieverluste h_w in diese Energiebilanz mit einbezieht und mit dem Mittelwert von c rechnet. Es folgt dann aus Abb. 90, daß z. B.

$$h_1 + \frac{p_1}{\gamma} + c_1^2/2g + h_{w1} = h_2 + \frac{p_2}{\gamma} + \frac{c_2^2}{2g} + h_{w2}$$

und entsprechend

$$h_o + \frac{p_o}{\gamma} + \frac{c_o^2}{2g} = h_u + \frac{p_u}{\gamma} + \frac{c_u^2}{2g} + h_w$$

sein muß.

Daraus ergibt sich, weil hier $p_o = p_u$ und $c_o = 0$ ist, die Ausflußgeschwindigkeit aus der Ausflußöffnung einer düsenförmig endenden Leitung zu

$$c_u = c_{\max} = \sqrt{2g(h_o - h_u - h_w)} = \sqrt{2g(H_g - h_w)} = \sqrt{2gH_n}.$$

Die gesamte, zwischen Pkt. o und u vorhandene Energiedifferenz $H_n = H_g - h_w$ ist demnach in Pkt. u restlos in die Geschwindigkeitsenergie $c_u^2/2g$ umgewandelt worden. Dieser Sonderfall tritt beim Ausfluß aus der Düse einer Freistrahlturbine ein.

11. Das Nutzgefälle H_e der Turbine

Unter dem Nutzgefälle H_e versteht man die auf die Gewichtseinheit bezogene Energiedifferenz, die einer Turbine zwischen Eintritt (e) und Austritt (a) ihres Verantwortungsbereichs B für den Umsatz in mechanische Arbeit und damit zur Erzeugung der Nutzleistung N_n zur Verfügung steht. Ihr wird mit dem Wasserstrom Q in Pkt. e die Strömungs-

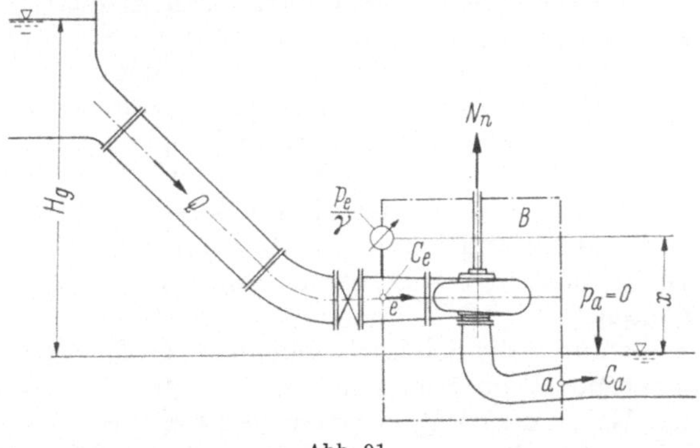

Abb. 91

energie $E_e = x + p_e/\gamma + c_e^2/2g$ angeboten. Sie gibt aber in Pkt. a, in dem $p_a = 0$ und $h_a = 0$ ist, unausgenützt die Strömungsenergie $E_a = c_a^2/2g$ wieder ab. Damit erhält man das Nutzgefälle der Turbine (Abb. 91)

$$H_e = E_e - E_a = x + \frac{p_e}{\gamma} + \frac{c_e^2 - c_a^2}{2g}. \tag{2}$$

Man beachte, daß nur bei offen eingebauten Turbinen, bei denen in der Regel $c_e = c_a$ wird und $p_e = 0$ ist, $H_e = H_n$ gesetzt werden darf.

12. Absolut- und Relativströmung im stetig rotierenden Schaufelgitter

12.1 Allgemeines

Wir betrachten zunächst ein gerades, aus sehr eng gestellten Schaufeln bestehendes Schaufelgitter R (Abb. 92a), das sich in Ruhe befindet. Vor und hinter dem Gitter herrsche Parallelströmung. Der Wasserstrom Q_i fließe unter dem Winkel β_1 mit der Geschwindigkeit w_1 dem Gitter zu und verlasse es unter dem Winkel β_2 mit der Geschwindigkeit w_2.

Im Gitter, dessen Gitterteilung t sehr klein gegenüber der Schaufellänge l sei, durchlaufen dann alle Flüssigkeitsteilchen weitgehend Bahnen, die zur Schaufelwand kongruent sind. Man stellt fest, daß

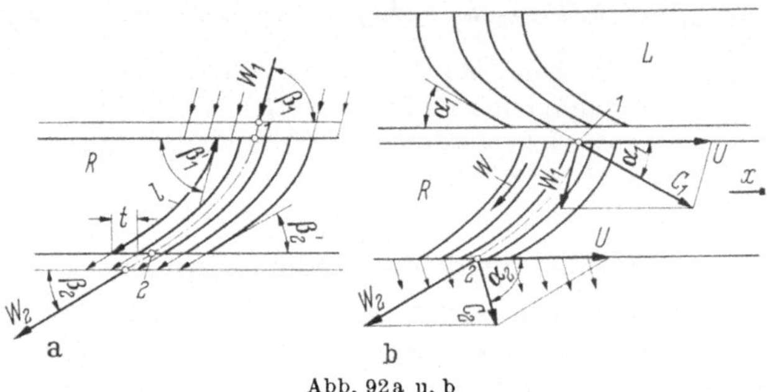

Abb. 92a u. b

die Umlenkung des Wasserstroms Q_i im Gitter durch den Schaufelwinkel β_1' am Eintritt (Pkt. *1*) und durch den Schaufelwinkel β_2' am Austritt (Pkt. *2*) bestimmt wird, weil sich hier die Strömungswinkel β_1 und β_2 mit den Schaufelwinkeln β_1' und β_2' decken.

Das gerade Schaufelgitter R bewege sich nunmehr in Richtung x der Gitterachse mit der als Systemgeschwindigkeit bezeichneten Geschwindigkeit u (Abb. 92b). Die Strömung im Schaufelgitter R wird dann zur Relativströmung, bei der die Flüssigkeitsteilchen nun relativ, d. h. von der Schaufelwand aus betrachtet, mit der Geschwindigkeit w durch das Gitter strömen. Man nennt daher w, w_1 und w_2 Relativgeschwindigkeiten.

Will man die durch die Schaufelwinkel β_1' und β_2'' festgelegte Relativströmung unverändert im Schaufelgitter R aufrechterhalten, so muß man jetzt den Wasserstrom Q_i in einem feststehenden Schaufelgitter L mit der Geschwindigkeit c_1 unter dem Winkel α_1 zuführen. c_1 ist aber die Resultante des aus der Systemgeschwindigkeit u und der Relativgeschwindigkeit w_1 gebildeten Geschwindigkeitsparallelogramms. Damit liegt c_1, die Absolutgeschwindigkeit, der Größe und Richtung nach fest. Ganz entsprechend ergibt sich Größe und Richtung der Absolutgeschwindigkeit c_2 hinter dem Schaufelgitter R als Resultante in dem aus Systemgeschwindigkeit u und Relativgeschwindigkeit w_2 gebildeten Geschwindigkeitsparallelogramm. Wie Abb. 94a zeigt, lassen sich die Geschwindigkeitsverhältnisse am Ein- und Austritt des Schaufelgitters R noch einfacher durch -das Geschwindigkeitsein- und Austrittsdreieck darstellen. Diese sehr eng gestellten Schaufelgitter entsprechen nicht den tatsächlichen Verhältnissen. Überdruckturbinen haben nämlich mehr oder weniger weitgestellte Laufradschaufelgitter R, bei denen die Gitterteilung t im Verhältnis zur Schaufellänge l immer relativ groß ist und das Verhältnis $t/l \geqq 1$ werden kann. Bei einem derartigen Schaufelgitter R stellt sich aber die in Abb. 93a wiedergegebene Relativströmung ein. Man erkennt, daß die Strömung vom Gitter schon weit vor ihrem Eintritt in das Gitter und noch bis weit hinter ihrem Austritt aus dem Gitter beeinflußt wird. Außerdem stellt man fest, daß sich im Gitter die Stromlinien in Richtung der konkaven Schaufelwand, also zum Schaufelrücken hin, immer mehr zusammendrängen.

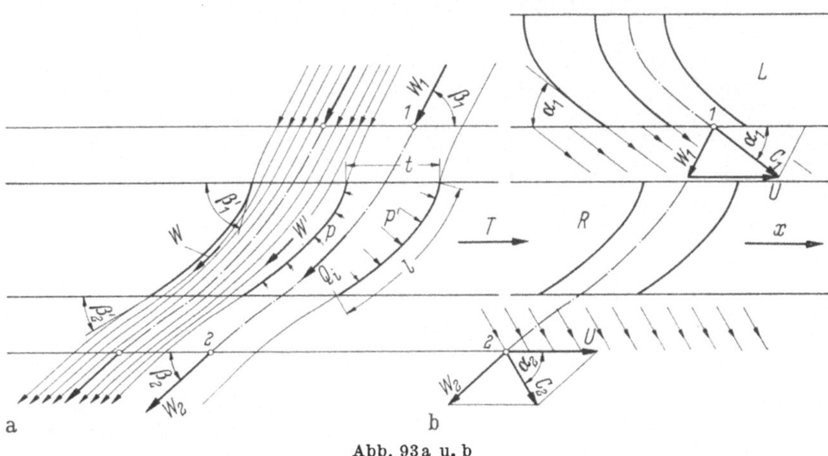

Abb. 93a u. b

Die Strömungswinkel β_1 und β_2 in der Parallelströmung vor und hinter dem Gitter decken sich hier nicht mehr mit den Schaufelwinkeln β'_1 und β'_2. Da aber die Flüssigkeitsteilchen in gleicher Zeit ihre Bahnen in dem von Pkt. *1* nach Pkt. *2* strömenden Wasserstrom Q_i durchlaufen, wird ihre Relativgeschwindigkeit w auf dem längeren Weg entlang des Schaufelrückens größer als ihre Relativgeschwindigkeit w' entlang des Schaufelbauches. Infolgedessen wird nach Gl. (Ib) der Flüssigkeitsdruck p' am Schaufelbauch größer als der Flüssigkeitsdruck p am Schaufelrücken. Somit entsteht im Schaufelkanal zwischen Schaufelrücken und Schaufelbauch ein Druckunterschied und dementsprechend in Richtung x der Gitterachse eine Schaufelkraft T.

Setzt man vor das Schaufelgitter R wieder ein feststehendes Gitter L und läßt man jetzt das Gitter R in Richtung x seiner Gitterachse mit der Systemgeschwindigkeit u fortlaufen, so erhält man, wie Abb. 93b zeigt, die Geschwindigkeitsverhältnisse am laufenden Schaufelgitter R.

12.2 Verhältnisse bei Radial- und Axialgittern von Überdruckturbinen

Die bisher betrachteten Geschwindigkeitsverhältnisse lassen sich auf die rotationssymmetrischen Gitter der Überdruckturbinen (Abb. 94 u. 95) übertragen. Dabei wird das bisher betrachtete gerade Schaufelgitter R zum stetig mit der Winkelgeschwindigkeit ω umlaufenden Laufradgitter R und das bisher betrachtete gerade Gitter L zum feststehenden Leitradgitter L. Dementsprechend wird die Systemgeschwindigkeit u zur Umfangsgeschwindigkeit $u = r\,\omega$.

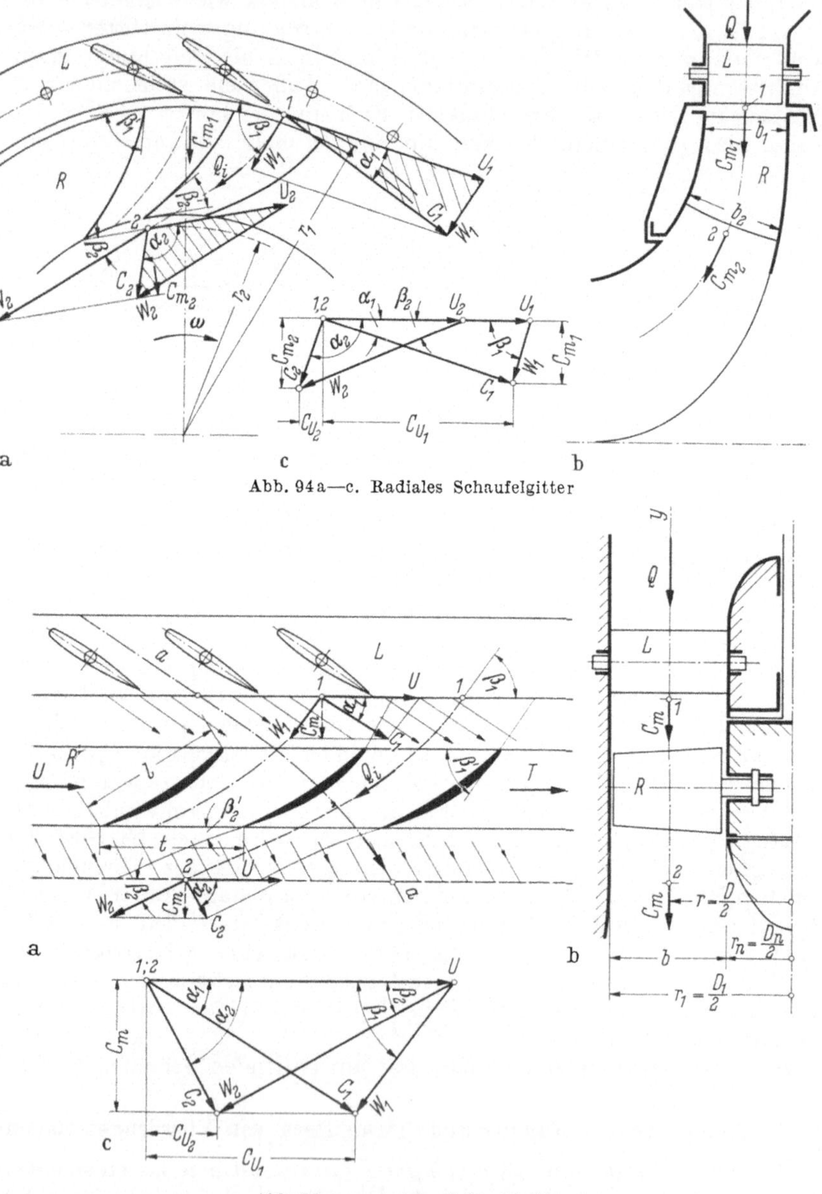

Abb. 94a—c. Radiales Schaufelgitter

Abb. 95a—c. Axiales Schaufelgitter

Die Abmessungen des Laufrades einer Francisturbine (Abb. 94) sind im wesentlichen bestimmt durch den Laufradeintrittsdurchmesser $D_1 = 2\,r_1$ und den Laufradaustrittsdurchmesser $D_2 = 2\,r_2$ sowie durch die Laufradbreite b_1 am Eintritt und die Laufradbreite b_2 am Austritt des Laufrades. Man erhält somit am Laufradeintritt die Umfangsgeschwindigkeit $u_1 = r_1\,\omega$ und am Laufradaustritt die Umfangsgeschwindigkeit $u_2 = r_2\,\omega = \dfrac{r_2}{r_1}\,u_1$.

Ganz entsprechend ergeben sich die Abmessungen eines Kaplanturbinenlaufrades (Abb. 95) aus dem mittleren Laufraddurchmesser $D = 2\,r$ und aus der konstanten Laufradbreite $b = \dfrac{D_1 - D_n}{2}$. Auf dem Zylinderschnitt $y - y$ wird dann $u_1 = u_2 = u = r\,\omega$.

Wie die Abb. 94c u. 95c zeigen, lassen sich die Geschwindigkeitsverhältnisse anschaulich und übersichtlich durch die Geschwindigkeitsdiagramme darstellen. Sie erhält man, indem das Eintritts- und das Austrittsdreieck derart zusammengelegt werden, daß Pkt. *1* mit Pkt. *2* zusammenfällt.

Eine wichtige Rolle spielen noch die Meridiankomponenten c_m und die Umfangskomponenten c_u der Absolutgeschwindigkeiten c_1 und c_2. Aus dem Meridianschnitt (Abb. 94b) und dem Geschwindigkeitsdiagramm (Abb. 94c) ist zu entnehmen, daß beim Radialrad die Meridiankomponenten c_{m1} und c_{m2} jeweils senkrecht zum Laufradeintrittsquerschnitt $F_1 = 2\pi\,r_1\,b_1$ und zum Laufradaustrittsquerschnitt $F_2 = 2\pi\,r_2\,b_2$ stehen und $c_{m1} = c_1 \sin\alpha_1$ sowie $c_{m2} = c_2 \sin\alpha_2$ wird. Da nach der Stetigkeitsbedingung Gl. (1) $Q = c_{m1}\,F_1 = c_{m2}\,F_2$, also $F_1 = Q/c_{m1}$ und $F_2 = Q/c_{m2}$ sein muß, findet man daraus

$$b_1 = \frac{Q}{2\,\pi\,r_1\,c_{m1}} \quad \text{und} \quad b_2 = \frac{Q}{2\,\pi\,r_2\,c_{m2}}.$$

Beim Axialrad (Abb. 95) steht $c_{m1} = c_1 \sin\alpha_1$ senkrecht zu F_1' und $c_{m2} = c_2 \sin\alpha_2$ senkrecht zu F_2. Da aber $F_1 = F_2 = F$ und $F = 2\pi\,r\,b$ ist, wird $c_{m1} = c_{m2} = c_m = Q/F$ und

$$b = \frac{Q}{2\,\pi\,r\,c_m}.$$

Ebenso findet man aus dem Geschwindigkeitsdiagramm für das Radial- wie für das Axialrad die Umfangskomponenten. Es wird die Umfangskomponente am bzw. vor dem Laufradeintritt $c_{u1} = c_1 \cos\alpha_1$ und die Umfangskomponente am bzw. hinter dem Laufradaustritt $c_{u2} = c_2 \cos\alpha_2$.

12.3 Verhältnisse bei Freistrahlturbinenschaufeln

Zur Erklärung der Geschwindigkeitsverhältnisse werde lediglich der in Abb. 96 dargestellte Strahlmittenquerschnitt einer Schaufel betrachtet. Der druckfreie, mit der Absolutgeschwindigkeit c_0 ankommende kreisrunde Strahl vom Durchmesser d_0 wird von der Schaufelschneide s der mit $u = r\,\omega$ umlaufenden Schaufel in zwei Teile geteilt. Jede Strahlhälfte durchläuft dann mit der Relativgeschwindigkeit $w_1 = w_2$ seine Schaufelhalbschale. Sie wird hierbei vom halben Schneidenwinkel $\beta_s/2$ (Pkt. *1*) um nahezu 180° auf den Strömungsaustrittswinkel β_2 umgelenkt

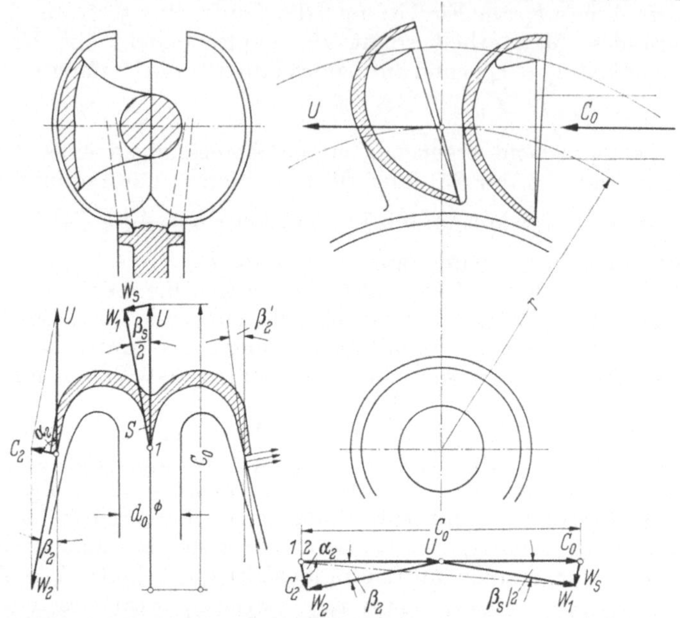

Abb. 96. Tangential beaufschlagtes Schaufelgitter (Freistrahlturbine)

und verläßt ihre Halbschale, fächerartig verbreitert, im Pkt. *2* mit der Absolutgeschwindigkeit c_2. β_2 wird demnach auch hier größer als der Schaufelaustrittswinkel β_2'. Beim Eintritt in die Schaufel muß jede Strahlhälfte „gewaltsam" aus der Richtung von c_0 in die Richtung von w_1 umgelenkt werden. Die Umlenkkomponente w_s, die zusätzliche Energieverluste verursacht, läßt sich durch kleine Schneidenwinkel und entsprechende Formgebung der Schneide klein halten.

13. Impuls, Drall

Will man das verfügbare Nutzgefälle H_e in einer Turbine in mechanische Arbeit umwandeln, so muß man, wie in Abschn. 7, S. 46, schon angedeutet, den Wasserstrom Q im rotierenden Laufradschaufelgitter R beschleunigen und umlenken. Nur dadurch ergeben sich die in Abschnitt 12.1, S. 69, festgestellten Umfangskräfte und damit Drehmomente, die Arbeit leisten.

Diese Kräfte und Drehmomente lassen sich unmittelbar, also ohne Ermittlung der Flüssigkeitsdrücke im Schaufelgitter, anhand des Impuls- und des Drallsatzes berechnen.

Unter dem Impuls oder der Bewegungsgröße J eines Wasserstroms versteht man das Produkt aus der sekündlich durch das Schaufel-

gitter R strömenden Wassermasse $m = \gamma\, Q/g$ und der Strömungsgeschwindigkeit c. Es wird somit

$$J = \frac{\gamma Q}{g}\, c.$$

J ist wie die Kraft oder die Geschwindigkeit eine gerichtete Größe
und hat die Dimension einer Kraft. Angewandt auf das rotationssymmetrische Laufradschaufelgitter R lautet der Impulssatz (Abb. 97):

Die an einem Schaufelgitter R in der Gitterachsenrichtung x wirkende
Umfangskraft T ist gleich der geometrischen Differenz zwischen dem
Umfangsimpuls vor dem Gitter (Pkt. *1*)

$$J_{u1} = J_1 \cos\alpha_1 =$$
$$\frac{\gamma Q}{g}\, c_1 \cos\alpha_1 = \frac{\gamma Q}{g}\, c_{u1} \quad (3\,\text{a})$$

und dem Umfangsimpuls hinter
dem Gitter (Pkt. *2*)

$$J_{u2} = J_2 \cos\alpha_2 =$$
$$\frac{\gamma Q}{g}\, c_2 \cos\alpha_2 = \frac{\gamma Q}{g}\, c_{u2}. \quad (3\,\text{b})$$

Es gilt demnach:

$$T = J_{u1} - J_{u2} =$$
$$\frac{\gamma Q}{g}\, (c_{u1} - c_{u2}). \qquad (\text{II})$$

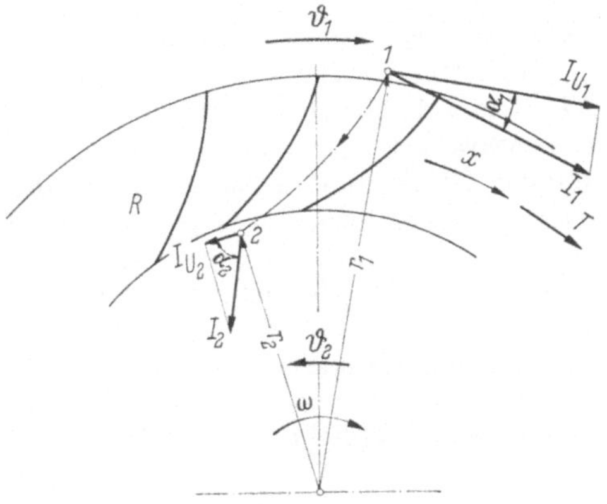

Abb. 97

Bei Radialrädern wirkt J_{u1}
am Hebelarm r_1 und J_{u2} am Hebelarm r_2. Man erhält damit vor dem
Gitter (Pkt. *1*) das Impulsmoment oder den Eintrittsdrall

$$\vartheta_1 = J_{u1}\, r_1 = \frac{\gamma Q}{g}\, c_{u1} r_1 \qquad (4\,\text{a})$$

und hinter dem Gitter (Pkt. *2*) das Impulsmoment oder den Austrittsdrall

$$\vartheta_2 = J_{u2}\, r_2 = \frac{\gamma Q}{g}\, c_{u2} r_2. \qquad (4\,\text{b})$$

Nun besagt aber der Drallsatz, daß das auf das Schaufelgitter wirkende und damit nach außen abgebbare Drehmoment M_d gleich der
Dralldifferenz $\vartheta_1 - \vartheta_2$ ist. Daraus folgt für das Radialrad

$$M_d = \vartheta_1 - \vartheta_2 = \frac{\gamma Q}{g}\, (r_1 c_{u1} - r_2 c_{u2}), \qquad (\text{III\,a})$$

und entsprechend für Axialräder und Tangentialräder, bei denen
$r_1 = r_2 = r$ wird,

$$M_d = \vartheta_1 - \vartheta_2 = \frac{\gamma Q}{g}\, r\,(c_{u1} - c_{u2}). \qquad (\text{III\,b})$$

Man braucht also bei der Berechnung von T und M_d aus dem Impuls
bzw. Drallsatz überhaupt keine Rücksicht auf die Strömungsverhältnisse im Laufradschaufelgitter nehmen.

IV. Der Energieumsatz in der Turbine

14. Allgemeines

Von jeder Turbine verlangt man, daß sie in dem ihr zugewiesenen Betriebsbereich mit möglichst hohen Wirkungsgraden arbeitet. Diese Bedingung läßt sich nur erfüllen, wenn es gelingt, die Energieverluste E_v klein zu halten, weil nur dann der Wirkungsgrad

$$\eta = \frac{\text{nutzbar abgegebene Arbeit } A}{\text{verfügbare Energie } E} = \frac{E - E_v}{E}$$

hohe Beträge annehmen kann.

Nun treten aber in jeder Turbine sowohl innere als auch äußere Verluste auf, die verschiedenen Gesetzen gehorchen und teilweise noch sehr stark von der Belastung der Turbine abhängen. Außerdem beeinflussen Größe und Type der Turbine, Konstruktion und Güte der Werkstattausführung Größe und Anteil dieser Verluste. Alter und mangelnde Instandhaltung vergrößern die Verluste.

Da sich die Verluste rechnerisch nie vollständig erfassen lassen, pflegt man dem Entwurf und der Konstruktion in der Regel Versuchsergebnisse zugrunde zu legen, die unmittelbar oder mittelbar aus Modellversuchen gewonnen werden und sich weitgehend auf jede dem Versuchsmodell ähnliche Großausführung übertragen lassen.

15. Die inneren Verluste

Sie setzen sich aus den Wasserstromverlusten, den durch Flüssigkeitsreibung, Krümmung, Umlenkung und Querschnittsänderung verursachten Strömungsverlusten und aus dem Austrittsverlust zusammen.

15.1 Wasserstromverluste

Sie treten nur in den bei Überdruckturbinen zwischen Leit- und Laufrad erforderlichen Ringspalten auf, durch die der vor dem Laufrad herrschende Überdruck, der Spaltdruck, den Spaltwasserstrom Q_σ drückt. Infolgedessen strömt durch das Laufrad R nur noch der Radwasserstrom $Q_i = Q - Q_\sigma = (1 - Q_\sigma/Q)\, Q = (1 - \sigma)\, Q$ (Abb. 63). Der Spaltwasserstrom Q_σ muß, weil er den Leistungsverlust L_σ verursacht, durch möglichst enge zylindrische Spalte oder durch Labyrinthspalte klein gehalten werden. Dabei ist zu beachten, daß die Spaltlichtweite s_{sp} nach unten durch die für den Spaltbereich maßgebliche Wellendurchbiegung begrenzt wird.

Der auf den Konstruktionswasserstrom Q_n bezogene Spaltverlust $\sigma_n = Q_\sigma/Q_n$ kann, sorgfältige Ausführung vorausgesetzt, in den Grenzen zwischen $\sigma_n = 0{,}01$ und $\sigma_n = 0{,}04$ gehalten werden. Die kleinen Werte gelten für große Räder mit Labyrinthspalten, die großen Werte für kleine Räder mit zylindrischen Spalten.

15.2 Strömungsverluste

Leitrad, Laufrad und Saugrohr einer Turbine lassen sich, grob gesprochen, mit einer Rohrleitung vergleichen, die sich aus einer geraden, meist stetig sich verengenden „Rohrstrecke" (Leitrad, Düse), aus gekrümmten, sich stetig verengenden und rotierenden „Kanälen" (Laufrad) und einer sich stetig erweiternden, geraden oder gekrümmten Diffusorstrecke (Saugrohr — Saugkrümmer) zusammensetzt. Der durch die Turbine strömende Wasserstrom, der zwischen $Q = 0$ und $Q = Q_{max}$ $= 1{,}3\ Q_n$ schwanken kann, wird demnach im Leitrad beschleunigt, im Laufrad, wie bereits bekannt, beschleunigt und umgelenkt und im Saugrohr oder Saugkrümmer wieder verzögert. Auf diesem Wege muß er die Strömungswiderstände überwinden, die infolge von Flüssigkeitsreibung, Krümmung, Umlenkung und schlechtem Energieumsatz auftreten. Dementsprechend ergeben sich in der Turbine Reibungsverluste h_{v_r}, Krümmungsverluste h_{v_k}, Umlenk- oder „Stoß"-Verluste h_{st} und Umsatzverluste h_{v_u}.

Die Reibungs-, Krümmungs- und Umsatzverluste hängen in hohem Maß von der Dicke δ der Grenzschicht ab, die sich stets an der Innenwand durchströmter „Rohrleitungen" und an der Oberfläche umströmter Körper (Leitrad-, Laufradschaufeln) ausbildet. Diese in der Regel turbulente, d. h. durchwirbelte Randzone, die durch einen jähen Geschwindigkeitsanstieg (Abb. 98) gekennzeichnet ist, wird dadurch zum Hauptsitz der Strömungsverluste.

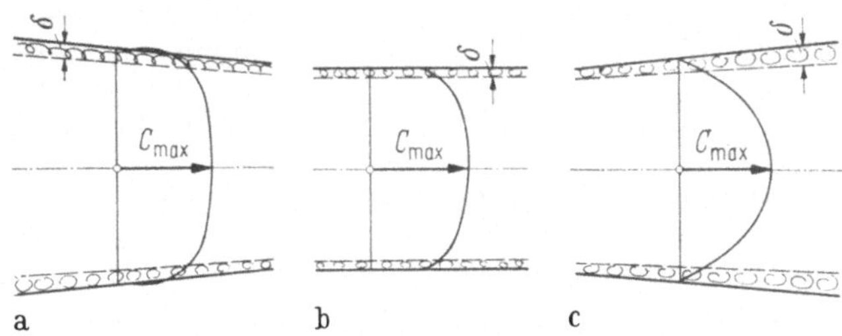

Abb. 98a—c. Grenzschicht
a) beschleunigte;   b) konstante;   c) verzögerte Strömungsgeschwindigkeit

δ läßt sich bei stetiger, insbesondere bei beschleunigter Strömung und glatten Oberflächen klein halten. Die Grenzschicht wächst dagegen mit der Verzögerung der Strömungsgeschwindigkeit und reißt in stark erweiterten Saugrohren, in scharf abgebogenen Krümmern und bei jähem Querschnittsübergang ab. Diese Grenzschichtablösung verursacht dann den beim Umsatz von Geschwindigkeitsenergie in Druckenergie auftretenden Umsatzverlust h_{v_u} im Saugrohr und einen Krümmungsverlust h_{v_k} in Krümmern. Die beiden Verluste lassen sich nur dann klein halten, wenn man den Saugrohrerweiterungswinkel φ_s (Abb. 63) klein und das Krümmungsverhältnis $\varrho = r/d =$ Krümmungsradius r : Krümmerlichtweite d groß macht.

Außerdem wird der Wasserstrom beim Übergang vom Leitrad zum Laufrad immer dann mehr oder weniger schroff umgelenkt, wenn seine durch den Strömungswinkel β_1 bestimmte Relativströmung vor dem Laufrad erheblich von der durch den Schaufelwinkel β_1' bestimmten Schaufelrichtung am Eintritt in das Schaufelgitter abweicht (Abb. 99). Die hierbei auftretende Umlenk- oder „Stoß"-Komponente w_s bedingt den Umlenk- oder „Stoß"-Verlust h_{st}. Er kann bei Freistrahlturbinen, wie in Abschn. 12.3, S. 72, gezeigt, verringert, bei Francisturbinen durch einen entsprechend großen, zwischen Leit- und Laufrad liegenden schaufellosen Raum und bei Kaplanturbinen durch Verstellung der Laufradschaufeln vermieden werden.

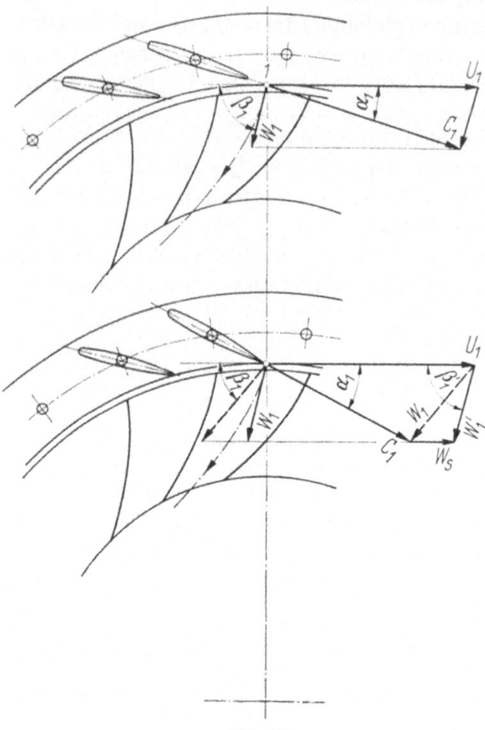

Abb. 99

Für die weiteren Betrachtungen werden die Strömungsverluste, die grundsätzlich mit dem Quadrat der Strömungsgeschwindigkeit wachsen, in dem Ausdruck $\sum h_{v_{st}}$ zusammengefaßt.

15.3 Der Austrittsverlust

Unter dem Austrittsverlust h_{v_a} versteht man die nicht mehr ausnützbare Strömungsenergie $c_2^2/2g$, mit welcher der Wasserstrom das Laufrad verläßt. Sie geht bei den saugrohrlosen Freistrahlturbinen restlos verloren. Im diffusorartigen Saugrohr einer Überdruckturbine, in dem der Wasserstrom von der Absolutgeschwindigkeit c_2 am Austritt des Laufrades auf die Geschwindigkeit c_a am Austritt aus dem Verantwortungsbereich zu verzögern ist, kann bei einem Saugwirkungsgrad η_s der Anteil $\eta_s \dfrac{c_2^2}{2g}$ zurückgewonnen werden. Es wird dann der Austrittsverlust

$$h_{v_a} = \frac{c_a^2}{2g} = \frac{c_2^2}{2g} - \eta_s \frac{c_2^2}{2g} = (1 - \eta_s) \frac{c_2^2}{2g} \tag{5}$$

16. Die äußeren Verluste

An äußeren Verlusten treten bei einer Turbine Radscheibenreibungs-verluste sowie Lager- und Stopfbüchsenreibungsverluste auf. Unter der Radscheibenreibung versteht man die Flüssigkeitsreibung, die an der Oberfläche einer in Wasser, Dampf oder Luft rotierenden Scheibe, also auch bei den rotierenden Laufrädern der Turbinen auftritt. Sie verursacht einen Leistungsverlust L_R, der mit der 3. Potenz der Dreh-zahl n und mit der 5. Potenz des Laufraddurchmessers D_1 wächst und durch die Gleichung $L_R = k\,n^3\,D_1^5$ erfaßt werden kann. Der Beiwert k muß aus Versuchen ermittelt werden.

Der durch die Lager- und Stopfbüchsenreibung bedingte Leistungs-verlust L_m, dem noch der Leistungsaufwand für die zum Betrieb der Turbine erforderlichen Hilfseinrichtungen (Ölpumpen, Regler usw.) auf-zurechnen ist, läßt sich allenfalls durch Auslaufversuche bestimmen.

17. Die Turbinengleichungen

17.1 Das ausgenützte Stufengefälle H_{th}

Zieht man die Strömungsverluste $\sum h_{v_{st}}$ und den Austrittsverlust h_{v_a} vom Nutzgefälle H_e ab, so erhält man, wenn man beide Verluste in der Summe $\sum h_{v_i}$ zusammenfaßt, das vom Laufrad verarbeitete Stufen-gefälle

$$H_{th} = H_e - \sum h_{v_i} = H_e - \sum h_{v_{st}} - h_{v_a} = H_e - \sum h_{v_{st}} - (1 - \eta_s)\frac{c_2^2}{2g} \quad (6)$$

und mit dem hydraulischen Wirkungsgrad

$$\eta_h = \frac{H_{th}}{H_e} = \frac{H_e - \sum h_{v_i}}{H_e} = 1 - \frac{\sum h_{v_i}}{H_e} = 1 - \frac{\sum h_{v_{st}}}{H_e} - (1 - \eta_s)\frac{c_2^2}{2gH_e} \quad (7)$$

einen geeigneten Maßstab für den Energieumsatz in der Turbine.

17.2 Die Arbeitsgleichung

Die vom Wasserstrom Q_i an das Laufrad abgegebene Leistung, die hydraulische Leistung L_h, wird damit

$$L_h = \gamma\,Q_i\,H_{th}. \tag{8}$$

Diese Leistung läßt sich auch aus Gl. (IIIa) berechnen. Mit $u_1 = r_1\,\omega$, $u_2 = r_2\,\omega$ und $L_h = M_d\,\omega$ kommt

$$L_h = \frac{\gamma\,Q_i}{g}(u_1 c_{u1} - u_2 c_{u2}). \tag{IV}$$

Daraus folgt mit Gl. (8) die *Arbeitsgleichung*:

$$H_{th} = \frac{u_1 c_{u1} - u_2 c_{u2}}{g} \tag{V}$$

und entsprechend Gl. (7) der hydraulische Wirkungsgrad

$$\eta_h = \frac{u_1 c_{u1} - u_2 c_{u2}}{g\,H_e}. \tag{7a}$$

17.3 Die Energiegleichung

Gl. (IV) und Gl. (V) sagen leider nichts über die Strömungsverhältnisse im Laufrad aus. Den hierfür nötigen Einblick verschafft erst die Energiegleichung, die man aus Gl. (V) mit Hilfe des Cosinussatzes ableiten kann. Mit Abb. 94c folgt zunächst aus dem Cosinussatz

und
$$w_1^2 = c_1^2 + u_1^2 - 2\,u_1\,c_1\cos\alpha_1 = c_1^2 + u_1^2 - 2\,u_1\,c_{u\,1}$$
$$w_2^2 = c_2^2 + u_2^2 - 2\,u_2\,c_2\cos\alpha_2 = c_2^2 + u_2^2 - 2\,u_2\,c_{u\,2}$$

und daraus
$$u_1\,c_{u\,1} = \frac{c_1^2 + u_1^2 - w_1^2}{2}$$

und
$$u_2\,c_{u\,2} = \frac{c_2^2 + u_2^2 - w_2^2}{2}\,.$$

Setzt man diese beiden Werte in Gl. (V) ein, so liegt die *Energiegleichung*
$$H_{th} = \frac{c_1^2 - c_2^2 + u_1^2 - u_2^2 + w_2^2 - w_1^2}{2g} \tag{VI}$$
vor.

17.4 Das verfügbare Stufengefälle H_i

Das verfügbare Stufengefälle H_i ist die Energiedifferenz
$$H_i = H_{th} + \frac{c_2^2}{2g}\,, \tag{6a}$$

die dem Laufrad zwischen Pkt. *1* und *2* (Abb. 100) zur Verfügung steht. Dementsprechend folgt mit Gl. (6, 6a und Gl. (VI)
$$H_i = \frac{c_1^2 + u_1^2 - u_2^2 + w_2^2 - w_1^2}{2g} = H_e - \sum h_{v_{st}} + \eta_s\frac{c_2^2}{2g}\,. \tag{VII}$$

Dieses Stufengefälle dient demnach

1. zur Erzeugung der absoluten Eintrittsgeschwindigkeit c_1,

2. zur Überwindung des Fliehkraftdrucks $\dfrac{u_1^2 - u_2^2}{2g}$, der im rotierenden Laufradschaufelgitter dem Wasserstrom Q_i entgegenwirkt, und

3. zur Beschleunigung des Wasserstroms Q_i im Laufradgitter von der Relativgeschwindigkeit w_1 auf die Relativgeschwindkeit w_2.

18. Der Spaltdruck H_ϱ

Der Spaltdruck H_ϱ, eine für jede Turbinentype kennzeichnende Größe, ist die Druckenergie- und Lagenenergiedifferenz
$$H_\varrho = \frac{p_1 - p_2}{\gamma} + h_1 - h_2, \tag{9}$$

die im Laufradschaufelgitter zwischen Pkt. *1* und *2* (Abb. 100) vorhanden ist.

H_ϱ dient, wie anschließend nachgewiesen wird, zur Überwindung des Fliehkraftdrucks und zur Beschleunigung des Wasserstroms Q_i im Laufradschaufelgitter.

Der Wasserstrom Q_i führt dem Laufrad im Pkt. *1* die Strömungsenergie

$$E_1 = \frac{c_1^2}{2g} + \frac{p_1}{\gamma} + h_1$$

zu und verläßt es im Pkt. *2* mit der Strömungsenergie

$$E_2 = \frac{c_2^2}{2g} + \frac{p_2}{\gamma} + h_2.$$

Da aber die Energiedifferenz $E_1 - E_2$ wieder H_{th} (Abb. 100) ist, gilt jetzt:

$$H_{th} = E_1 - E_2 = \frac{c_1^2 - c_2^2}{2g} + \frac{p_1 - p_2}{\gamma} + h_1 - h_2 = H_\varrho + \frac{c_1^2 - c_2^2}{2g}.$$

Daraus folgt mit Gl. (VI):

$$H_\varrho = H_{th} - \frac{c_1^2 - c_2^2}{2g} = \frac{u_1^2 - u_2^2 + w_2^2 - w_1^2}{2g}$$

und weiter mit Gl. (6a)

$$H_\varrho = H_i - \frac{c_1^2}{2g} = \frac{u_1^2 - u_2^2 + w_2^2 - w_1^2}{2g}. \tag{9a}$$

Die graphische Darstellung in Abb. 100 zeigt, in welcher Weise sich der Energieumsatz in der Turbine vollzieht.

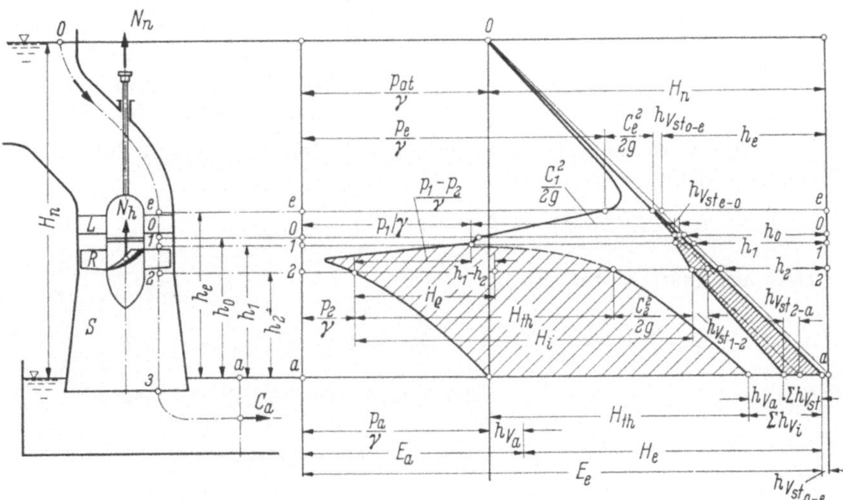

Abb. 100. Energieumsatz in der Turbine

19. Energiebilanz, Wirkungsgrade

Der Energiebilanz wird ein beliebiger Wasserstrom Q zugrunde gelegt. Dann ergibt sich zunächst die verfügbare Energie

$$L_{th} = \gamma \, Q H_e, \tag{10}$$

die der Turbine pro Sekunde bei einem Nutzgefälle H_e für den Energieumsatz angeboten wird.

Von dieser verfügbaren Leistung gehen ab (Abb. 101):

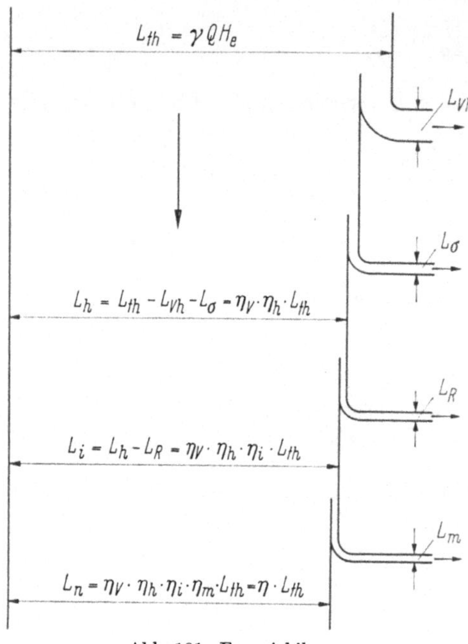

Abb. 101. Energiebilanz

1. der durch die Strömungs- und Austrittsverluste bedingte Leistungsverlust

$$L_{v_h} = \gamma \, Q \, \textstyle\sum h_{v_i},$$

2. der durch den Spaltwasserstrom Q_σ bedingte Leistungsverlust

$$L_\sigma = \gamma \, Q_\sigma \, H_{th},$$

3. der durch die Radscheibenreibung bedingte Leistungsverlust

$$L_R = k \, n^3 \, D_1^5,$$

4. der durch Lager- und Stopfbüchsenreibung bedingte Leistungsverlust L_m.

Es wird dann

1. die hydraulische Leistung: $L_h = L_{th} - L_{v_h} - L_\sigma$,

2. die vom Laufrad an die Welle abgegebene Leistung, die innere Leistung: $L_i = L_h - L_R$,

3. die von der Laufradwelle nach außen abgegebene Nutz- oder Wellenleistung:

$$L_n = L_i - L_m = L_{th} - L_{v_h} - L_\sigma - L_R - L_m = L_h - L_R - L_m.$$

Definiert man weiter mit

$$\eta_v = \frac{Q_i}{Q} = \frac{Q - Q_\sigma}{Q} = 1 - \frac{Q_\sigma}{Q} = 1 - \sigma$$

den volumetrischen Wirkungsgrad,

$$\eta_i = \frac{L_h - L_R}{L_h} = \frac{L_i}{L_h}$$

den inneren Wirkungsgrad,

$$\eta_m = \frac{L_i - L_m}{L_i} = \frac{L_n}{L_i}$$

den mechanischen Wirkungsgrad,

so folgt mit Gl. (10) aus $L_h = L_{th} - L_{v_h} - L_\sigma$

$$L_h = \gamma Q H_e - \gamma Q \sum h_{v_i} - \gamma Q_\sigma H_{th} = \gamma Q (H_e - \sum h_{v_i}) - \gamma Q_\sigma H_{th},$$

daraus mit Gl. (6)

$$L_h = \gamma (Q - Q_\sigma) H_{th} = \gamma Q_i H_{th},$$

also wieder Gl. (8) und daraus mit Gl. (7) und $Q_i = \eta_v Q$

oder
$$L_h = \eta_v \eta_h \gamma Q H_e$$

mit
$$L_h = \eta_v \eta_h L_{th}, \tag{8a}$$

und Gl. (8a)
$$L_i = L_h - L_R = \eta_i L_h$$

mit
$$L_i = \eta_v \eta_h \eta_i L_{th}, \tag{11}$$

und mit Gl. (11)
$$L_n = L_i - L_m = \eta_m L_i$$

$$L_n = \eta_v \eta_n \eta_i \eta_m L_{th} \tag{12}$$

und daraus mit dem Gesamtwirkungsgrad der Turbine

$$\eta = \eta_v \eta_h \eta_i \eta_m$$

$$L_n = \eta L_{th} = \gamma Q H_e \eta \tag{12a}$$

oder
$$N_n = \frac{\gamma Q H_e}{75} \eta \,[\text{PS}] = \frac{\gamma Q H_e}{102} \eta \,[\text{kW}]. \tag{12b}$$

η läßt sich bequem bestimmen, wenn man L_R und L_m auf L_{th} bezieht und dementsprechend die Verhältnisse $r = L_R/L_{th}$ und $m = L_m/L_{th}$ einführt. Es wird dann mit $L_n = L_h - L_R - L_m$

$$\eta = \frac{L_h - L_R - L_m}{L_{th}} = \frac{L_h}{L_{th}} - r - m.$$

Daraus folgt mit Gl. (8a): $\eta = \eta_v \eta_h - r - m$ und mit $\eta_v = 1 - \sigma$

$$\eta = (1 - \sigma) \eta_h - r - m. \tag{13}$$

Im besten Betriebsbereich kann mit den untenstehenden Mittelwerten gerechnet werden.

Tabelle 1

	η	η_v	η_h	η_i	η_m
Überdruckturbinen					
Kleinturbinen	0,8	0,95	0,88	0,99	0,97
Mittelgroße Turbinen	0,85	0,97	0,92	0,99	0,98
Großturbinen	0,92	0,99	0,95	0,98	0,99
Freistrahlturbinen					
Kleinturbinen	0,8		0,85	0,97	0,97
Mittelgroße Turbinen	0,85		0,88	0,98	0,98
Großturbinen	0,88		0,91	0,98	0,99

20. Geschwindigkeitsdiagramme

Sie bilden die Grundlage für den Entwurf des Leitrad- und Laufradschaufelgitters, weil sich mit ihnen der Zusammenhang zwischen

den einzelnen Geschwindigkeiten und damit ihr Einfluß auf die Formgebung der Schaufelgitter sowie der Energieumsatz in der Turbine
rasch überblicken und beurteilen lassen.

Ihre Konstruktion ergibt sich aus Gl. (VII), die man hierfür noch
entsprechend umformen muß.

Dividiert man sämtliche Glieder der Gl. (VII) mit H_e durch, so er-
scheinen Brüche, in denen der Zähler die jeweils umgesetzte Strömungsenergie bzw. den Energieverlust und der Nenner stets die verfügbare
Gesamtenergie bedeuten. Dementsprechend umgeformt lautet Gl. (VII):

$$\frac{H_i}{H_e} = \frac{c_1^2}{2gH_e} + \frac{u_1^2}{2gH_e} - \frac{u_2^2}{2gH_e} + \frac{w_2^2}{2gH_e} - \frac{w_1^2}{2gH_e}$$

$$= 1 - \frac{\sum h_{vst}}{2gH_e} + \eta_s \frac{c_2^2}{2gH_e}.$$

Jeder Bruch gibt jetzt den prozentualen Energieumsatz für die entsprechende Strömungsgeschwindigkeit bzw. den prozentualen Energieverlust an. Führt man für diese Energieverhältnisse die Symbole

$$\bar{c}_i^2 = \frac{H_i}{H_e}, \qquad \bar{c}_1^2 = \frac{c_1^2}{2gH_e}, \qquad \bar{u}_1^2 = \frac{u_1^2}{2gH_e}, \qquad \bar{u}_2^2 = \frac{u_2^2}{2gH_e},$$

$$\bar{w}_1^2 = \frac{w_1^2}{2gH_e}, \qquad \bar{w}_2^2 = \frac{w_2^2}{2gH_e}, \qquad \bar{c}_2^2 = \frac{c_2^2}{2gH_e}, \qquad \bar{c}_v^2 = \frac{\sum h_{vst}}{2gH_e}$$

ein, so tritt anstelle von Gl. (VII)

$$\bar{c}_i^2 = \bar{c}_1^2 + \bar{u}_1^2 - \bar{u}_2^2 + \bar{w}_2^2 - \bar{w}_1^2 = 1 - \bar{c}_v^2 + \eta_s \bar{c}_2^2, \qquad \text{(VII a)}$$

anstelle von Gl. (5)

$$\bar{c}_a^2 = (1 - \eta_s)\,\bar{c}_2^2, \qquad\qquad\qquad (5\,\text{a})$$

anstelle von Gl. (7) und Gl. (7 a)

$$\eta_h = 2\,(\bar{u}_1\,\bar{c}_{u_1} - \bar{u}_2\,\bar{c}_{u_2}) = 1 - \bar{c}_v^2 - (1 - \eta_s)\,\bar{c}_2^2 = \bar{c}_i^2 - \bar{c}_2^2 \qquad (7\,\text{b})$$

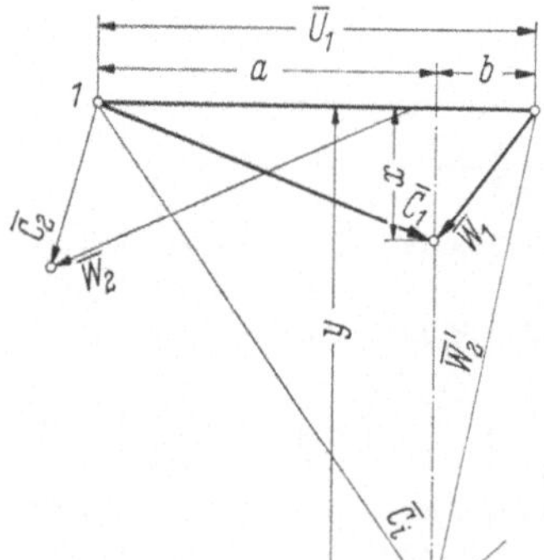

und anstelle von Gl. (9 a)

$$\bar{c}_\varrho^2 = \frac{H_\varrho}{H_e} = \bar{c}_i^2 - \bar{c}_1^2 = \bar{u}_1^2 - \bar{u}_2^2 + \bar{w}_2^2 - \bar{w}_1^2.$$

$$(9\,\text{b})$$

Gl. (VII a) ermöglicht die Konstruktion
der Geschwindigkeitsdiagramme.

Sie läßt sich jetzt als Summe von
Quadraten mit Hilfe des Lehrsatzes von
Pythagoras graphisch sehr einfach mit
Zirkel und Lineal darstellen.

Faßt man die Größen $\bar{u}_1^2$, $\bar{u}_2^2$ und $\bar{w}_2^2$ in
dem Ausdruck $\bar{w}_2'^2 = \bar{u}_1^2 - \bar{u}_2^2 + \bar{w}_2^2$ zusammen, so wird Gl. (VII a) befriedigt, wenn
die Endpunkte von $\bar{c}_i$ und $\bar{w}_2'$ und die

Abb. 102

Endpunkte von $\bar{c}_1$ und $\bar{w}_1$ auf derselben als Eintrittsvertikale E.V.
bezeichneten Senkrechten liegen (Abb. 102).

In diesem Fall wird

$$\bar{c}_i^2 = a^2 + y^2 \qquad\qquad \overline{w}_2'^2 = b^2 + y^2$$

$$\bar{c}_1^2 = a^2 + x^2 \qquad\qquad \overline{w}_1^2 = b^2 + x^2$$

$$\overline{\bar{c}_i^2 - \bar{c}_1^2 = y^2 - x^2}; \qquad \overline{\overline{w}_2'^2 - w_1^2 = y^2 - x^2}$$

oder

$$\bar{c}_i^2 - \bar{c}_1^2 = \overline{w}_2'^2 - \overline{w}_1^2$$

und damit wieder

$$\bar{c}_i^2 = \bar{c}_1^2 + \overline{w}_2'^2 - \overline{w}_1^2 = \bar{c}_1^2 + \bar{u}_1^2 - \bar{u}_2^2 + \overline{w}_2^2 - \overline{w}_1^2.$$

Schlägt man um Pkt. *1* mit $\bar{c}_i$ und um den Endpunkt von $\bar{u}_1$ mit $\overline{w}_2'$ Kreisbögen, so liegt mit dem Schnittpunkt der beiden Kreisbögen die Lage der Eintrittsvertikalen E.V. fest.

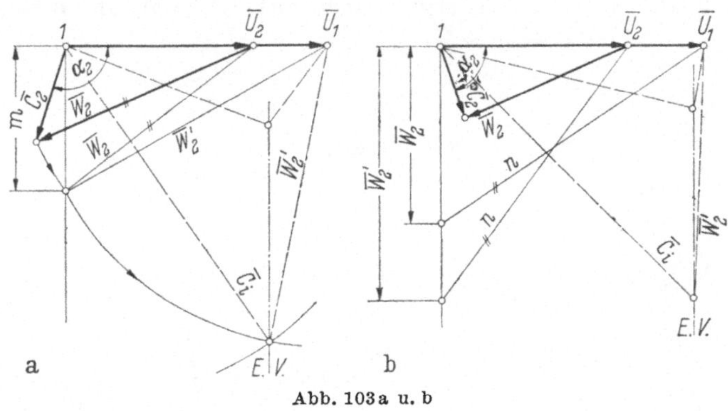

Abb. 103a u. b

Die Konstruktion von $\overline{w}_2'$ für $\alpha_2 > 90°$ geht aus Abb. 103a hervor. Mit ihr kommt:

$$\overline{w}_2'^2 = \bar{u}_1^2 + m^2$$

$$\overline{w}_2^2 = \bar{u}_2^2 + m^2$$

$$\overline{\overline{w}_2'^2 - \overline{w}_2^2 = \bar{u}_1^2 - \bar{u}_2^2} \quad \text{oder} \quad \overline{w}_2'^2 = \bar{u}_1^2 - \bar{u}_2^2 + \overline{w}_2^2.$$

Abb. 103b zeigt die Konstruktion von $\overline{w}_2'$ für $\alpha < 90°$. Hier wird

$$\bar{u}_1^2 + \overline{w}_2^2 = n^2$$

$$\bar{u}_2^2 + \overline{w}_2'^2 = n^2 \quad \text{oder} \quad \overline{w}_2'^2 = \bar{u}_1^2 - \bar{u}_2^2 + \overline{w}_2^2.$$

Die Wurzeln aus den oben angeführten Energieverhältnissen, also

$$\bar{c}_1 = \frac{c_1}{\sqrt{2g\,H_e}}; \qquad \bar{u}_1 = \frac{u_1}{\sqrt{2g\,H_e}}; \qquad \bar{u}_2 = \frac{u_2}{\sqrt{2g\,H_e}};$$

$$\overline{w}_1 = \frac{w_1}{\sqrt{2g\,H_e}}; \qquad \overline{w}_2 = \frac{w_2}{\sqrt{2g\,H_e}}; \qquad \bar{c}_2 = \frac{c_2}{\sqrt{2g\,H_e}},$$

bezeichnet man als *spezifische Geschwindigkeiten*. Sie stellen jeweils das Geschwindigkeitsverhältnis zwischen der jeweils bestehenden Ge-

schwindigkeit und der größten, dem Nutzgefälle H_e entsprechenden
Geschwindigkeit $c_e = \sqrt{2g\,H_e}$ dar.

Da für jede Turbinentype zahlenmäßig die spezifischen Geschwindigkeiten als Erfahrungswerte vorliegen (Abb. 127), lassen sich nunmehr
die Geschwindigkeitsdiagramme maßstäblich aufzeichnen. Für die Ein-
heit der spezifischen Geschwindigkeit wählt man als Maßstab 100 mm
oder 200 mm.

Wie Abb. 104 zeigt, wird die Form des Laufradschaufelgitters weitgehend durch die Umfangsgeschwindigkeit $\bar{u}_1$ und die Umfangskomponente $\bar{c}_{u_1}$ bestimmt.

Setzt man nämlich voraus, daß in Gl. (7b) das zweite Klammer-
glied $\bar{u}_2\,\bar{c}_{u_2} = 0$ wird, was besagt, daß der Wasserstrom Q_i unter dem
Winkel $\alpha_2 = 90°$ mit der Absolutgeschwindigkeit c_2 aus dem Laufradschaufelgitter austritt, so ergibt sich aus Gl. (7b) die maßgebende

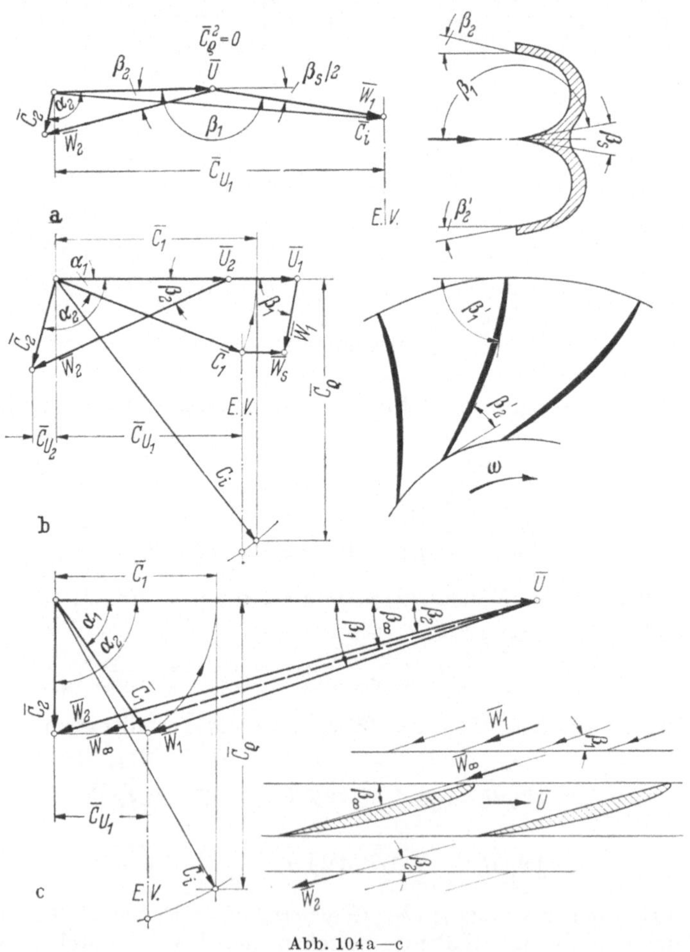

Abb. 104a—c

Umfangsgeschwindigkeit

$$\bar{u}_1 = \frac{\eta_h}{2\,\bar{c}_{u_1}}.$$

Es verhält sich dann, da der hydraulische Wirkungsgrad η_h festliegt, $\bar{u}_1$ umgekehrt verhältnisgleich zu $\bar{c}_{u_1}$. Somit entsprechen kleinen Werten von $\bar{u}_1$ bzw. großen Werten von $\bar{c}_{u_1}$ stark gekrümmte Gitterkanäle (Abb. 104a) und großen Werten von $\bar{u}_1$ bzw. kleinen Werten von $\bar{c}_{u_1}$ schwach gekrümmte Schaufelkanäle (Abb. 104c).

$\bar{c}_{u_1}$ hängt aber wiederum vom Spaltdruck $\bar{c}_\varrho^2 = \bar{c}_i^2 - \bar{c}_1^2$ ab.

Bei tangential beaufschlagten Freistrahlturbinen wird, wie bereits bekannt, $\bar{c}_\varrho^2 = 0$, also $\bar{c}_i = \bar{c}_1$ und $\bar{c}_{u_1} \approx \bar{c}_1$. Sie laufen demnach mit der kleinstmöglichen Umfangsgeschwindigkeit, die, legt man hierbei $\eta_h = 0{,}90$ und $\bar{c}_i = \bar{c}_1 = 0{,}97$, entsprechend $\bar{c}_i^2 = 0{,}94$ als Optimalwerte der Berechnung zugrunde,

$$\bar{u}_1 = \bar{u} = \frac{0{,}9}{2\cdot 0{,}97} = 0{,}47$$

wird.

Bei Überdruckturbinen ist immer $\bar{c}_\varrho^2 > 0$. Dementsprechend wächst $\bar{u}_1$ bzw. sinkt $\bar{c}_{u_1}$ mit steigenden Werten von $\bar{c}_\varrho^2$ (Abb. 104b, c).

$\bar{u}_1$ erreicht seinen Höchstwert bei Kaplanturbinen (Abb. 104c).

Man erkennt jetzt, daß Freistrahlturbinen ($\bar{c}_\varrho^2 = 0$) ausgesprochene Langsamläufer, Francisturbinen ($\bar{c}_\varrho^2 =$ etwa $0{,}55 - 0{,}7$) Normalläufer und Kaplanturbinen ($\bar{c}_\varrho^2 =$ etwa $0{,}75$) ausgesprochene Schnelläufer sind.

21. Zahlenbeispiele

1. Beispiel. Von einer axialen Überdruckturbine mit geradem, erweiterten Saugrohr (Abb. 95) sind die Laufradabmessungen $D_1 = 1350$ mm und $D_n = 580$ mm gegeben. Die Turbine soll bei einem Nutzgefälle von $H_e = 4$ m mit einer Drehzahl $n = 175$ U/min laufen. Außerdem wird verlangt, daß bei senkrechtem Austritt ($\alpha_2 = 90°$) des Wasserstroms aus dem Laufrad und einem Saugrohrwirkungsgrad $\eta_s = 60\%$ der Austrittsverlust $\bar{c}_a^2$ 6% und die Strömungsverluste $\bar{c}_v^2$ 4% nicht überschreiten dürfen.

a) Man konstruiere für den mittleren Laufraddurchmesser D das Geschwindigkeitsdiagramm bei senkrechtem Austritt und

b) bestimme die Nutzleistung N_n in kW, wenn ein Spaltverlust von $\sigma_n = 2\%$, ein Radscheibenreibungsverlust von $r = 1\%$ und ein mechanischer Verlust von $m = 1{,}5\%$ einzuhalten ist.

Zu a: Mit $\bar{c}_a^2 = 6\% = 0{,}06$ und $\eta_s = 60\% = 0{,}6$ folgt aus Gl. (5a):

$$\bar{c}_2^2 = \frac{\bar{c}_a^2}{1 - \eta_s} = \frac{0{,}06}{0{,}4} = 0{,}15 \quad \text{und damit} \quad \underline{\bar{c}_2 = 0{,}387.}$$

Aus der Beziehung

$$u_1 = \bar{u}_1 \sqrt{2g\,H_e} = \frac{\pi\,D\,n}{60}\ \text{m/s}$$

ergibt sich mit

$$D = \frac{D_1 + D_n}{2} = \frac{1{,}35 + 0{,}58}{2} = 0{,}965\ \text{m}, \quad n = 175\ \text{min}^{-1} \quad \text{und} \quad H_e = 4\ \text{m},$$

$$\bar{u}_1 = \frac{\pi\,D\,n}{60\,\sqrt{2g\,H_e}} = \frac{D\,n}{84{,}6\,\sqrt{H_e}} = \frac{0{,}965\cdot 175}{84{,}6\cdot 2} = \underline{1{,}0.}$$

Mit $\eta_s = 0{,}6$ und $\bar{c}_v^2 = 4\% = 0{,}04$ erhält man aus Gl. (VII a)

$$\bar{c}_i^2 = 1 - \bar{c}_v^2 + \eta_s\,\bar{c}_2^2 = 1 - 0{,}04 + 0{,}6 \cdot 0{,}15 = 1{,}05 \quad \text{und damit} \quad \underline{\bar{c}_i = 1{,}025}.$$

Da bei senkrechtem Austritt $\alpha_2 = 90°$, $\bar{c}_2 = \bar{c}_{m2}$ und damit bei axialen Laufrädern $\bar{c}_2 = \bar{c}_{m1} = \bar{c}_{m2} = \bar{c}_m$ wird, liegen jetzt alle Größen für die Konstruktion des Geschwindigkeitsdiagramms vor.

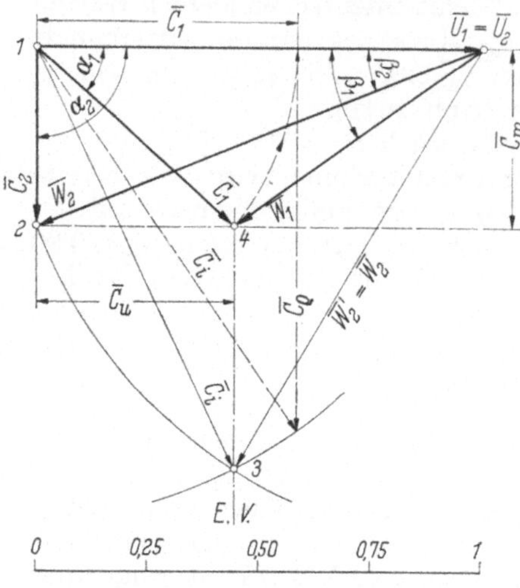

Abb. 105

Konstruktion des Austrittsdreiecks (Abb. 105).

Dieses Geschwindigkeitsdreieck erhält man, wenn man senkrecht zu $\bar{u}_1 = 1 = 100$ mm im Pkt. *1* $\bar{c}_2 = \bar{c}_{m2} = 0{,}387 = 38{,}7$ mm aufträgt und den Endpunkt von $\bar{u}_1$ mit dem Endpunkt von $\bar{c}_2$ durch eine Gerade verbindet.

Konstruktion des Eintrittsdreiecks (Abb. 105).

Beschreibt man um Pkt. *1* mit $\bar{c}_i = 1{,}025 = 102{,}5$ mm und, da beim Axialrad $\bar{u}_1 = \bar{u}_2$, somit $\bar{w}_2' = \bar{w}_2$ wird, um den Endpunkt $\bar{u}_1$ mit $\bar{w}_2 = \bar{w}_2'$ Kreisbögen, so ergibt ihr Schnittpunkt *3* die Lage der Eintrittsvertikalen E.V. Zieht man jetzt E.V. und durch den Endpunkt *2* von $\bar{c}_2$ eine Parallele zu $\bar{u}_1$, dann ist mit dem Schnittpunkt *4* auf E.V. die Größe und Richtung von $\bar{c}_1$ und von $\bar{w}_1$ und damit das Eintrittsdreieck bestimmt.

Beide Dreiecke ergeben, wie Abb. 105 zeigt, das Geschwindigkeitsdiagramm.

Zu b: Aus der Stetigkeitsbedingung $Q = F\,c_m$ [Gl. (1), Abschn. 10, S. 65], folgt mit

$$c_m = c_2 = \bar{c}_m\,\sqrt{2g\,H_e}\ \text{m/s} \quad \text{und} \quad F = 2\pi\,r\,b\ \ [\text{m}^2]$$

Da aber

$$Q = 2\pi\,r\,b\,\bar{c}_m\,\sqrt{2g\,H_e}\ \ [\text{m}^3/\text{s}].$$

$$b = \frac{D_1 - D_n}{2} = \frac{1{,}35 - 0{,}58}{2} = 0{,}385\ \text{m},$$

ist, wird mit

$$r = \frac{D}{2} = 0{,}4825\ \text{m} \quad \text{und} \quad \bar{c}_m = \bar{c}_2 = 0{,}387$$

der Wasserstrom

$$H_e = 4\ \text{m}$$

$$Q = 2\pi \cdot 0{,}4825 \cdot 0{,}385 \cdot 0{,}387 \cdot \sqrt{2 \cdot 9{,}81 \cdot 4} = \underline{4\ \text{m}^3/\text{s}}.$$

Mit Gl. (7 b) erhält man

$$\eta_h = 1 - \bar{c}_v^2 - (1 - \eta_s)\,\bar{c}_2^2 = 1 - 0{,}04 - (1 - 0{,}6) \cdot 0{,}15 = \underline{0{,}9 = 90\%}$$

und weiter mit $\eta_v = 1 - \sigma_n = 1 - 0{,}02 = 0{,}98$, $\imath = 0{,}01$ und $m = 0{,}015$ aus Gl. (13) den Gesamtwirkungsgrad:

$$\eta = \eta_v\,\eta_h - r - m = 0{,}98 \cdot 0{,}9 - 0{,}01 - 0{,}015 = 0{,}867 = \underline{86{,}7\%}.$$

Mit dem spezifischen Gewicht des Wassers $\gamma = 1000$ kp/m³ wird dann die Nutzleistung der Turbine

$$N_n = \frac{\gamma\,Q\,H_e}{102}\,\eta = \frac{1000 \cdot 4 \cdot 4}{102} \cdot 0{,}867 = \underline{136\,\text{kW}} = 1{,}36 \cdot 136 = \underline{187\,\text{PS}}.$$

Mit dem aus dem Geschwindigkeitsdiagramm entnommenen Wert $\bar{c}_1 = 0,59$, also mit $\bar{c}_1^2 = 0,345$, ergibt sich aus Gl. (9b) ein Spaltdruck von

$$\bar{c}_\varrho^2 = \bar{c}_i^2 - \bar{c}_1^2 = 1,05 - 0,345 = 0,705 = \underline{70,5\%}\,.$$

Wie Abb. 105 zeigt, kann der Spaltdruck auch graphisch bestimmt werden.

2. Beispiel. Vom Laufrad einer radialen Überdruckturbine sind folgende auf den Konstruktionswasserstrom $Q = Q_n$ bezogene Mittelwerte gegeben (Abb. 94):

$$\bar{u}_1 = 0,75; \quad \bar{u}_2 = 0,525; \quad \bar{c}_{m_1} = 0,24; \quad \bar{c}_{m_2} = 0,27;$$

$$\bar{c}_i^2 = 1,0; \quad \beta_1 = 70°; \quad \beta_2 = 24°\,.$$

1. Man konstruiere das Geschwindigkeitsdiagramm

a) für die volle Beaufschlagung $q = Q/Q_n = 1$,
b) für die Beaufschlagung $q = Q/Q_n = 0,75$.

2. Man bestimme den hydraulischen Wirkungsgrad η_h für

a) die volle Beaufschlagung $q = Q/Q_n = 1$,
b) die Beaufschlagung $q = Q/Q_n = 0,75$.

Zu 1a: Trage von Pkt. *1* $\bar{u}_1 = 0,75 = 75$ mm und $\bar{u}_2 = 0,525 = 52,5$ mm auf, ziehe zu $\bar{u}_1$ eine Parallele im Abstand von $\bar{c}_{m_2} = 0,27 = 27$ mm und trage im Endpunkt von $\bar{u}_2$ den Winkel $\beta_2 = 24°$ an, so schneidet der freie Schenkel von β_2 diese

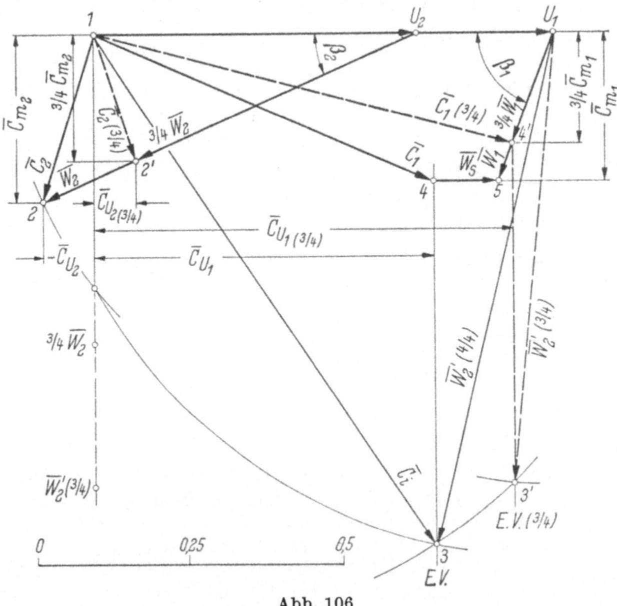

Abb. 106

Parallele im Pkt. *2*. Mit Pkt. *2* liegen dann die Größe von $\bar{w}_2$, die Größe und Richtung von $\bar{c}_2$ und somit das Austrittsdreieck (Abb. 106) fest. Bestimme gemäß Abschn. 20, S. 83 und Abb. 103a die Größe von $\bar{w}_2'$ für $\alpha_2 > 90°$, beschreibe um *1* mit dem Radius $\bar{c}_i = 1 = 100$ mm und um den Endpunkt von $\bar{u}_1$ mit $\bar{w}'$ Kreisbögen, so ergibt ihr Schnittpunkt *3* die Lage der Eintrittsvertikalen E.V. Die Parallele zu $\bar{u}_1$ im Abstand $\bar{c}_{m_1} = 0,24 = 24$ mm schneidet E.V. im Pkt. *4* und den freien Schenkel des Winkels β_1 im Pkt. *5*, dem Endpunkt von w_1. Damit liegt das Eintrittsdreieck fest. Die Strecke *4—5* ist dann die Umlenk- oder Stoßkomponente $\bar{w}_1$. Das Laufrad läuft somit bei voller Beaufschlagung mit Stoß.

Zu 1 b: Da sich die Durchflußquerschnitte in einem radialen Laufradschaufelgitter nicht ändern, verhalten sich entsprechend der Stetigkeitsbedingung die Meridiankomponenten $\bar{c}_m$ und die Relativgeschwindigkeiten $\bar{w}$ wie die durch das Laufradschaufelgitter fließenden Wasserströme. Infolgedessen ergeben sich für $q = 0{,}75$ ($Q = 0{,}75\,Q_n$) die Meridiankomponenten $\bar{c}_{m_1}(3/4) = 0{,}75\,\bar{c}_{m_1}$ und $\bar{c}_{m_2}(3/4) = 0{,}75\,\bar{c}_{m_2}$ sowie die Relativgeschwindigkeiten $\bar{w}_1(3/4) = 0{,}75\,\bar{w}_1$ und $\bar{w}_2(3/4) = 0{,}75\,\bar{w}_2$. Behält man, was hier zulässig ist, die Größe von $\bar{c}_i$ aus 1 a bei, so läßt sich jetzt das Geschwindigkeitsdiagramm für $q = 0{,}75$ konstruieren. Da sich der Winkel β_2 nicht ändert, liegt mit $\bar{c}_{m_2}(3/4) = 0{,}75\,\bar{c}_{m_2} = 0{,}75 \cdot 0{,}27 = 0{,}2025 = 20{,}25$ mm bzw. mit $\bar{w}_2(3/4)$ bereits das Austrittsdreieck (Pkt. *2'*, Abb. 106) fest.

Bestimmt man jetzt gemäß Abschn. 20, S. 83 und Abb. 103 b $\bar{w}_2'\,(3/4)$ für $\alpha_2 < 90°$, so erhält man mit dem Schnittpunkt *3'* des um Pkt. *1* mit dem Radius $\bar{c}_i = 1 = 100$ mm und des um den Endpunkt von $\bar{u}_1$ mit dem Radius $\bar{w}_2'$ beschriebenen Kreisbogens die Lage der Eintrittsvertikalen E.V.(3/4). Sie schneidet den freien Schenkel von β_1 im Pkt. *4'*. Damit sind Größe und Richtung von $\bar{c}_1(3/4)$ und auch das Eintrittsdreieck festgelegt.

Man erkennt, daß das Laufrad bei $q = 0{,}75$ stoßfrei läuft.

Zu 2: Mit den aus den Geschwindigkeitsdiagrammen entnommenen Werten für

a) $q = 1$: $\bar{c}_{u_1} = 55$ mm $= 0{,}55$ und $\bar{c}_{u_2} = -8{,}5$ mm $= -0{,}085$,

b) $q = 0{,}75$: $\bar{c}_{u_1}(3/4) = 68$ mm $= 0{,}68$ und $\bar{c}_{u_2}(3/4) = 7$ mm $= 0{,}07$,

ergibt sich nach Gl. (7 b) der hydraulische Wirkungsgrad für

a) $q = 1$: $\eta_h = 2\,(\bar{u}_1\,\bar{c}_{u_1} - \bar{u}_2\,\bar{c}_{u_2}) = 2 \cdot (0{,}75 \cdot 0{,}55 + 0{,}525 \cdot 0{,}085)$

$$= \underline{0{,}91 = 91\%},$$

b) $q = 0{,}75$: $\eta_h = 2\,(\bar{u}_1(3/4)\,\bar{c}_{u_1}(3/4) - \bar{u}_2(3/4)\,\bar{c}_{u_2}(3/4))$

$$= 2 \cdot (0{,}75 \cdot 0{,}68 - 0{,}525 \cdot 0{,}07) = \underline{0{,}946 = 94{,}6\%}.$$

3. Beispiel. Eine tangential beaufschlagte Freistrahlturbine (Peltonturbine) (Abb. 96) soll bei einem Nutzgefälle von $H_e = 1000$ m mit einer Drehzahl $n = 750$ min^{-1} laufen.

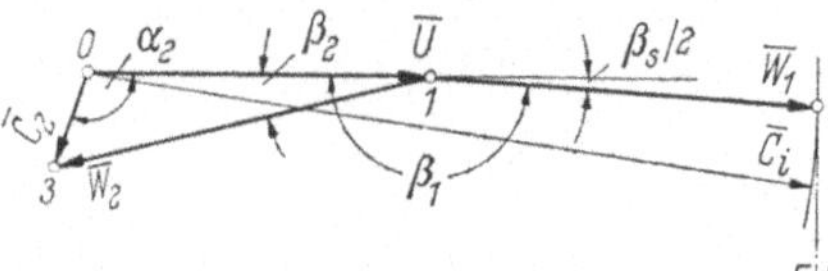

Abb. 107

a) Wie groß wird der Laufraddurchmesser D, wenn das Laufrad mit einer spezifischen Umfangsgeschwindigkeit $\bar{u}_1 = \bar{u} = 0{,}46$ laufen muß?

b) Wieviel % beträgt der Austrittsverlust $\bar{c}_2^2$, wenn das verfügbare Stufengefälle $\bar{c}_i^2$ 94% beträgt, die Laufradschaufel mit einem Schneidenwinkel $\beta_s = 8°$ ausgeführt wird und der Strahl unter dem Winkel $\beta_2 = 14°$ relativ aus der Schaufel austritt?

Zu a: Mit $\bar{u}_1 = 0{,}46$, $n = 750$ min^{-1} und $H_e = 1000$ folgt wieder aus der Beziehung

$$u_1 = \bar{u}_1\,\sqrt{2\,g\,H_e} = \frac{\pi\,D\,n}{60}$$

der Laufraddurchmesser

$$D = 2\,r = \frac{60\,\sqrt{2\,g\,H_e}}{\pi\,n}\,\bar{u}_1 = \frac{84{,}6\,\sqrt{H_e}\,\bar{u}_1}{n} = \frac{84{,}6 \cdot 31{,}6 \cdot 0{,}46}{750} = \underline{1{,}64\,\text{m}}.$$

Zu b: Die Lösung ergibt sich anhand des Geschwindigkeitsdiagramms.

Bei einer tangential beaufschlagten Freistrahlturbine ist $\bar{u}_1 = \bar{u}_2 = \bar{u}$ und der Spaltdruck Gl. (9 b)

$$\bar{c}_\varrho^2 = \bar{u}_1^2 - \bar{u}_2^2 + \bar{w}_2^2 - \bar{w}_1^2 = 0.$$

Daraus folgt mit $\bar{u}_1 = \bar{u}_2$, daß $\bar{w}_1 = \bar{w}_2$ und weiter gem. Abschn. 20, S. 82, daß auch $\bar{w}_2 = \bar{w}_2'$ wird.

Konstruktion des Geschwindigkeitsdiagramms (Abb. 107).

Trägt man im Endpunkt 1 von $\bar{u}_1 = 0,46 = 46$ mm nach rechts den Schneidenwinkel $\beta_s/2 = 4°$ und nach links den Winkel $\beta_2 = 14°$ an, so schneidet der um Pkt. 0 beschriebene Kreisbogen vom Radius $\bar{c}_i = \sqrt{\bar{c}_i^2} = \sqrt{0,94} = 0,97 = 97$ mm den freien Schenkel von Winkel $\beta_s/2$ im Pkt. 2. Strecke $1-2$ ist dann die Relativgeschwindigkeit $\bar{w}_1$. Beschreibt man weiter um Pkt. 1 einen Kreisbogen vom Radius $\bar{w}_1 = \bar{w}_2$, so ist mit seinem Schnittpunkt 3 auf dem freien Schenkel von Winkel β_2 Größe und Richtung von $\bar{c}_2$ bestimmt. Mit dem aus dem Diagramm entnommenen Wert $\bar{c}_2 = 13$ mm $= 0,13$ wird der Austrittsverlust $\bar{c}_2^2 = 0,017 = 1,7\%$.

V. Modellreihen

22. Allgemeines

Die Tatsache, daß man anhand der für Strömungsmaschinen und somit auch für Wasserturbinen geltenden Ähnlichkeitsgesetze Versuchsergebnisse, die aus Versuchen an Modellmaschinen gewonnen werden, weitgehend auf jede der untersuchten Modellmaschine geometrisch

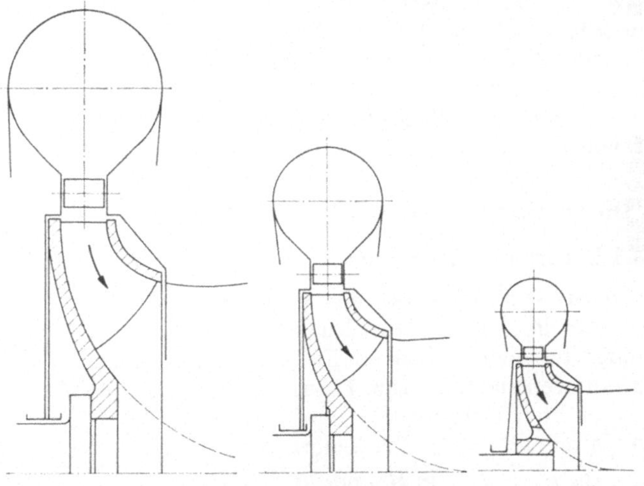

Abb. 108. Modellreihe

ähnlichen Maschine übertragen darf, ermöglicht die Aufstellung von Modellreihen. Demnach versteht man unter einer Modellreihe von Wasserturbinen eine Vielzahl der Größe nach regelmäßig abgestufter, geometrisch ähnlicher Turbinen (Abb. 108), die bei gleichen Betriebsbedingungen dieselben Betriebseigenschaften und Verwendungsbereiche aufweisen.

Mit der Aufstellung derartiger Modellreihen wird somit dem Streben nach Systematik und Vereinheitlichung entsprochen.

Zur Auswahl der jeweils gewünschten Turbinentype braucht man eine Typenkennziffer. Als bequemste Kennziffer hierfür hat sich die *spezifische Drehzahl* n_q bzw. n_s erwiesen.

n_q ist diejenige Drehzahl, mit welcher eine der verlangten Großturbine geometrisch ähnliche Modellturbine läuft, wenn diese bei einem Nutzgefälle $H_e = 1$ m einen Wasserstrom $Q = 1$ m³/s schluckt. Anstelle von n_q benützt man in der Praxis vielfach noch die auf eine Nutzleistung von $N_n = 1$ PS bezogene spezifische Drehzahl n_s. Jedem Wert von n_q bzw. n_s entspricht jeweils eine bestimmte Laufradform (Abb. 109) und damit eine Turbine mit bestimmten Betriebseigenschaften.

n_q bzw. n_s bilden zusammen mit den Konstruktionsdaten der Turbine, nämlich dem Wasserstrom Q_n, dem Nutzgefälle H_e und der Betriebsdrehzahl n_n, die Grundlage für den Entwurf von Wasserturbinen.

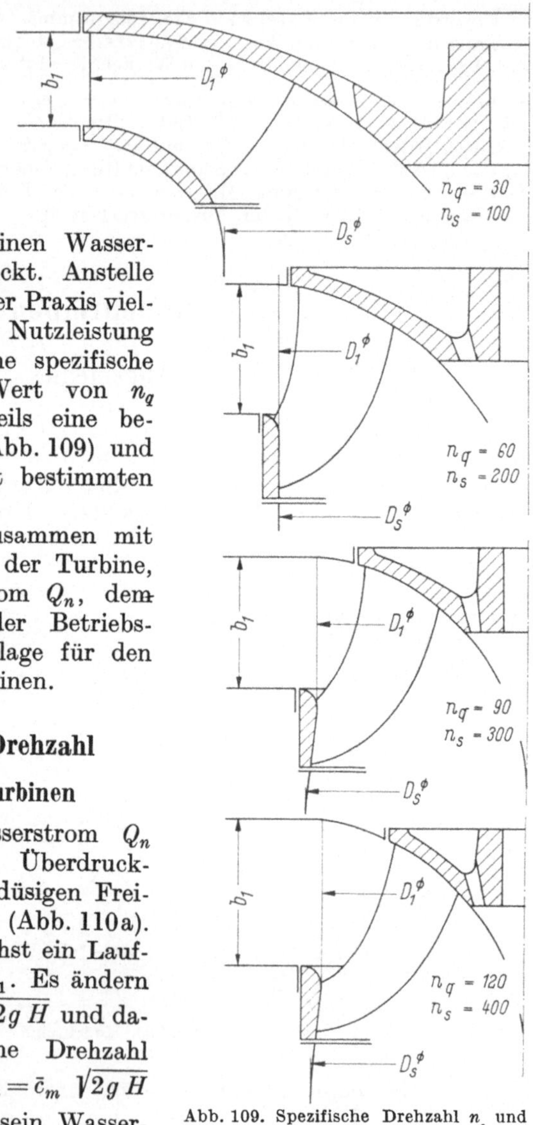

23. Die spezifische Drehzahl

23.1 Einströmige Turbinen

Hier wird der Wasserstrom Q_n ausschließlich in einem Überdrucklaufrad oder in einem 1düsigen Freistrahllaufrad verarbeitet (Abb. 110a).

Wir betrachten zunächst ein Laufrad vom Durchmesser D_1. Es ändern sich dann, da $u_1 = \bar{u}_1 \sqrt{2g\,H}$ und damit $u_1 \sim \sqrt{H}$ ist, seine Drehzahl $n \sim u_1 \sim \sqrt{H}$ und, da $c_m = \bar{c}_m \sqrt{2g\,H}$ und damit $c_m \sim \sqrt{H}$ ist, sein Wasserstrom $Q = c_m\, F \sim \sqrt{H}$.

Abb. 109. Spezifische Drehzahl n_s und Laufradformen

Dementsprechend gilt für das Laufrad, wenn es bei einem Nutzgefälle H_e läuft,

$$n_n \sim \sqrt{H_e}; \quad Q_n \sim \sqrt{H_e}; \quad N_n \sim Q_n\, H_e \quad \text{bzw.} \quad N_n \sim H_e \sqrt{H_e} \tag{a}$$

und für dasselbe Laufrad, wenn es bei einem beliebigen Nutzgefälle H läuft,

$$n \sim \sqrt{H}; \quad Q \sim \sqrt{H}; \quad N \sim Q\,H \quad \text{bzw.} \quad N \sim H \sqrt{H}. \tag{b}$$

Damit folgt aus (a) und (b)

$$\frac{n}{n_n} = \sqrt{\frac{H}{H_e}}\,; \qquad \frac{Q}{Q_n} = \sqrt{\frac{H}{H_e}}\,; \qquad \frac{N}{N_n} = \frac{H\sqrt{H}}{H_n\sqrt{H_n}}\,. \qquad\qquad \text{(c)}$$

Für dieses Laufrad vom Durchmesser D_1 ergeben sich dann aus (c) seine auf $H = 1$ m bezogenen Betriebskenngrößen

$$n_1 = \frac{n_n}{\sqrt{H_e}} \qquad \text{die Einheitsdrehzahl,} \qquad\qquad (14)$$

$$Q_1 = \frac{Q_n}{\sqrt{H_e}} \qquad \text{der Einheitswasserstrom,} \qquad\qquad (15)$$

$$N_1 = \frac{N_n}{H_e\sqrt{H_e}} \qquad \text{die Einheitsleistung.} \qquad\qquad (16)$$

Vergleicht man weiter bei $H = 1$ m das Laufrad vom Durchmesser D_1 mit seinem Modellrad vom Durchmesser D_1', so wird, da hierbei beide Räder mit derselben Umfangsgeschwindigkeit

$$u = \frac{\pi D_1 n_1}{60} = \frac{\pi D_1' n_1'}{60} \text{ m/s}$$

laufen, $D_1 n_1 = D_1' n_1'$ oder

$$\frac{n_1'}{n_1} = \frac{D_1}{D_1'}\,. \qquad\qquad (\text{d})$$

Aus

$$Q_1 = c_{m_1} F_1 = c_{m_1} \frac{\pi D_1^2}{4}\,,$$

dem Einheitswasserstrom des Laufrades vom Durchmesser D_1 und

$$Q_1' = c_{m_1} F_1' = c_{m_1} \frac{\pi D_1'^2}{4}\,,$$

dem Einheitswasserstrom des Modellrades vom Durchmesser D_1', ergibt sich, da c_{m_1} bei beiden Rädern gleich groß ist,

$$Q_1 \sim D_1^2\,, \qquad Q_1' \sim D_1'^2\,,$$

somit

$$\frac{D_1}{D_1'} = \sqrt{\frac{Q_1}{Q_1'}} \qquad\qquad (\text{e})$$

und dementsprechend aus (d) und (e)

$$\frac{n_1'}{n_1} = \sqrt{\frac{Q_1}{Q_1'}} \qquad\qquad (\text{f})$$

und mit $N \sim Q$

$$\frac{n_1'}{n_1} = \sqrt{\frac{N_1}{N_1'}}\,. \qquad\qquad (\text{g})$$

Läßt man schließlich das Modellrad, wie verlangt, mit $Q_1' = 1$ m³/s bzw. mit $N_1' = 1$ PS bei $H = 1$ m laufen, so erhält man aus Gl. (f) die spezifische Drehzahl

$$n_1' = n_q = n_1 \sqrt{Q_1}$$

und daraus mit Gl. (14) und (15)

$$n_q = \frac{n_n}{\sqrt{H_e}} \sqrt{\frac{Q_n}{\sqrt{H_e}}} = \frac{n_n \, Q_n^{1/2}}{H_e^{3/4}} \tag{17}$$

bzw. aus Gl. (g) die spezifische Drehzahl

$$n_1' = n_s = n_1 \sqrt{N_1}$$

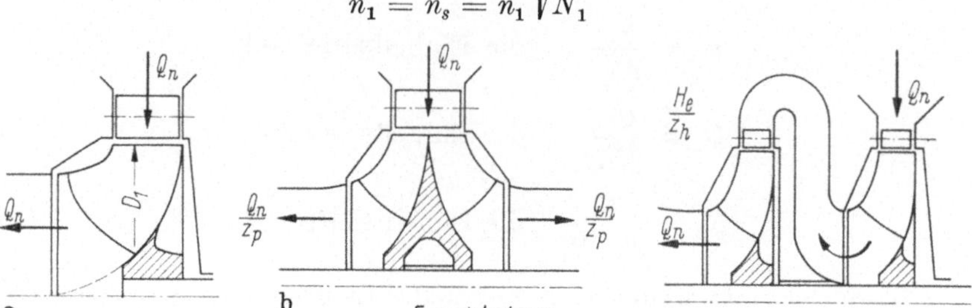

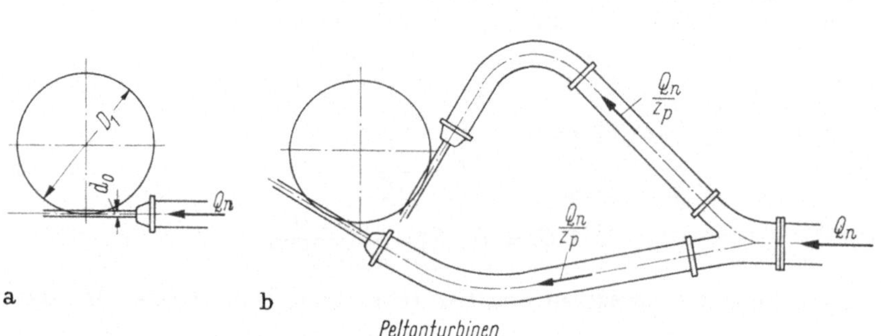

Abb. 110a–c. Einströmige und mehrströmige Turbinen

und daraus mit Gl. (14) und (16)

$$n_s = \frac{n_n}{H_e} \sqrt{\frac{N_n}{\sqrt{H_e}}}. \tag{17a}$$

Mit dem spezifischen Gewicht $\gamma = 1000 \ \mathrm{kp/m^3}$ und einem hier vertretbaren Wirkungsgrad von $\eta = 0{,}84$ ergibt sich aus Gl. (17a) die Beziehung zwischen n_s und n_q zu

$$n_s = \frac{n_n}{H_e} \sqrt{\frac{\gamma \, Q_n \, H_e \, \eta}{75 \sqrt{H_e}}} = \sqrt{\frac{1000 \cdot 0{,}84}{75}} \, n_q = 3{,}33 \, n_q. \tag{17b}$$

23.2 Mehrströmige Turbinen in Parallelschaltung

Hier wird der Wasserstrom Q_n in gleich große Parallelströme $\bar{Q}$ unterteilt und jeder Teilstrom $\bar{Q}$ jeweils von einem Laufrad bzw. von einer Düse (Abb. 110b) beim Nutzgefälle H_e verarbeitet.

Bezeichnet man mit z_p die Anzahl der parallelgeschalteten Laufräder bzw. Düsen, so erhält man mit $\bar{Q} = Q_n/z_p$ die spezifische Drehzahl pro

Rad bzw. pro Düse zu

$$\bar{n}_q = \frac{n_n}{\sqrt{H_e}} \sqrt{\frac{Q_n}{z_p \sqrt{H_e}}} = \frac{n_q}{\sqrt{z_p}} \qquad (18)$$

und

$$\bar{n}_s = \frac{n_n}{H_e} \sqrt{\frac{N_n}{z_p \sqrt{H_e}}} = \frac{n_s}{\sqrt{z_p}}. \qquad (18\,a)$$

Bei Parallelschaltung wird die auf das Einzelrad oder eine Düse bezogene spezifische Drehzahl $\bar{n}_q$ bzw. $\bar{n}_s$ kleiner als die spezifische Drehzahl n_q bzw. n_s der ganzen Turbine.

23.3 Einströmige Turbinen in Hintereinanderschaltung

Hintereinanderschaltung ist nur bei Francisturbinen möglich. Sie liegt vor, wenn man das Nutzgefälle H_e auf z_h gleich große Stufen unterteilt und den Wasserstrom Q_n derart hintereinander durch z_h gleichartige Laufräder schickt, daß jedes Laufrad das Teilgefälle $\bar{H}_e = H_e/z_h$ verarbeitet (Abb. 110c). Es wird dann die spezifische Drehzahl pro Rad

$$\bar{n}_q = \frac{n_n}{\sqrt{H_e/z_h}} \sqrt{\frac{Q_n}{\sqrt{H_e/z_h}}} = z_h^{3/4} n_q \qquad (19)$$

bzw.

$$\bar{n}_s = \frac{n_n}{\dfrac{H_e}{z_h}} \sqrt{\frac{N_n}{z_h \sqrt{H_e/z_h}}} = z_h^{3/4} n_s. \qquad (19\,a)$$

Bei Hintereinanderschaltung wird die spezifische Drehzahl $\bar{n}_q\,(\bar{n}_s)$ des einzelnen Rades größer als die spezifische Drehzahl $n_q\,(n_s)$ der ganzen Turbine.

24. Verwendungsbereich

Jeder Modellreihe ($\bar{n}_s$, $\bar{n}_q$) bzw. jeder Gruppe einer Modellreihe (Tabelle) ist ein nach oben und nach unten begrenzter Verwendungsbereich (Abb. 111) zugeordnet.

Tabelle 2

	Langsamläufer		Normalläufer		Schnelläufer	
	$\bar{n}_s$	$\bar{n}_q$	$\bar{n}_s$	$\bar{n}_q$	$\bar{n}_s$	$\bar{n}_q$
Freistrahl- turbinen	4— 10	1— 3	10— 20	3— 6	20— 30	6— 9
Francisturbinen	60—150	18— 45	150—250	45— 75	250—400	75—120
Kaplanturbinen	300—450	90—135	450—650	135—200	650—800	200—240

Obwohl, wie u. a. Abb. 109 zeigt, die Radabmessungen mit steigenden Werten von $\bar{n}_s\,(\bar{n}_q)$ abnehmen, sind aber dem Bestreben, die Schnelläufigkeit einer Turbine im Hinblick auf die Forderung nach möglichst hohen Betriebsdrehzahlen hochzutreiben, Grenzen nach oben gesetzt.

Überschreitet man bei Überdruckturbinen die in Tabelle aufgeführten Höchstwerte für $\bar{n}_s$ ($\bar{n}_q$) sowie die Grenzfallhöhe (Abb. 111), so gelangt man in den gefährlichen Bereich der Kavitation (s. Abschn. 32, S. 105). Bei Freistrahlturbinen (Peltonturbinen) werden die Tabellenhöchstwerte durch das Verhältnis von Strahldurchmesser d_0 : Laufraddurchmesser D_1 bestimmt. Wird nämlich $D_1 <$ etwa $7\,d_0$ gemacht, so läßt sich die

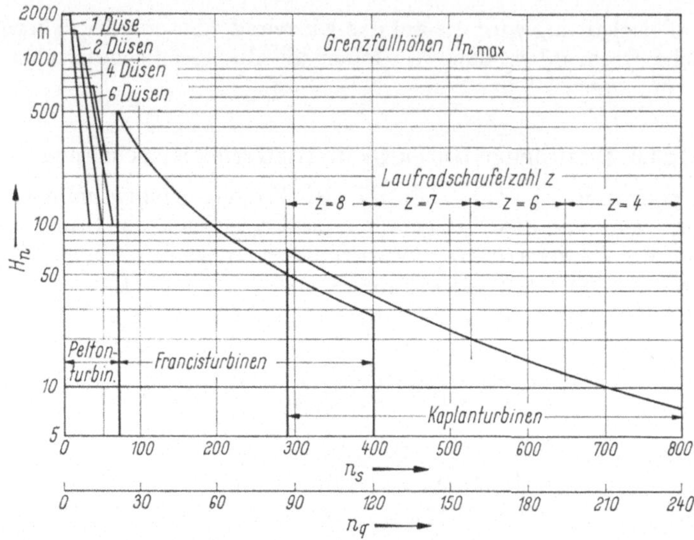

Abb. 111. Grenzfallhöhe

erforderliche Zahl von Laufradschaufeln nicht mehr auf dem Laufradumfang unterbringen. Unterschreitet man die Kleinstwerte der Tabelle, so fällt, da bei Francis- und Freistrahlturbinen mit sinkenden Werten von $\bar{n}_s$ ($\bar{n}_q$) die Radabmessungen und damit die Strömungsverluste stark ansteigen, der Wirkungsgrad sehr rasch ab.

Während mehrströmige Peltonturbinen in Parallelschaltung vor allem für große Leistungen gebaut werden, sind die parallelgeschalteten Franciszwillingsturbinen völlig, die entsprechenden Francisdoppelturbinen (Abb. 110b) nahezu verschwunden.

Neuerdings plant man wieder einströmige Francisrohrleitungsturbinen in Hintereinanderschaltung (Abb. 110c).

25. Zahlenbeispiele

1. Beispiel. In einer Wasserkraftanlage soll bei einem Nutzgefälle $H_e = 10$ m ein Wasserstrom $Q_n = 50$ m³/s verarbeitet werden. Man bestimme die Turbinentype, wenn bei einer Betriebsdrehzahl $n_n = 150$ min⁻¹
    a) 4 einströmige Turbinen oder
    b) 2 doppelströmige Turbinen oder
    c) 1 einströmige Turbine
eingebaut werden sollen.

Zu a: Mit $Q = Q_n/4 = 12{,}5\ \text{m}^3/\text{s}$ pro Turbine folgt aus Gl. (17)

$$n_q = n_n \frac{\sqrt{Q}}{\sqrt[4]{H_e^3}} = 150 \cdot \frac{\sqrt{12{,}5}}{\sqrt[4]{10^3}} = 150 \cdot \frac{3{,}54}{5{,}62} = 94{,}5$$

oder mit Gl. (17b)

$$n_s = 3{,}33\,n_q = 3{,}33 \cdot 94{,}5 = 315.$$

Man erhält also einen Francisturbinenschnelläufer (Abb. 109).

Zu b: Mit $Q = Q_n/2 = 25\ \text{m}^3/\text{s}$ pro Turbine wird

$$n_q = 150 \cdot \frac{\sqrt{25}}{\sqrt[4]{10^3}} = 150 \cdot \frac{5}{5{,}62} = 133{,}5$$

bzw.

$$n_s = 3{,}33 \cdot 135{,}5 = 445$$

(als Francisturbine nicht mehr ausführbar) und damit aus Gl. (18) mit $z_p = 2$

$$\bar{n}_q = \frac{n_q}{\sqrt{z_p}} = \frac{133{,}5}{\sqrt{2}} = 94{,}5 \quad \text{pro Rad einer Doppelturbine (Abb. 110b).}$$

Man erhält also denselben Francisschnelläufer wie bei a.

Zu c: Mit $Q = Q_n = 50\ \text{m}^3/\text{s}$ findet man

$$n_q = 150 \cdot \frac{\sqrt{50}}{\sqrt[4]{10^3}} = 150 \cdot \frac{7{,}07}{5{,}62} = 190$$

bzw.

$$n_s = 3{,}33 \cdot 190 = 630.$$

Man erhält demnach eine Kaplanturbine an der Grenze von Normal- und Schnell-
läufer.

2. Beispiel. Mit wieviel Nadeldüsen muß eine stehende Peltonturbine ausgestattet werden, wenn sie bei einem Nutzgefälle $H_e = 550$ m einen Wasserstrom
$Q_n = 18\ \text{m}^3/\text{s}$ verarbeiten, mit einer Betriebsdrehzahl $n_n = 300\ \text{min}^{-1}$ laufen und
die auf eine Düse bezogene spezifische Drehzahl $\bar{n}_s = 16$ nicht überschreiten soll?
Der Berechnung ist ein Gesamtwirkungsgrad von $\eta = 88\%$ zugrunde zu legen.
Aus Gl. (12b) folgt

$$N_n = \frac{\gamma\,Q_n\,H_e}{75}\,\eta = \frac{1000 \cdot 18 \cdot 550}{75} \cdot 0{,}88 = 116\,000\ \text{PS.}$$

Dementsprechend wird mit Gl. (17a) die spezifische Drehzahl der Turbine

$$n_s = \frac{300}{550}\sqrt{\frac{116\,000}{\sqrt{550}}} = 0{,}547 \cdot 70{,}5 = 38{,}5$$

und weiter mit

$$z_p = \quad 2 \qquad 4 \qquad 6$$
$$\sqrt{z_p} = \quad 1{,}41 \qquad 2 \qquad 2{,}44$$
$$\bar{n}_s = \frac{n_s}{\sqrt{z_p}} = 27 \qquad 19{,}2 \quad 15{,}8$$

Es sind also $z_p = 6$ Nadeldüsen vorzusehen (Abb. 89a, b).

VI. Verhalten der Turbine bei veränderlichen Betriebszuständen

26. Allgemeines

Wie auf S. 74 schon angedeutet, muß eine Turbine in dem ihr zugewiesenen und meist durch ständig schwankende Wasserströme und Fallhöhen gekennzeichneten Betriebsbereich wirtschaftlich arbeiten und, abgesehen von plötzlichen Belastungsänderungen, mit konstanter Drehzahl laufen.

Diese Bedingung läßt sich nur dann erfüllen, wenn man den gesamten Betriebsbereich der Turbine kennt. Den umfassendsten Einblick in das Betriebsverhalten einer Turbine geben Laboratoriumsversuche, weil sich hier jeder beliebige Betriebszustand bequem verwirklichen, alle Vorgänge genau verfolgen lassen und einwandfrei im Beharrungszustand gemessen werden kann.

In der Regel geht man bei diesen Versuchen derart vor, daß man jeweils eine der möglichen Betriebszustandsgrößen verändert. Es ergeben sich dann folgende Versuchsvarianten:

a) Man fährt bei konstantem Nutzgefälle H_e und konstanter Drehzahl n mit veränderlichem Wasserstrom Q oder

b) bei konstantem Nutzgefälle H_e und konstanter Leitradöffnung a_0 mit veränderlicher Drehzahl n.

Variante a bildet die Grundlage für den Abnahmeversuch, Variante b wird im Laboratorium durchgeführt.

Die Versuchsergebnisse, graphisch in Funktion der veränderlichen Betriebszustandsgröße aufgetragen, ergeben die Kennlinien bzw. das Kennfeld einer Turbine. Anhand des Kennfeldes, das auch als Muschelkurve bezeichnet wird, lassen sich der gesamte Betriebsbereich einer Turbine bequem übersehen und damit ihre Betriebseigenschaften beurteilen.

27. Verhalten der Turbine bei $Q =$ veränderlich, $H_e =$ const und $n =$ const (Var. a)

Bei dieser Versuchsvariante erhält man den Verlauf des Wirkungsgrades η und der Nutzleistung N_n in Funktion des Wasserstroms Q bzw. in Funktion der Beaufschlagung $q = Q/Q_n$, also die Wirkungsgrad- und Leistungskennlinien (Abb. 112).

Man fährt während des ganzen Versuchs bei konstantem Nutzgefälle H_e mit konstanter Drehzahl n und bremst die Turbine jeweils bei konstant gehaltener Leitradöffnung a_0 (Abb. 113) im Bereich zwischen Leerlaufwasserstrom Q_0 und Vollastwasserstrom Q_n ab.

Bestimmt man nun für jeden im Versuchsprogramm vorgesehenen a_0-Wert den Wasserstrom Q und die durch Abbremsen ermittelte Leistung N_n, so erhält man für jeden a_0-Wert den Wirkungsgrad $\eta = k\,N_n/Q$.

Bestimmt man N_n in PS, so wird $k = 75/\gamma\, H_e$, ermittelt man N_n in kW, so wird $k = 102/\gamma\, H_e$.

Beim Abnahmeversuch reichen zur Bestimmung der Wirkungsgrad- und Leistungskennlinien in der Regel die bei $q_0 = Q_0/Q_n$, $q = Q/Q_n = 0{,}25$, $0{,}5$, $0{,}75$, $1{,}0$ und $n = n_n$ durchgeführten Versuchsreihen aus (Abb. 112).

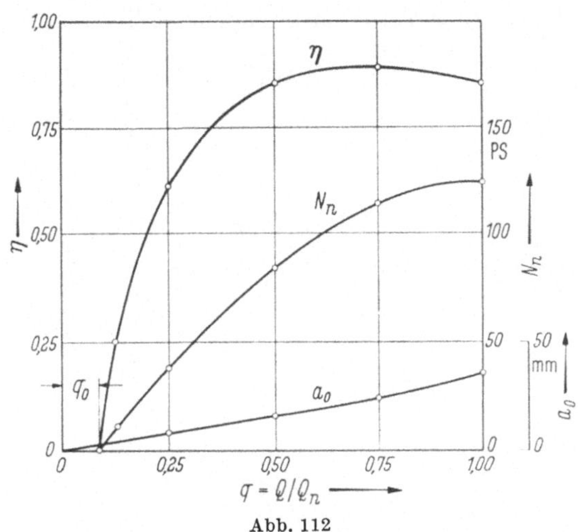

Abb. 112

Die in Abb. 114 dargestellten Kennlinien zeigen, daß

a) jede Turbine einen Mindestwasserstrom, den Leerlaufwasserstrom Q_0, zur Überwindung der inneren und äußeren Verluste verbraucht und somit keine Nutzleistung abgibt;

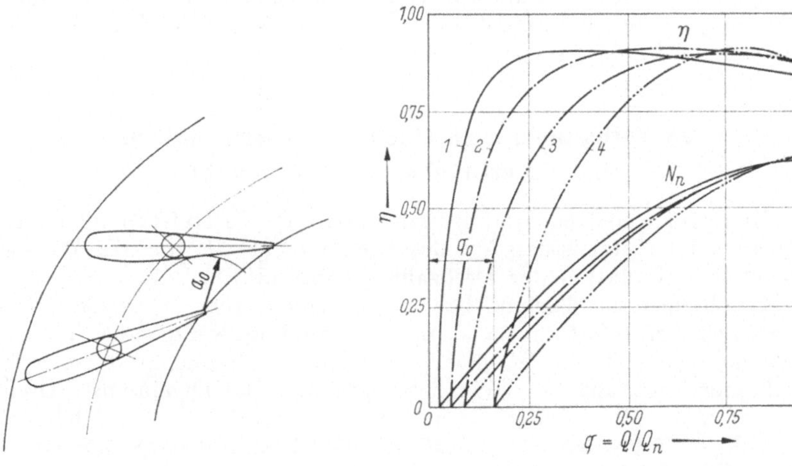

Abb. 113   Abb. 114

1 Peltonturbine $n_s \approx 15$; 2 Kaplanturbine $n_s \approx 600$;
3 Francisturbine $n_s \approx 200$; 4 Francisturbine $n_s \approx 400$

b) Q_0 bei Freistrahlturbinen und Kaplanturbinen klein bleibt, dagegen bei Francisturbinen mit wachsendem n_s rasch ansteigt und Beträge bis zu 25% des Vollastwasserstroms erreichen kann;

c) die Wirkungsgradkennlinie bei Freistrahlturbinen und Kaplanturbinen flach, bei Francisturbinen um so steiler verläuft, je höher die spezifische Drehzahl n_s wird.

Schnellaufende Francisturbinen eignen sich daher nicht für stark schwankende Wasserströme.

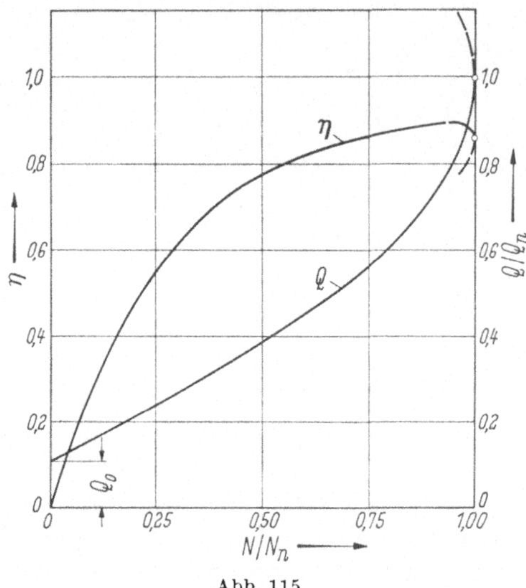

Abb. 115

Mitunter wird η in Funktion von N_n dargestellt. Diese Darstellung (Abb. 115) ist nur dann einwandfrei, wenn sie den Verlauf des Wasserstroms Q in Funktion von N_n enthält.

28. Verhalten der Turbine bei n = veränderlich, H_e = const und a_0 = const (Var. b)

Mit dieser Versuchsvariante findet man den Verlauf des Wirkungsgrades η, der Nutzleistung N_n, des Drehmoments M_d und des Wasserstroms Q in Funktion der Drehzahl n (Abb. 116).

Man bremst die Turbine bei verschiedenen, aber jeweils konstant gehaltenen Leitradöffnungen a_0 und konstantem Nutzgefälle H_e vom Stillstand $n = 0$ bis zur Durchgangsdrehzahl n_d ab und mißt bei jeder gefahrenen Drehzahl n den Wasserstrom Q und das abgebremste Drehmoment M_d. Man erhält dann mit $\omega = \pi\, n/30$ die Nutzleistung $N_n = M_d\, \omega/75$ PS bzw. $N_n = M_d\, \omega/102$ kW und den Wirkungsgrad $\eta = \dfrac{75\, N_n}{\gamma\, Q\, H_e}$ bzw. $\eta = \dfrac{102\, N_n}{\gamma\, Q\, H_e}$. In der Regel pflegt man wenigstens Versuchsreihen bei $a_0 = 0{,}25,\ 0{,}5,\ 0{,}75,\ 1{,}0$ durchzufahren. Jede a_0-

Versuchsreihe muß man mit so viel Drehzahlen fahren, daß sich die Kennlinien für η, M_d, N_n und Q einwandfrei bestimmen und daraus ggf. besondere Eigenarten der Turbine sicher erkennen lassen.

Kennzeichnend für alle Wasserturbinen ist demnach der parabelförmige Verlauf der Wirkungsgrad- und Leistungskennlinie bei veränderlicher Drehzahl. Sie laufen also nur in einem engbegrenzten Drehzahlbereich mit hohen Wirkungsgraden. Aus diesem Grund muß die Betriebsdrehzahl n_n immer in den Bereich von η_{max} gelegt werden. Weiter ist zu beachten, daß das Drehmoment seinen Höchstwert $M_{d_{max}}$ bei $n = 0$, also bei festgebremster Turbine erreicht, und die Drehzahl

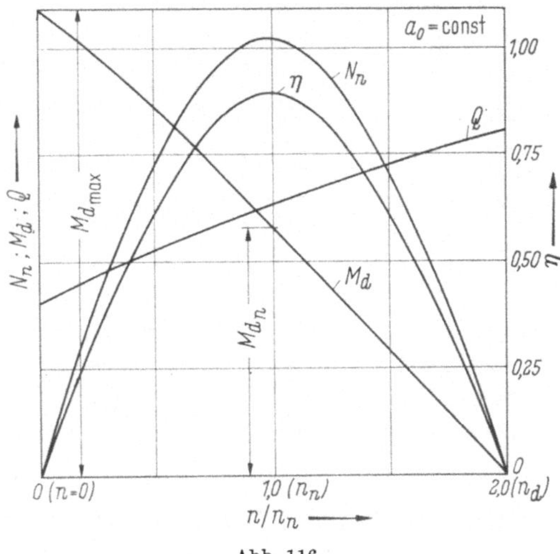

Abb. 116

einen für jede Turbinentype charakteristischen und als Durchgangsdrehzahl bezeichneten Höchstwert n_d, bei dem $M_d = 0$ wird, nicht überschreiten kann, weil hierbei die gesamte verfügbare Energie zum Durchschleusen des Wasserstroms durch das Laufrad verbraucht wird.

Bei ganz geöffnetem Leitrad, also bei Vollast, werden folgende Beträge für die Durchgangsdrehzahl n_d und für das Festbremsmoment M_d erreicht:

	Freistrahlturbine	Francisturbine	Kaplanturbine
n_d	$\sim 1{,}7\ n_n$	$1{,}7{-}2{,}2\ n_n$	$2{-}2{,}8\ n_n$
$M_{d_{max}}$	$\sim 2\ M_{d_n}$	$1{,}7{-}2\ M_{d_n}$	$\sim 2{,}5\ M_{d_n}$

Hier bedeuten n_n die Betriebsdrehzahl und M_{d_n} das Betriebsmoment bei n_n. Die kleinen Zahlenwerte gelten für kleine, die großen Zahlenwerte für große spezifische Drehzahlen n_s.

Abb. 117 zeigt schließlich die Wasserstromkennlinien verschiedener Turbinentypen. Ihr Verlauf läßt deutlich den Einfluß des Fliehkraftdrucks $u_1^2 - u_2^2/2g$ (s. Abschn. 17.4, S. 78) erkennen. Bei Francislangsamläufern sinkt, weil $u_1 > u_2$ ist, der Wasserstrom Q ab $n > n_n$. Er steigt dagegen bei Francisschnelläufern mit n, weil hier $u_1 \lesseqgtr u_2$ ist, und bleibt bei Freistrahlturbinen konstant, weil hier $u_1 = u_2$ und $w_1 = w_2$ ist. Obwohl bei Kaplanturbinen $u_1 = u_2$ ist, also der Fliehkraftdruck in der Durchflußrichtung verschwindet, steigt der Wasserstrom mit der Drehzahl ständig an, weil hier w_1 und w_2 mit n wachsen.

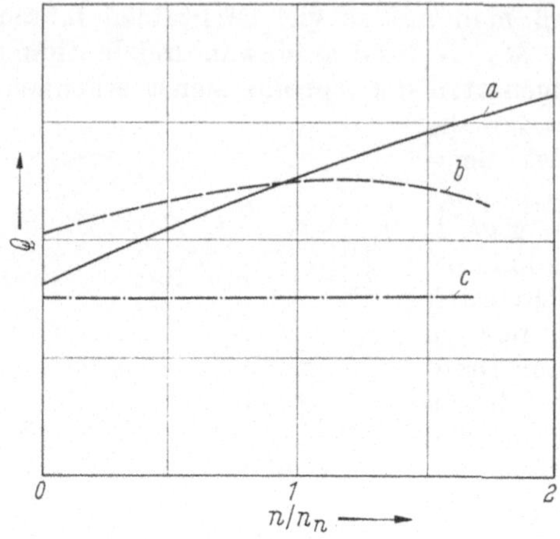

Abb. 117

a Francisschnelläufer und Kaplanturbine; *b* Francislangsamläufer; *c* Peltonturbine

29. Verhalten der Turbine bei $H_e =$ veränderlich und $n =$ const

Ohne weitere Erklärung und nur als Ergänzung zu den beiden oben beschriebenen Versuchsvarianten wird zum Schluß noch auf die in Abb. 118 dargestellten und in Funktion des Nutzgefälles aufgetragenen

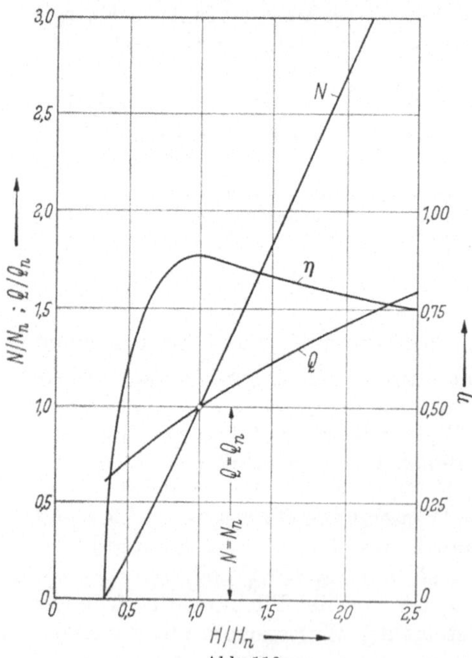

Abb. 118

Wirkungsgrad-, Nutzleistungs- und Wasserstromkennlinien von Überdruckturbinen hingewiesen.

Sie sind insofern zu beachten, als hier der Wirkungsgrad η im Bereich von $H < H_n$ rasch absinkt und dieser wie die Nutzleistung N_n bei $H \cong 1/3\,H_n$ zu Null werden.

Es lohnt sich daher nicht mehr, in Niederdruckanlagen, die kleine Fallhöhen verarbeiten müssen, den Betrieb bei Hochwasser aufrechtzuerhalten, weil hier durch Rückstau (Abschn. 2, S. 5) die Fallhöhe auf derartig kleine Beträge absinken kann, daß keine nennenswerte oder gar keine Leistung mehr erzeugt wird.

Umgekehrt darf man mit Rücksicht auf die zulässigen Werkstoffbeanspruchungen die beim Höchstgefälle erzeugbare Leistung vielfach nicht mehr ausfahren. Eine derartige Leistungsbegrenzung nach oben kann u. a. bei Talsperrenanlagen notwendig werden.

30. Muschelkurven

Sie lassen sich aufzeichnen, wenn die in Abschn. 28, S. 98, beschriebenen Kennlinien in Funktion von n oder n_1 vorliegen. Wirft man, wie Abb. 119 zeigt, jeweils Punkte gleichen Wirkungsgrades (z. B. die Punkte *1—6* bei $\eta = 0{,}75$) von den η-Kennlinien auf die ihnen zugeordneten

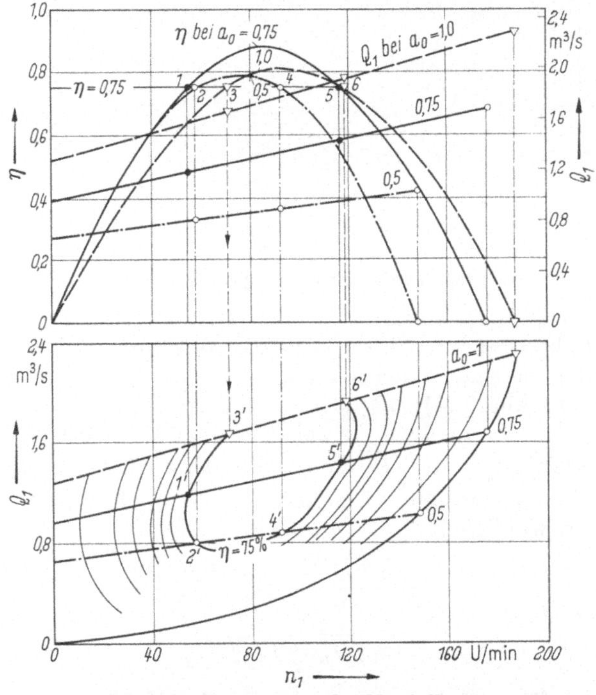

Abb. 119. Konstruktion der Muschelkurve

Q_1-Kennlinien (a_0-Linien) und verbindet diese jeweils einem bestimmten Wirkungsgrad entsprechenden Punkte (*1'—6'*) durch eine stetig verlaufende Kurve, so stellt jede dieser Kurven gleichen Wirkungsgrades eine Höhenlinie des über der $Q_1 - n_1$-Ebene aufgetragenen Wirkungsgradberges dar. Ihrer Form wegen bezeichnet man diese Kurvenschar als Muschelkurve.

Als Beispiel ist in Abb. 120 die Muschelkurve eines Francisschnellläufers dargestellt.

Die Muschelkurve umfaßt somit den gesamten Betriebsbereich einer Turbine. Sie leistet bei der Auslegung von Wasserkraftanlagen gute Dienste.

Liegen bei einer Wasserkraftanlage die Wassermengen-, Nennfallhöhendauerlinien, Ausbaugröße Q_a und Ausbaunennfallhöhe H_{n_a}, vor und die Anzahl der einzubauenden Turbinen, ihre Betriebsdrehzahl n_n und ihre spezifische Drehzahl n_s fest, so lassen sich für jeden durch die

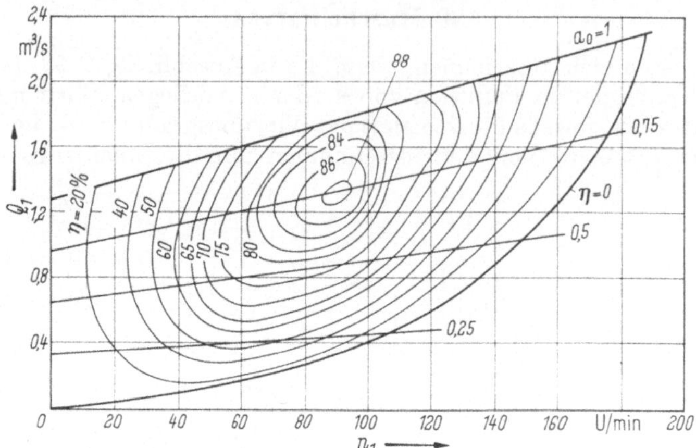

Abb. 120. Muschelkurve eines Francisschnelläufers

Dauerlinien bestimmten Betriebszustand Wirkungsgrad und Leistung aus der entsprechenden Muschelkurve zahlenmäßig ermitteln und der Leistungsplan (Abb. 121) aufstellen.

Da die Turbine in dem ihr zugewiesenen Betriebsbereich mit der Ausbaudrehzahl $n_{n_a} = n_{1_a} \sqrt{H_{n_a}}$ und somit bei allen durch die Nennfallhöhendauerlinie festgelegten Nennfallhöhen H_n auch mit der konstanten Umfangsgeschwindigkeit

laufen muß, wird

$$u_1 = \frac{\pi\, D_1\, n_{1_a}\, \sqrt{H_{n_a}}}{60} = \frac{\pi\, D_1\, n_1\, \sqrt{H_n}}{60}$$

$$n_1 \sqrt{H_n} = n_{1_a} \sqrt{H_{n_a}}.$$

Daraus folgt für jede beliebige Nennfallhöhe H_n die Einheitsdrehzahl

$$n_1 = n_{1_a} \sqrt{\frac{H_{n_a}}{H_n}}. \tag{20}$$

In der Regel legt man n_{1_a} so aus, daß die Turbine bei einer Beaufschlagung $q = Q/Q_a = 0{,}75 - 0{,}8$ mit ihrem besten Wirkungsgrad läuft. Mit diesem Wert für n_{1_a} lassen sich dann für alle H_n-Werte der Nennfallhöhendauerlinie die entsprechenden n_1-Werte aus Gl. (20) berechnen. Damit liegt weiter für jeden n_1-Wert auch der zugehörige Q_1-Wert bei $q = Q/Q_a = 1$ (Vollast) in der Muschelkurve vor.

Des weiteren folgt aus

$$Q_a = Q_{1_a} \sqrt{H_{n_a}} \quad \text{und} \quad Q = Q_1 \sqrt{H_n}$$

die Beziehung

$$Q = \frac{Q_1}{Q_{1_a}} \sqrt{\frac{H_n}{H_{n_a}}}\, Q_a . \tag{21}$$

Mit dieser Gleichung und den der Muschelkurve entnommenen Q_1-Werten kann man die Vollastwasserströme $Q_{q=1}$ für alle, wiederum der Nennfallhöhendauerlinie entnommenen H_n-Werte berechnen und damit den Verlauf der Wassermengendauerlinie für $q = 1$ auftragen. Den Rechnungsablauf zeigt folgendes Zahlenbeispiel.

31. Zahlenbeispiel

Für den Entwurf einer Wasserkraftanlage liegen die in Abb. 121 dargestellten Dauerlinien vor. Die Wasserkraftanlage soll für 100 Tage ausgebaut und mit einer Francisturbine betrieben werden, die mit $n_n = n_{n_a} = 100\ \mathrm{min^{-1}}$ laufen muß.

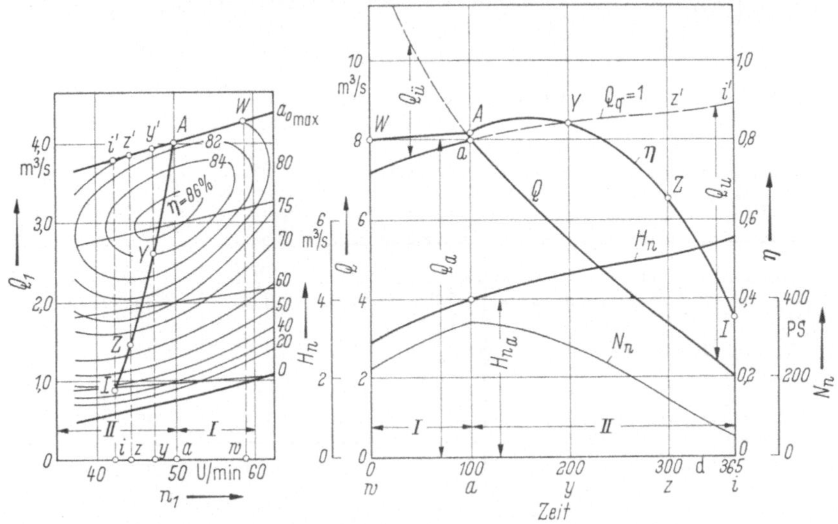

Abb. 121. Ermittlung des Leistungsplanes anhand der Muschelkurve

Man berechne die Ausbauleistung N_{n_a} und die spezifische Drehzahl n_s der Turbine sowie ihren Wirkungsgrad und ihre Leistung bei 0, 100, 200, 300 und 365 Tagen.

Lösung: Bei einem 100 tägigen Ausbau steht, wie Abb. 121 zeigt, ein Ausbauwasserstrom $Q_a = 8\ \mathrm{m^3/s}$ und eine Ausbaunennfallhöhe $H_{n_a} = 4\ \mathrm{m}$ zur Verfügung. Dementsprechend wird mit einem geschätzten Wirkungsgrad $\eta = 0{,}81$ die Ausbauleistung

$$N_{n_a} = \frac{\gamma\, Q_a\, H_{n_a}}{75}\, \eta = 13{,}3 \cdot 8 \cdot 4 \cdot 0{,}81 = 345\ \mathrm{PS}$$

und mit $n_{n_a} = 100\ \mathrm{min^{-1}}$ die spezifische Drehzahl

$$n_s = \frac{n_{n_a}}{H_{n_a}} \sqrt{\frac{N_{n_a}}{\sqrt{H_{n_a}}}} = \frac{100}{4} \sqrt{\frac{345}{2}} = 320 .$$

Dies ergibt einen Schnelläufer, der mit der Einheitsdrehzahl $n_{1_a} = n_{n_a}/\sqrt{H_{n_a}} = 50$ min^{-1} und dem Einheitswasserstrom $Q_{1_a} = Q_n/\sqrt{H_{n_a}} = 4$ m³/s läuft. Seine Muschelkurve liegt in Abb. 121 vor.

Die weitere Rechnung wird, weil sie sehr übersichtlich ist, anhand dieser Muschelkurve und den Gln. 20 und 21 tabellarisch durchgeführt.

Entnimmt man der abgebildeten Nennfallhöhendauerlinie die H_n-Werte bei 0, 200, 300 und 365 Tagen, so erhält man mit Gl. (20) die entsprechenden n_1-Werte. Demzufolge kommt:

Tage	0 (w)	100 (a)	200 (y)	300 (z)	365 (i)
H_n m	2,9	4	4,6	5,1	5,5
H_{n_a}/H_n	1,38	1	0,87	0,785	0,728
$\sqrt{H_{n_a}/H_n}$	1,175	1	0,932	0,885	0,842
$n_1 = n_{1_a}\sqrt{\dfrac{H_{n_a}}{H_n}}$	58,8	50	47,1	44,2	42,2

Mit diesen n_1-Werten kann man aus der vorliegenden Muschelkurve die zugeordneten $Q_{1q=1}$-Werte für $q = 1$ bzw. $a_{0_{max}}$ (Strecken $W - w$, $y' - y$, $z' - z$ usw.) entnehmen und daraus mit Gl. (21) die $Q_{q=1}$-Werte berechnen. Damit erhält man die fiktive Wassermengendauerlinie $Q_{q=1}$. Dementsprechend kommt mit $Q_{1_a} = 4{,}0$ m³/s und $H_{n_a} = 4$ m:

Tage	0	100	200	300	365
$Q_{1q=1}$ aus Muschelkurve in m³/s	4,25	4,0	3,92	3,85	3,8
Q_1/Q_{1_a}	1,06	1,0	0,98	0,96	0,95
H_n/H_{n_a} aus Tabelle oben	0,725	1,0	1,15	1,275	1,375
$\sqrt{H_n/H_{n_a}}$	0,85	1,0	1,07	1,13	1,172
$Q_1/Q_{1_a}/\sqrt{H_n/H_{n_a}}$	0,9	1,0	1,05	1,085	1,112
$Q_{q=1}$ aus Gl. (21) in m³/s	7,2	8,0	8,4	8,68	8,9

Im Bereich *I* läuft die Turbine mit voller Beaufschlagung $q = 1$, im Bereich *II* dagegen mit einer Beaufschlagung $q < 1$. Sie wird hier jeweils $q = Q/Q_{q=1}$, wobei Q durch die tatsächliche Wassermengendauerlinie gegeben ist. q läßt sich also berechnen. Liegt q vor, so erhält man den Wirkungsgrad η, wenn man in der Muschelkurve die Ordinaten $i'i$, $z'z$, $y'y$ im Verhältnis von q verkleinert und für die in der Muschelkurve eingetragenen Teilungspunkte J, Z, Y die zugeordneten Wirkungsgradkurven aufsucht.

Dementsprechend findet man aus der Wassermengendauerlinie und Muschelkurve:

Tage	0	100	200	300	365
Q aus Dauerlinie in m³/s	7,2	8,0	5,5	3,3	2,0
$q = Q/Q_{q=1}$	1	1	0,655	0,38	0,225
η aus Muschelkurve	0,8	0,81	0,84	0,64	0,35
$N_n = \dfrac{\gamma\,Q\,H_n}{75}\,\eta$ in PS	222	345	283	144	51

Die entsprechenden Wirkungsgrad- und Leistungsdauerlinien zeigt Abb. 121. Zusammenfassend stellt man fest, daß im Bereich I trotz voller Beaufschlagung der Überschußwasserstrom $Q_{ü}$ unverarbeitet über das Wehr muß und im Bereich II der Wassermangel Q_u herrscht. In diesem Bereich muß die Turbine mit ständig sinkender Beaufschlagung und stark abfallendem Wirkungsgrad arbeiten. Aus diesem Grund pflegt man den Wasserstrom Q_a auf mehrere, meist gleich große Turbinen aufzuteilen (s. Leistungsplan Abb. 6, S. 6).

32. Kavitation

Unter Kavitation, auch Hohlsog genannt, versteht man die sehr verwickelten Vorgänge in strömendem Wasser, bei dem sich im Strömungsfeld dampf- und luftgefüllte Hohlräume an Orten tiefen Druckes ausbilden. Sie spielt eine auschlaggebende Rolle bei Überdruckturbinen.

Kavitation entsteht immer dort, wo infolge hoher Strömungsgeschwindigkeit der Flüssigkeitsdruck p_k kleiner als der Dampfdruck p_d im Wasser wird (Abb. 122), also vor allem im Bereich der Laufradschaufeln.

Sie setzt mit stürmischer Verdampfung ein und führt zum Abreißen der Strömung von der Oberfläche des Laufradschaufelrückens (Abb. 122, Pkt. a). Gleichzeitig fallen Leistung und Wirkungsgrad sehr stark ab. Kommt die äußerst turbulente Dampfluftblasenwolke wieder in das Gebiet höheren Druckes (Pkt. b), so stürzen ihre Dampfblasen infolge Kondensation zusammen. Diese Kondensation ist mit stark knatternden Geräuschen verbunden. An der Einsturzstelle der Dampfblasen (Pkt. b) prallen die bisher durch die Dampfblasen getrennten Wasserteilchen hart aufeinander. Dabei entstehen sehr hohe, hochfrequente, örtlich begrenzte Verdichtungsstöße. Sie hämmern die sauerstoffreichen Luftteilchen, die sich im Hohlsogbereich $a{-}b$ ausgeschieden haben, in die Poren der Schaufelwände hinein, aus denen sie durch den vorbeiströmenden Wasserstrom sofort wieder herausgespült werden. Dieser lebhafte Sauerstoffwechsel und die hammerschlagartige Wirkung der Verdichtungsstöße rauht nach kürzester Zeit die Schaufeloberflächen auf und führt bei lang andauernder Einwirkung zu einer tiefgehenden Materialzerstörung (Abb. 123). Kavitation muß daher als Ursache der sehr schädlichen Korrosion unbedingt vermieden werden. Man hat nun festgestellt, daß die Kavitation in hohem Maße von der Druck-

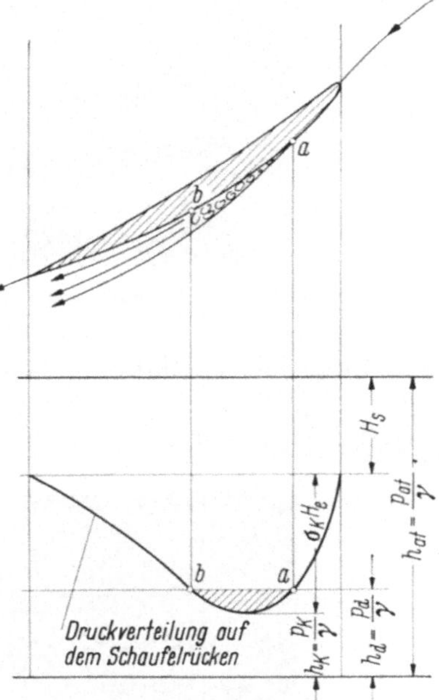

Abb. 122. Kavitation

verteilung im Schaufelgitter (Abb. 122), also von der Profilform der Laufradschaufel, von der Saughöhe H_s und von der spezifischen Drehzahl abhängt.

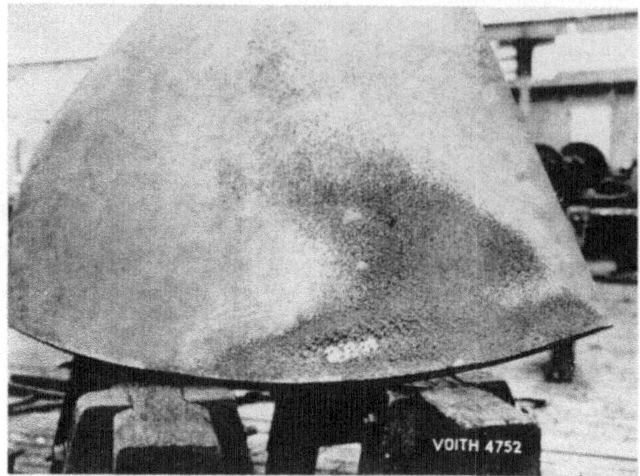

Abb. 123. Durch Kavitation korrodierte Kaplanlaufradschaufel

Besonders kavitationsgefährdet sind dabei die Laufradschaufeln der Kaplanturbine und der Schnelläuferfrancisturbinen sowie der Laufradspalt in Kaplanrädern und Francisrädern mit kleinem n_s und Profil-

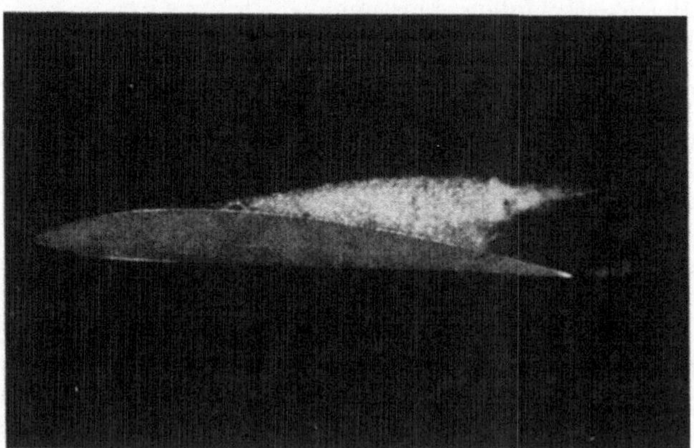

Abb. 124. Kavitation am Schaufelrücken

schaufeln. Die Kavitation beginnt in der Regel auf dem Rücken hochbelasteter, dicker oder stark gekrümmter Laufradschaufelprofile an der Laufradnabe und am Laufradspalt, erfaßt mit steigender Beaufschlagung die ganze Schaufelrückenoberfläche und kann sich schließlich bis weit in den Saugrohrbereich hinein fortsetzen (Abb. 124, 125).

Die Grenzbedingung, unterhalb welcher der kavitationsfreie Betrieb gewährleistet ist, erhält man anhand des von Prof. Dr. Ing. Thoma

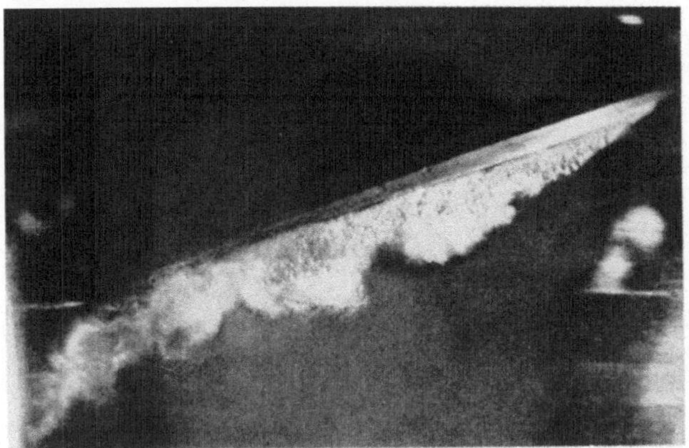

Abb. 125. Spaltkavitation

gefundenen Kavitationsbeiwerts σ_K, der sich aber nur aus Versuchen bestimmen läßt und, wie Abb. 126 zeigt, progressiv mit der spezifischen Drehzahl n_s ansteigt.

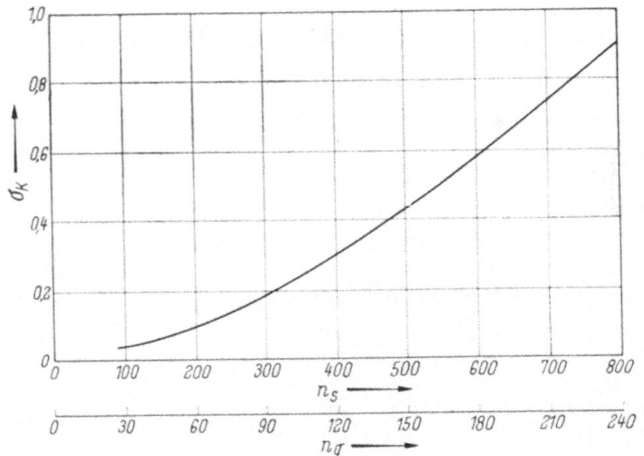

Abb. 126. Kavitationsbeiwert σ_k (σ_k-Kurve)

Mit dem Nutzgefälle H_e m, der Saughöhe H_s m, dem Dampfdruck $h_d = \dfrac{p_d}{\gamma}$ m WS und dem Atmosphärendruck $h_{at} = \dfrac{p_{at}}{\gamma}$ m WS ergibt sich dann die Grenzbedingung

$$H_s \leqq h_{at} - h_d - \sigma_K H_e. \tag{22}$$

7 a*

Zahlenbeispiel. Für eine stehende Kaplanturbine (z. B. Abb. 81, S. 58), die bei $H_e = 38$ m $Q = 75$ m³/s mit einem Wirkungsgrad $\eta = 0,89$ verarbeiten und mit $n_n = 200$ min⁻¹ laufen soll, ist die kavitationsfreie Lage des Laufrades gegenüber dem Unterwasserspiegel zu berechnen, wenn der Atmosphärendruck auf $h_{at} = 720$ mm QS absinken und die Wassertemperatur bis auf $t = 20\,°$C ansteigen kann.

Lösung:

Bei einer Nutzleistung

$$N_n = \frac{\gamma\,Q\,H_e}{75}\,\eta = 13,3 \cdot 75 \cdot 38 \cdot 0,89 = 33\,700 \text{ PS}$$

und einer spezifischen Drehzahl

$$n_s = \frac{n_n}{H_e}\sqrt{\frac{N_n}{\sqrt{H_e}}} = \frac{200}{38} \cdot \sqrt{\frac{33\,700}{\sqrt{38}}} = 390$$

wird gem. Abb. 126 der Kavitationsbeiwert $\sigma_n = 0,29$.

Da laut Dampftabelle der Dampfdruck bei $t = 20\,°$C $h_d = 0,24$ m und der Atmosphärendruck $h_{at} = 13,6 \cdot 0,72 = 9,8$ m wird, erhält man mit Gl. (22) die höchstzulässige Saughöhe

$$H_s \leqq 9,8 - 0,24 - 0,29 \cdot 38 \leqq -1,44 \text{ m}.$$

Die Saughöhe H_s wird negativ! Das Laufrad muß somit mindestens 1,44 m unterhalb vom Unterwasserspiegel liegen.

VII. Berechnung und Konstruktion der Überdruckturbinen

33. Das Francislaufrad

33.1 Hauptabmessungen

Laufraddurchmesser D_1, Laufradbreite b_1 und Saugrohrdurchmesser D_s bilden den Ausgangspunkt für den Entwurf und die Konstruktion des Laufrades. Diese Hauptabmessungen (Abb. 127) lassen sich berechnen, wenn die Konstruktionsdaten Q_n, H_e, n_n und damit n_s sowie von bewährten Ausführungen Zahlenwerte für die spezifische Geschwindigkeiten $\bar{u}_1$, $\bar{c}_{m_1}$ und $\bar{c}_s$ in Funktion von n_s vorliegen (Abb. 127).

Mit dem Nutzgefälle H_e m, der Nenndrehzahl n_n min⁻¹ und der Umfangsgeschwindigkeit $u_1 = \bar{u}_1\sqrt{2g\,H_e}$ m/s folgt dann aus der Beziehung

$$u_1 = \frac{\pi\,D_1\,n_n}{60}\quad [\text{m/s}]$$

der Laufraddurchmesser

$$D_1 = \frac{60\,\sqrt{2g}}{\pi}\,\frac{\sqrt{H_e}}{n_n}\,\bar{u}_1\quad [\text{m}]$$

und daraus mit der Einheitsdrehzahl

$$n_1 = \frac{n_n}{\sqrt{H_e}}\quad [\text{Gl. (14)}],$$

$$D_1 = \frac{84,6\,\bar{u}_1}{n_1}\quad [\text{m}]. \tag{23}$$

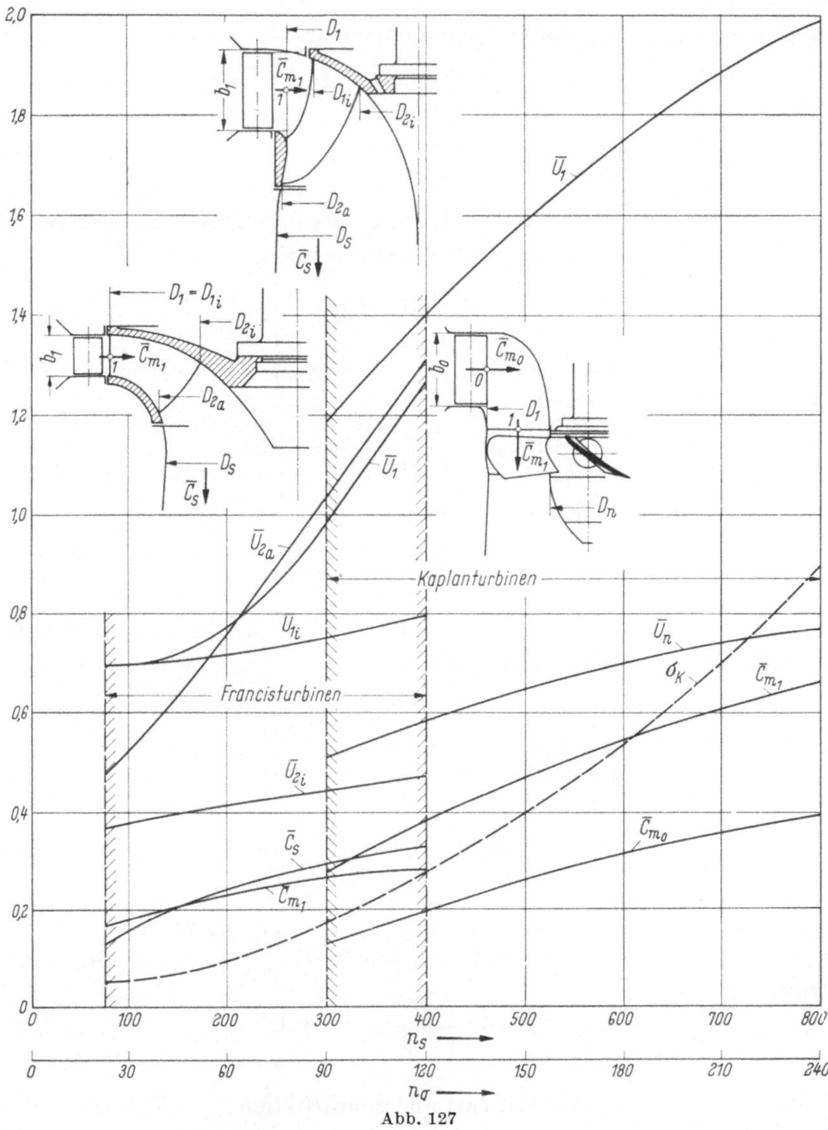

Abb. 127

Aus der Stetigkeitsbedingung $Q_n = c_{m_1}\, F_1\ \mathrm{m^3/s}$ findet man weiter mit dem Laufradeintrittsquerschnitt $F_1 = \pi\, D_1\, b_1\ \mathrm{m^2}$ und der Meridiangeschwindigkeit

$$c_{m_1} = \bar{c}_{m_1}\, \sqrt{2g\,H_e}\quad [\mathrm{m/s}]$$

die Laufradbreite

$$b_1 = \frac{Q_n}{\pi\, D_1\, \bar{c}_{m_1}\, \sqrt{2g\,H_e}}\quad [\mathrm{m}]$$

und daraus mit dem Einheitswasserstrom

$$Q_1 = \frac{Q_n}{\sqrt{H_e}} \quad [(\text{Gl. } 15)],$$

$$b_1 = \frac{0{,}072\,Q_1}{\bar{c}_{m_1}\,D_1} \quad [\text{m}]. \tag{24}$$

Ganz entsprechend ergibt sich mit der Saugrohrgeschwindigkeit $c_s = \bar{c}_s\,\sqrt{2g\,H_e}$ [m/s] und dem Saugrohrquerschnitt

$$F_s = \frac{\pi\,D_s^2}{4} \quad [\text{m}^2]$$

aus der Stetigkeitsbedingung $Q_n = c_s\,F_s$ m³/s für das fliegende Laufrad der Saugrohrdurchmesser

$$D_s = \sqrt{\frac{4}{\pi\,\sqrt{2g}}\,\frac{Q_n}{\bar{c}_s\,\sqrt{H_e}}} \quad [\text{m}]$$

und daraus wieder mit dem Einheitswasserstrom

$$D_s = 0{,}536\,\sqrt{\frac{Q_1}{c_s}} \quad [\text{m}]. \tag{25}$$

Bei einem Laufrad mit durchgehender Welle vom Durchmesser d_w m wird der freie Saugrohrquerschnitt

$$F_s = \frac{\pi}{4}\,(D_s^2 - d_w^2) = \frac{Q_n}{c_s} = \frac{Q_n}{\bar{c}_s\,\sqrt{2g\,H_e}} \quad [\text{m}^2]$$

und damit der Saugrohrdurchmesser, wenn man wieder den Einheitswasserstrom einsetzt,

$$D_s = \sqrt{0{,}287 \cdot \frac{Q_1}{\bar{c}_s} + d_w^2} \quad [\text{m}]. \tag{25a}$$

Bei saugrohrseitigem Antrieb genügt es zunächst, d_w auf Grund der Drehfestigkeit zu berechnen. Es wird dann, wenn das Drehmoment M_d in cmkp und die zulässige Drehbeanspruchung τ_{d_zul} in kp/cm² eingesetzt wird,

$$d_w = \sqrt[3]{\frac{16}{\pi\,\tau_{d_\text{zul}}}\,M_d} \quad [\text{cm}]. \tag{26}$$

33.2 Entwurf und Konstruktion

Trotz umfangreicher theoretischer Unterlagen läßt sich die dreidimensionale, zudem nicht stationäre und grenzschichtbehaftete Turbulenzströmung durch das Schaufelgitter eines Francislaufrades mit seinen räumlich gekrümmten Schaufeln rechnerisch nur angenähert erfassen. Man ist daher beim Entwurf des Schaufelgitters, dessen Form in hohem Maße von der spezifischen Drehzahl n_s abhängt, mehr oder weniger auf einfache Grundlagen der Strömungslehre und der darstellenden Geometrie angewiesen. Dies bedingt, daß man in der Regel mehrere Entwurfsvarianten ausarbeiten und den endgültigen Entwurf, vor allem im Hinblick auf die scharfen Wirkungsgrad- und Betriebsgarantien und auf die Tatsache, daß es sich im Wasserturbinenbau fast ausschließlich um die Einzelfertigung immer größer werdender, teurer Aggregate handelt, durch Laboratoriumsversuche an Modellrädern, ja sogar an kompletten Modellturbinen nachprüfen bzw. korrigieren muß.

Für den Entwurf des Laufradschaufelgitters und damit der Laufradschaufel müssen der Meridianschnitt des durchfluteten, vom Leitrad bis zum Saugrohr reichenden, rotationssymmetrischen Hohlraums, ein hinreichend geeignetes Strömungsbild für diesen Meridianschnitt, das Laufradprofil und die Geschwindigkeitsdiagramme der Teilturbinen am Ein- und Austritt des Schaufelgitters vorliegen.

Das Laufrad mit seinem Schaufelgitter wird in der Regel im Maßstab 1 : 1 aufgezeichnet.

Der Umriß des Meridianschnitts (Abb. 128, 129) wird durch die Spurlinie S_i des Laufradbodens K_i und durch die Spurlinie S_a des Lauf-

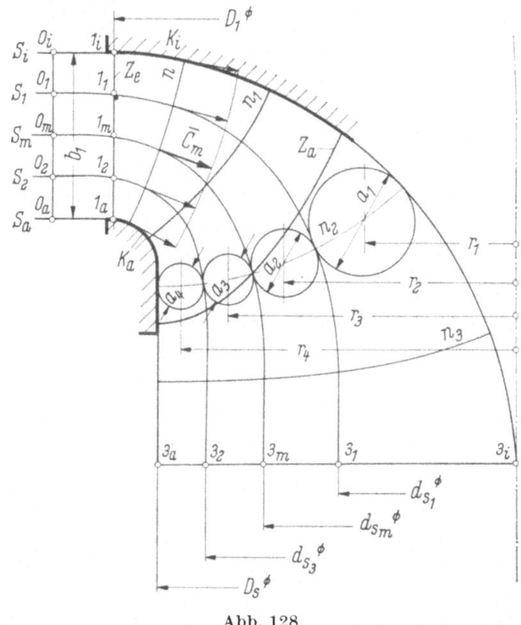

Abb. 128

radkranzes K_a begrenzt. Beide Spurlinien werden aus Kreisbögen oder kreisbogenähnlichen Kurvenstücken gebildet. Sie müssen vom Leitrad- bis zum Saugrohrprofil derart verlaufen, daß die mittlere Meridiangeschwindigkeit $\bar{c}_m$ stetig in die mittlere Saugrohrgeschwindigkeit $\bar{c}_s$ übergeht.

Bei Laufrädern mit $n_s > 175$ soll der Kropf K_r des Laufradkranzes K_a (Abb. 129) den Kreiszylinder vom Durchmesser D_1 berühren und einen möglichst großen Krümmungsradius erhalten.

In den durch die Spurlinien S_i und S_a begrenzten Meridianschnitt ist nun ein ebenes Strömungsbild einzuzeichnen. Legt man, was erlaubt ist, seiner Konstruktion eine reibungsfreie, rotationssymmetrische Strömung zugrunde, so setzt es sich aus einem Netz senkrecht aufeinanderstehender Stromlinien S_i, S_1, S_m, $S_2 \ldots S_a$ und Potentiallinien n_0, $n_1 \ldots n_a$ zusammen (Abb. 129).

In diesem Netz stellen die Stromlinien Flutbahnen der im durchfluteten Hohlraum herrschenden Meridianströmung und die Potential-

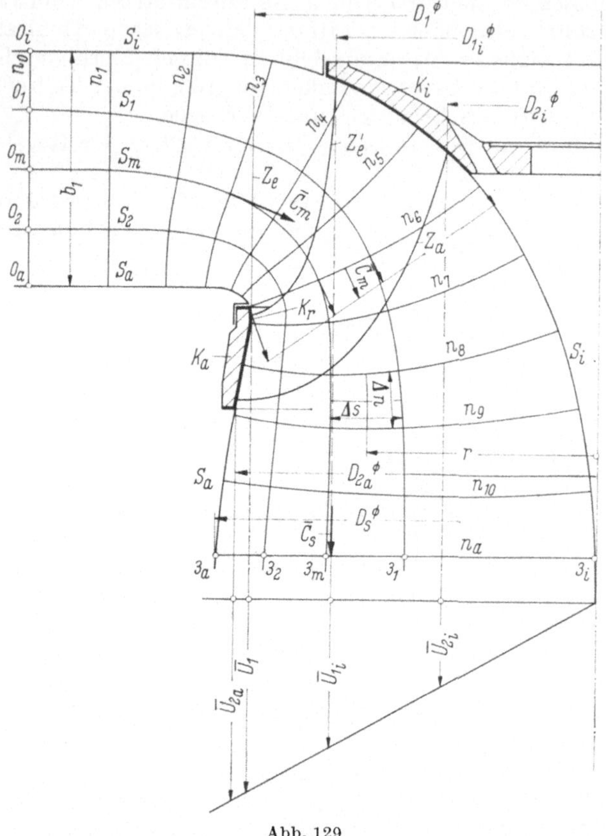

Abb. 129

linien Orte gleichen Energieniveaus dar. Jede Stromlinie ist die Spur einer Rotationsfläche. Durch jeden, von 2 Rotationsflächen begrenzten Ringhohlraum fließen gleich große Teilwasserströme. Diese Ringhohlräume heißt man Teilturbinen.

In der Annahme, daß die Meridiangeschwindigkeit $\bar{c}_m$ entlang einer Potentiallinie konstant sei (Abb. 128) — eine Annahme, die keineswegs der Wirklichkeit entspricht — ergibt sich ein Strömungsbild, das sich rasch aufzeichnen läßt und meistens als Unterlage für den Entwurf von Schaufelgittern für Laufräder mit $n_s < 175$ ausreicht.

In diesem Fall zeichnet man zunächst die durch die Eintrittsbreite b_1, den Saugrohrdurchmesser D_s und die Laufradachse orientierten Spurlinien S_i und S_a auf. Dann unterteilt man b_1 im planparallelen Bereich des Leitrades in n gleiche Teile, wobei n von der Größe von b_1 abhängt. Damit erhält man n Teilströme (Teilturbinen), $n + 1$ Stromlinien und mit den Punkten $O_i - O_a$ die Lage der Stromlinien vor dem Eintritt in den Rotationshohlraum. Ihre Lage im Saugrohrprofil wird aus der Stetigkeitsbedingung gefunden. Sie ist erfüllt, wenn in den Punkten 3_1, 3_m, 3_2 ... die Stromlinien S_1, S_m, S_2 ... der Reihe nach auf den Durchmessern $d_{s_1} = \sqrt{1/n}\, D_s$, $d_{s_m} = \sqrt{2/n}\, D_s$, $d_{s_2} = \sqrt{3/n}\, D_s$ enden. Durch die Punkte $O_1 - 3_1$, $O_m - 3_m$, $O_2 - 3_2$ zieht man nach Augenmaß die Stromlinien und korrigiert ihren Verlauf innerhalb dieses Bereichs so lange, bis das Produkt $a\,r$ jeweils entlang einer Potentiallinie n konstant ist (Abb. 128). Für diese Kontrolle reichen meist 3 bis 5 Potentiallinien aus.

Dieses einfache Strombild reicht für den Entwurf von Laufrädern mit $n_s > 175$ nicht mehr aus. Bei diesen Rädern muß man die infolge der Krümmung der Stromlinien auftretende Fliehkraft berücksichtigen. Sie führt dazu, daß die Meridiangeschwindigkeit $\bar{c}_m$ entlang einer Potentiallinie nicht mehr konstant bleibt und nunmehr, wie Abb. 129 zeigt, verläuft. Diesem Geschwindigkeitsprofil wird man gerecht, wenn man das Netz des bisher betrachteten Strombildes enger zieht und dafür sorgt, daß in seinen, wiederum durch Strom- und Potentiallinien gebildeten Feldern die Bedingung $r\,\Delta s/\Delta n = \text{konstant}$ erfüllt wird (Abb. 129). Sobald das Strombild festliegt, läßt sich das Laufradprofil (Abb. 128, 129) in den Meridianschnitt einzeichnen. Es wird durch die beiden Spurlinien S_i und S_a sowie durch die Zirkularprojektionen Z_e und Z_a der Schaufeleintrittskante E und der Schaufelaustrittskante A begrenzt. Anhaltspunkte für die Lage der beiden Zirkularprojektionen geben die Durchmesser D_1, D_{1_i}, D_{2_i} und D_{2_a}, die sich mit den entsprechenden, im Kurvenblatt Abb. 127 aufgetragenen Werten für $\bar{u}_1$, $\bar{u}_{1_i}$, $\bar{u}_{2_i}$, $\bar{u}_{2_a}$ aus Gl. (23) bestimmen lassen.

Bei Laufrädern bis $n_s = 175$ liegt Z_e auf dem Kreiszylinder vom Durchmesser D_1. Diese Lage von Z_e führt aber bei Laufrädern mit $n_s > 175$ zu langen und damit strömungstechnisch ungünstigen Schaufelkanälen, weil, wie Abb. 127 zeigt, die Umfangsgeschwindigkeit $\bar{u}_1$ mit wachsenden Werten von n_s rasch zunimmt und dabei, wie Abb. 130 zeigt, der Schaufelwinkel β_1' abnimmt.

Will man also bei diesen Laufrädern kürzere Schaufelkanäle erzielen, so muß man die Schaufeleintrittskante E zurückschneiden, also ihre Zirkularprojektion Z_e radial nach innen bis Z_e' verlegen (Abb. 130). In dem nunmehr zwischen Z_e und Z_e' vorhandenen schaufellosen Raum entsteht, da hierin kein Drehmoment nach außen abgegeben wird, ein Potentialwirbel, bei dem der Drall ϑ_u in der Umfangsrichtung und der Drall ϑ_m entlang einer Stromlinie konstant bleiben. Da gem. Gl. (III a) und Abb. 130

$$\vartheta_u = r_1\,\bar{c}_{u_1} = r_1'\,\bar{c}_{u_1}'$$

und entsprechend

$$\vartheta_m = r_1\,\bar{c}_{m_1} = r_1'\,\bar{c}_{m_1}'$$

ist, wird

$$\bar{c}_{u_1}' = r_1/r_1'\,\bar{c}_{u_1}$$

und

$$\bar{c}_{m_1}' = r_1/r_1'\,\bar{c}_m.$$

Daraus folgt, daß durch Zurückschneiden der Schaufeleintrittskante der Schaufelwinkel β_1' größer und, wie verlangt, die Schaufellänge l_1

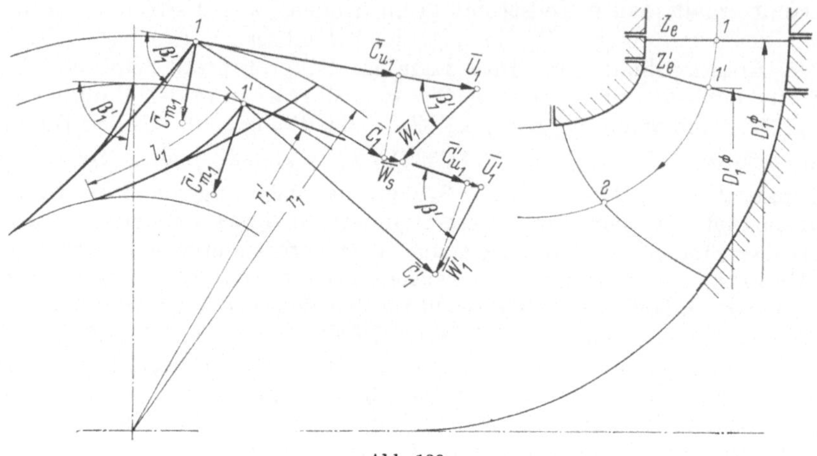

Abb. 130

kleiner wird. Mit dem Zurückschneiden erhält man außerdem noch, wie weiter unten gezeigt wird, eine Verringerung, ja den Wegfall der Stoßkomponente $\overline{w}_s$. In der Regel legt man die Austrittskante A (Abb. 140) und bei Schnelläufern auch die Eintrittskante E (Abb. 140) in eine

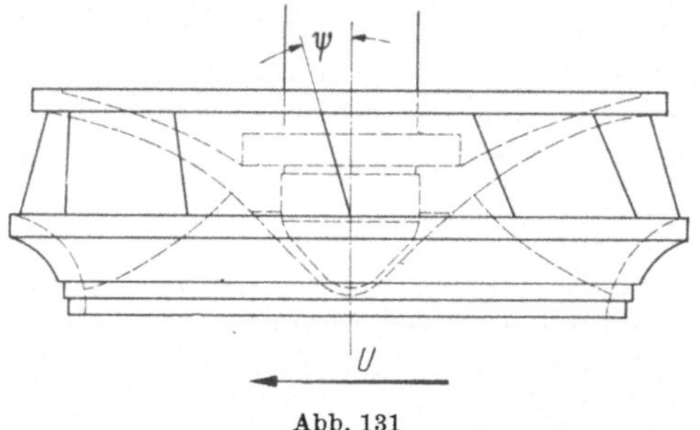

Abb. 131

Meridianebene, diese Kante aber bei Langsamläufern in Richtung von u unter dem Winkel ψ schräg zur Meridianebene (Abb. 131). Mit dieser Schrägstellung ergeben sich flacher gekrümmte Schaufeln.

Nunmehr lassen sich für jede Stromlinie (Flutbahn) die auf den Laufraddurchmesser D_1 bezogenen Geschwindigkeitsdiagramme, die Ursprungsdiagramme konstruieren. Dabei geht man so vor, daß man zunächst anhand der bereits vorliegenden Werte für $\overline{u}_1$, $\overline{u}_2$, $\overline{c}_{m_1}$ und $\overline{c}_s$ das Diagramm der mittleren Flutbahn S_m für die Beaufschlagung $q = 1$ derart auslegt (Abb. 132), daß der Wirkungsgrad in der Gegend von $q = 0,75 - 0,8$ sein Maximum erreicht. Diese Bedingung wird im wesentlichen erfüllt, wenn bei $q = 0,75 - 0,8$ die Stoßkomponente $\overline{w}_s$ verschwindet und $\overline{c}_2$ senkrecht zu $\overline{w}_2$ steht. Anhand dieses mittleren Ursprungsdiagramms werden die Ursprungdiagramme der übrigen Flutbahnen konstruiert (Abb. 132). Sie müssen aber, bedingt durch die Krümmung der Flutbahnen, auf die tangential zur Flutbahn verlaufende und für den Entwurf des Laufradschaufelgitters maßgebende Meridiangeschwindigkeit $\bar{c}'_{m_1}$ bezogen werden. Mit dem Neigungswinkel γ findet man ihre Größe zu $\bar{c}'_{m_1} = c_{m_1}/\cos\gamma$, mit $\bar{c}'_{m_1}$ und der in Abb. 133 dargestellten Konstruktion die entsprechende Größe $\bar{c}'_1$ der Absolutgeschwindigkeit und damit das Eintrittsdreieck in der unter dem Winkel γ verlaufenden Tangentialebene.

Wird außerdem noch die Eintrittskante zurückgeschnitten, so ist dieses Eintrittsdreieck nach dem oben beschriebenen und in Abb. 130 dargestellten Verfahren, das den Potentialwirbel im schaufellosen Raum berücksichtigt, abzuwandeln. Ein derartiges, auf die zurückgeschnittene Eintrittskante bezogenes Geschwindigkeitsdiagramm zeigt Abb. 133.

Für den Schaufelentwurf fehlen jetzt noch die Laufradschaufelzahl z_1 bzw. die Gitterteilung $t_1 = \pi D_1/z_1$ des Laufradschaufelgitters und die Schaufelwandstärke s_1 der Laufradschaufel.

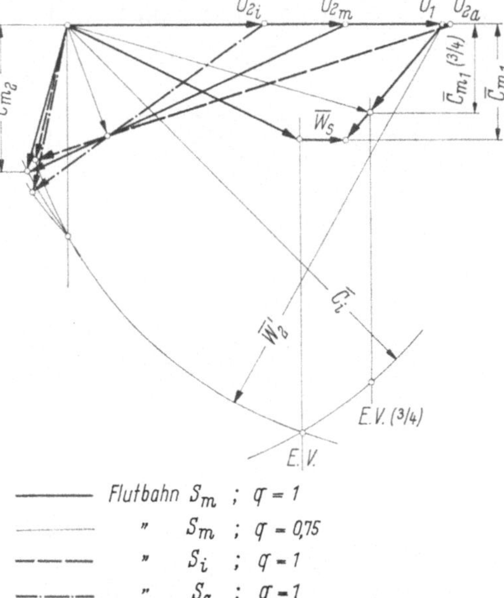

Abb. 132

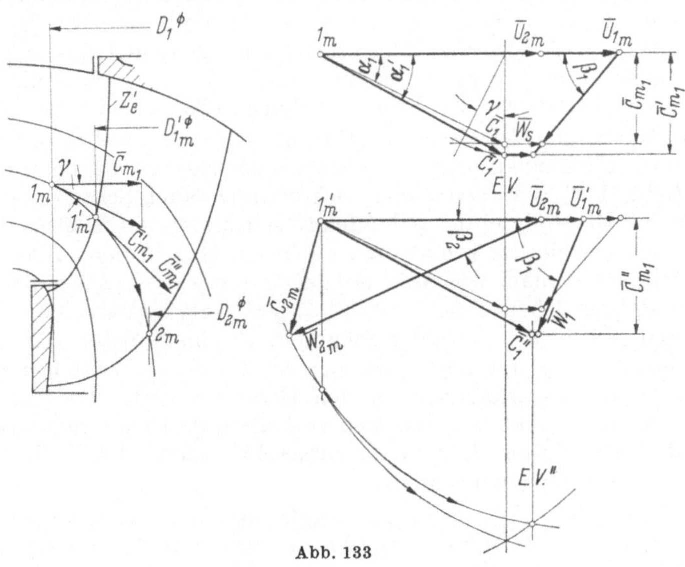

Abb. 133

Da Laufräder fast ohne Ausnahme einteilig ausgeführt, Leiträder dagegen mit Rücksicht auf Fertigung und Montage öfters unterteilt werden, wählt man zur Vermeidung von Resonanzschwingungen eine ungerade Laufradschaufelzahl z_1 und eine gerade, wenn möglich durch

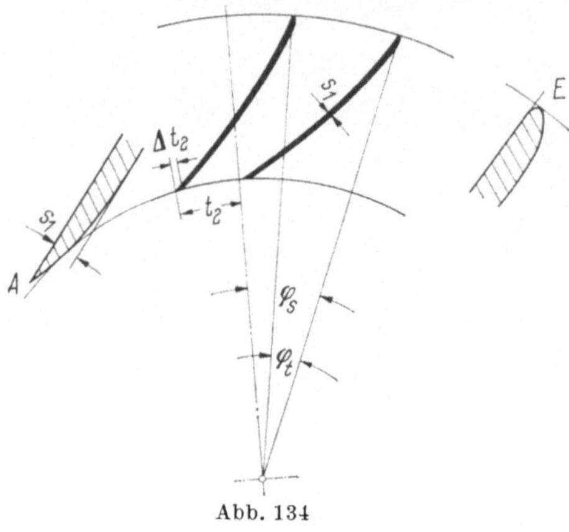

Abb. 134

vier teilbare Leitradschaufelzahl z_0. Um der Gefahr einer Verstopfung der Laufradgitterkanäle vorzubeugen, muß die kleinste Gitterteilung $t_{2_{min}}$ am Gitteraustritt größer als die kleinste Gitterteilung t_r des Einlaufrechens sein. Die größtmögliche Laufradgitterteilung $t_{1_{max}}$ ergibt sich aus der Forderung, daß sich die Laufradschaufeln „überdecken“ müssen, d. h., daß der Schaufelsprung φ_s größer als der Teilungswinkel φ_t wird, da nur bei ausreichender Überdeckung $(\varphi_s/\varphi_t > 1)$ die verlangte Dralländerung im Laufradschaufelgitter erreicht wird (Abb. 134).

Mit t_1 und den aus den endgültigen Geschwindigkeitsdiagrammen vorliegenden Schaufelwinkeln β_1 und β_2 lassen sich jetzt die Kanalprofile der Teilturbinen (Abb. 139), allerdings nur angenähert, auf abwickelbaren Ersatzflächen der nicht abwickelbaren und durch die Flutbahnen festgelegten Flutflächen abbilden. Als Ersatzflächen verwendet man Kegel- und Zylinderflächen. Bei Schnelläufern muß man, wie bereits in Abschn. 12.1, S. 69, ausgeführt, die tatsächlichen Schaufelwinkel β_1' und β_2' übertreiben, also $\beta_1' = \beta_1 + \varDelta\beta_1$ und $\beta_2' = \beta_2 - \varDelta\beta_2$ machen. Dabei genügt es meistens, die Winkelübertreibung $\varDelta\beta = 2 - 5°$ zu nehmen.

Zur Herstellung der räumlich gekrümmten Laufradschaufel benötigt man die Schnittlinien $a, b, c \ldots$ achsnormaler Ebenen mit der Schaufelfläche (Abb. 140). Man nennt diese Schnittlinien auch Schreinerschnitte, weil sie zur Herstellung der Schaufelpressen und Schaufelkerne dienen. Diese Schreinerschnitte erhält man nach den Regeln der darstellenden Geometrie, wenn man, wie Abb. 140 zeigt, durch die Schaufelfläche ein Büschel axialer Ebenen 0, 1, 2, 3 … legt, ihre Schnittlinien (Achsschnitte) $0', 1', 2', 3' \ldots$ mit der Schaufelfläche im Aufriß bestimmt und ihre Schnittpunkte mit den Spurlinien $a', b', c' \ldots$ der achsnormalen Ebenen in Zirkularprojektion in den Grundriß wirft. Die Schreinerschnitte $a, b, c \ldots$ müssen dann so verlaufen, daß man eine stetig gekrümmte, den durch β_1' und β_2' vorgeschriebenen Randbedingungen genügende Schaufelfläche erhält.

Trägt man diese Schreinerschnitte ggf. unter Beachtung des Schwindmaßes auf Holzbrettern auf, deren Stärke durch die Abstände der achsnormalen Ebenen $(a', b', c' \ldots)$ gegeben sind, so entsteht durch Aufschichten dieser Bretter das Holzrelief der Laufradschaufel. Mit diesem Holzrelief kann man den zweiteiligen, zum Warmverformen der Stahlblechschaufeln erforderlichen Graugußschaufelklotz oder die Sandkerne zum Einformen profilierter Grau- und Stahlgußschaufeln herstellen.

Am Laufrad wirken Fliehkräfte und Achsschubkräfte. Die Fliehkräfte müssen vom Laufradkranz, von den Laufradschaufeln und vom Laufradboden aufgenommen, die Achsschubkräfte vom Laufrad über die Laufradwelle auf das Spurlager übertragen werden. Da selbst bei den höchstzulässigen Nennfallhöhen H_n Umfangsgeschwindigkeiten von $u_1 = 60$ m/s nicht überschritten werden, lassen sich die Fliehkräfte ohne weiteres durch statisch gut ausgewuchtete Laufräder beherrschen, wenn man die untenstehenden Masse einhält. Die in der Durchflußrichtung wirkende Achsschubkraft, der Achsschub A_s, wird durch den Spaltdruck hervorgerufen und mit ausreichender Genauigkeit durch die Erfahrungsformel

$$A_s = \bar{n}_s\, D_1^2\, H_n \quad [\text{kp}] \qquad (D_1 \text{ und } H_n \text{ in m}) \tag{27}$$

erfaßt. Bei kleinen Laufrädern kann A_s durch Spaltlöcher im Laufradboden (Abb. 137), bei großen Laufrädern durch Labyrinthspalte (Abb. 135) und besondere Spaltwasserableitungen herabgesetzt werden. Bei Doppellaufrädern wird A_s praktisch nahezu aufgehoben.

Der Schaufelspalt bewegt sich zwischen $s_{sp} = D_1/500$ und $s_{sp} = D_1/1000$. Spaltlöcher und Spaltwasserableitungen sollen mit dem 4- bis 5fachen Spaltquerschnitt ausgeführt werden.

Bis zu einer Nennfallhöhe von $H_n = 30$ m lassen sich Stahlblechschaufeln verwenden. Sie sitzen, durch Schrumpfspannungskräfte gehalten, mit ihren meist schwalbenschwanzförmig ausgestanzten Eingußenden (Abb. 137) im Boden und Kranz des Laufrades. Die notwendige Formsteifigkeit und Festigkeit wird gewährleistet, wenn man die Schaufelwandstärke s_1 (Abb. 134) aus den in Tab. 3 aufgeführten, auf Erfahrung beruhender Faustformeln bestimmt, die Boden- und Kranzdicke mindestens $s \approx 6\text{---}7 s_1$ und die Eingußendenlänge $s' \approx 3 s_1$ macht.

Tabelle 3

	$n_s =$	175	175—250	250—400	
$H_n = 10$ m	$s_1 =$	$\sim 0{,}125\sqrt{D_1}$	$\sim 0{,}15\sqrt{D_1}$	$\sim 0{,}2\sqrt{D_1}$ mm	$(D_1$ in mm$)$
$H_n = 10\text{---}30$ m		$s_1 \approx 20\, b_1 \sqrt{H_n/z_1}$ mm			$(D_1$ und b_1 in mm$)$

Die in Abb. 134 gezeigte Form der Ein- und Austrittskante bei Stahlblechschaufeln trägt wirksam zur Winkelübertreibung $\Delta\beta$ bei.

Bei Laufrädern von Hochdruckspiralturbinen und großen Schnelläufern bevorzugt man profilierte Schaufeln, Abb. 136, die bessere Strömungsverhältnisse und höhere Festigkeit ergeben, und mit Boden und Kranz in einem Stück gegossen werden. Mit Rücksicht auf gute Werkstoffverteilung pflegt man hier die Boden- und Kranzdicke ungefähr gleich der größten Schaufeldicke s_max zu machen.

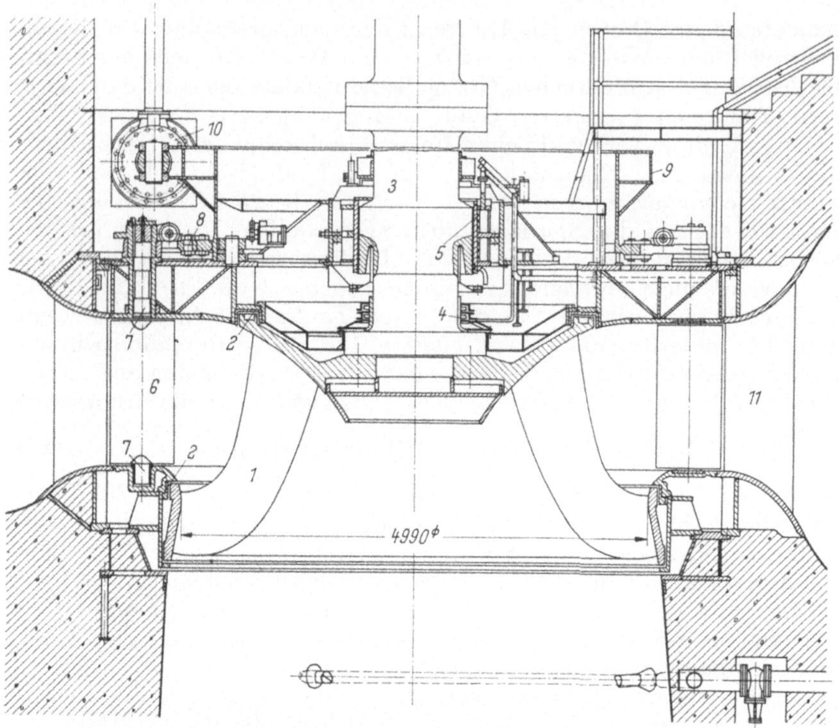

Abb. 135. Francisspiralturbine, Kraftwerk Macagua (Voith)

$$H_n = 40 \text{ bis } 45 \text{ m}, \quad Q_n = 185 \text{ m}^3/\text{s}, \quad n_n = 116 \text{ min}^{-1}, \quad N_n = 87\,200 \text{ PS}$$

1 Laufrad; *2* Spaltlabyrinthe; *3* Flanschwelle; *4* Stopfbüchsen; *5* Führungslager; *6* Leitschaufel; *7* Schaufelstiele; *8* Verstellhebel, Lenker; *9* Verstellring; *10* Leitradstellmotor; *11* Vorschaufelring

Kleine und mittelgroße Laufräder für Schachtturbinen und für Spiralturbinen mit Nennfallhöhen bis $H_n = 100$ m werden in Grauguß, große Laufräder für Betonspiralturbinen sowie Laufräder für Hochdruckspiralturbinen fast durchweg in Stahlguß ausgeführt.

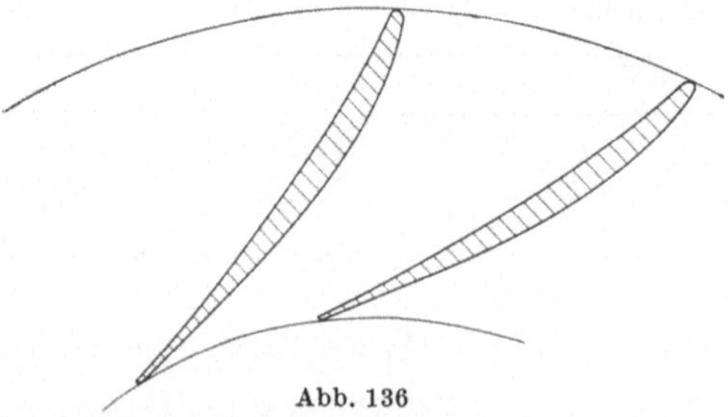

Abb. 136

Bei kleinen Laufrädern wird der Laufradboden und die Laufradnabe aus einem Stück gegossen (Abb. 137). Mittelgroße Laufräder erhalten besondere Nabenscheiben (Abb. 138). Bei großen Laufrädern flanscht man den Laufradboden unmittelbar an die Flanschwelle an (Abb. 135).

Zur weiteren Erläuterung wird ein Zahlenbeispiel durchgerechnet, mit dem aber der tatsächliche Arbeitsaufwand für den Entwurf und die Konstruktion eines Laufrades nur angedeutet werden kann.

33.3 Zahlenbeispiel

Für eine stehende Francisschachtturbine, die bei $H_e = 5$ m Nutzgefälle einen Wasserstrom $Q_n = 2$ m³/s verarbeiten und mit $n_n = 150$ min^{-1} laufen soll, ist das Laufrad zu entwerfen.

1. Berechnung der spezifischen Drehzahl n_s und der Hauptabmessungen. Mit einem vorläufig geschätzten Gesamtwirkungsgrad $\eta = 0,83$ ergibt sich aus Gl. (12b) eine Nutzleistung von

$$N_n = \frac{\gamma \, Q_n H_e}{75}\, \eta = \frac{1000 \cdot 2 \cdot 5}{75} \cdot 0,83 = 110 \text{ PS}$$

und damit aus Gl. (17a), S. 92, für die einströmige Turbine

$$n_s = \frac{n_n}{H_e} \sqrt{\frac{N_n}{\sqrt{H_e}}} = \frac{150}{5} \cdot \sqrt{\frac{110}{\sqrt{5}}} = 210.$$

Man erhält also einen Normalläufer, der mit einer Einheitsdrehzahl

$$n_1 = \frac{n_n}{\sqrt{H_e}} = \frac{150}{\sqrt{5}} = 67 \text{ min}^{-1}$$

läuft und einen Einheitswasserstrom

$$Q_1 = \frac{Q_n}{\sqrt{H_e}} = \frac{2,0}{\sqrt{5}} = 0,895 \text{ m}^3/\text{s}$$

verarbeitet.

Aus Kurvenblatt Abb. 127 findet man für $n_s = 210$

$$\bar{u}_1 = 0,79, \quad \bar{c}_{m_1} = 0,233, \quad \bar{c}_s = 0,247.$$

Damit kommt mit Gl. (23) der Laufraddurchmesser

$$D_1 = \frac{84,6\,\bar{u}_1}{n_1} = \frac{84,6 \cdot 0,79}{67} = 0,997 \text{ m},$$

mit Gl. (24) die Laufradbreite

$$b_1 = \frac{0,072 Q_1}{\bar{c}_{m_1} D_1} = \frac{0,072 \cdot 0,895}{0,233 \cdot 0,997} = 0,277 \text{ m},$$

und mit Gl. (25) der Saugrohrdurchmesser (fliegendes Laufrad)

$$D_s = 0,536 \sqrt{\frac{Q_1}{\bar{c}_s}} = 0,536 \sqrt{\frac{0,895}{0,247}} = 1,02 \text{ m}.$$

Mit Rücksicht auf die Fertigung wird gewählt:

$$D_1 = 1000 \text{ mm}, \quad b_1 = 275 \text{ mm}, \quad D_s = 1020 \text{ mm}.$$

Bei der geringen Maßänderung erübrigt sich eine Korrektur von $\bar{u}_1$ und $\bar{c}_{m_1}$.

2. Entwurf des Strömungsbildes und des Laufradprofils. Das Strömungsbild wird nach dem in Abb. 129 dargestellten Verfahren entworfen und für 5 Stromlinien (Flutbahnen) aufgezeichnet. Dem Entwurf des Laufradprofils werden zunächst die dem Kurvenblatt, Abb. 127, bei $n_s = 210$ entnommenen Werte $\bar{u}_{1_i} = 0,72$, $\bar{u}_{2_i} = 0,415$ und $\bar{u}_{2_a} = 0,8$ zugrunde gelegt und anhand dieser Werte das Laufradprofil mit den beiden Zirkularprojektionen Z_i' und Z_a in dieses Strömungsbild eingezeichnet.

Das Strömungsbild und das endgültige, mit Rücksicht auf gute Kanalprofile festgelegte Laufradprofil sind in Abb. 137 dargestellt.

3. Geschwindigkeitsdiagramme. (Abb. 132, Abb. 139). Zuerst ist das Ursprungsdiagramm für die mittlere Flutbahn S_m zu konstruieren. Zur Konstruktion braucht man aber außer den bereits bekannten bzw. aus Abb. 137 vorliegenden spezifischen Geschwindigkeiten noch die mittlere Meridiangeschwindigkeit $\bar{c}_{m_2}$ im Gitteraustrittsquerschnitt F_2 sowie $\bar{c}_i$. c_{m_2} findet man aus der Stetigkeitsbedingung $c_{m_2} = Q_n/F_2$.

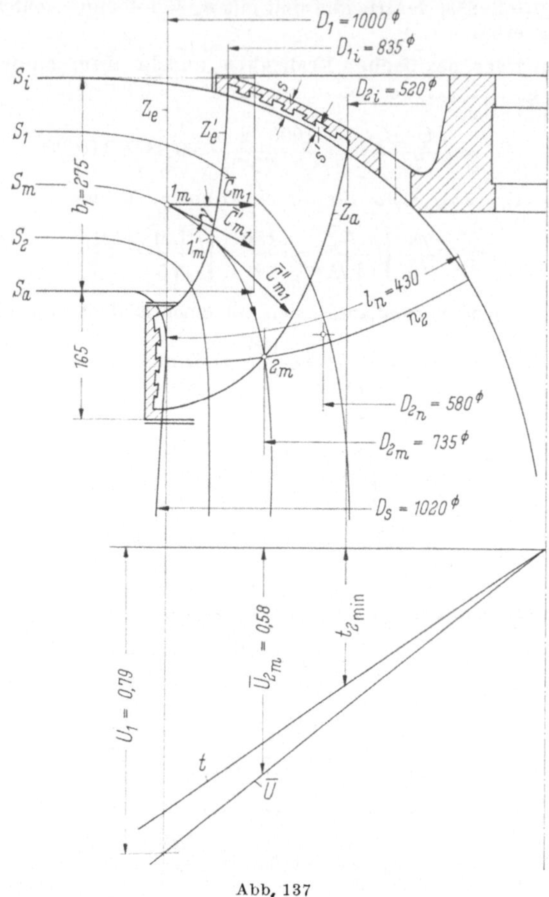

Abb. 137

Dabei kann F_2 als Rotationsfläche der durch den Punkt 2_m gelegten Potentiallinie n_2 betrachtet werden (Abb. 137). Mit ihrem Schwerpunktsradius $r_{2_n} = D_{2_n}/2 = 0{,}29$ m und ihrer abgewickelten Länge $l_n = 0{,}43$ m folgt aus der Guldinschen Regel

$$F_2 = 2\pi\, r_{2_n}\, l_n = 2\pi \cdot 0{,}29 \cdot 0{,}43 = 0{,}78 \text{ m}^2.$$

Infolge der durch die Schaufelwandstärke bedingten Querschnittsverengung wird F_2 um 15% kleiner angesetzt. Mit $F_2' = 0{,}85\, F_2 = 0{,}66$ m² wird

$$c_{m_2} = \frac{Q_n}{F_2'} = \frac{2{,}0}{0{,}66} = \text{etwa 3 m/s}$$

und damit

$$\bar{c}_{m_2} = \frac{c_{m_2}}{\sqrt{2g\,H_e}} = \frac{3}{\sqrt{2g \cdot 5}} = \text{etwa } 0{,}3.$$

Das verfügbare Stufengefälle wird zunächst mit $\bar{c}_i^2 = 0{,}95$ angenommen. Damit wird $\bar{c}_i = 0{,}975$. Mit diesem Wert und $\bar{u}_1 = 0{,}79$, $\bar{u}_{2_m} = 0{,}58$, $\bar{c}_{m_1} = 0{,}233$ und $\bar{c}_{m_2} = 0{,}3$ läßt sich das mittlere Ursprungsdiagramm für die Beaufschlagung $q = 1$ konstruieren. Es wurde so ausgelegt, daß bei einer Beaufschlagung $q = 0{,}75$ die Stoßkomponente $\bar{w}_s$ verschwindet und $\bar{c}_2$ senkrecht zu $\bar{w}_2$ steht (Abb. 132).

In der folgenden Überschlagsrechnung wird nachgewiesen, daß der geschätzte Gesamtwirkungsgrad η ohne weiteres zu erreichen ist. Mit dem aus dem Geschwindigkeitsdiagramm entnommenen Mittelwert $\bar{c}_2 = 0{,}3$, einem hier vertretbaren Strömungsverlust $\bar{c}_v^2 = 0{,}10$ und einem Saugrohrwirkungsgrad $\eta_s = 0{,}7$ wird

$$\bar{c}_i^2 = 1 - \bar{c}_v^2 + \eta_s\,\bar{c}_2^2 = 1 - 0{,}10 + 0{,}7 \cdot 0{,}3^2 = 0{,}96\,,$$

also
$$\bar{c}_i = 0{,}98\,,$$

und weiter der hydraulische Wirkungsgrad (Gl. (7b), S. 82)

$$\eta_h = \bar{c}_i^2 - \bar{c}_2^2 = 0{,}96 - 0{,}3^2 = 0{,}87\,.$$

Setzt man noch den Spaltverlust mit $\sigma = 0{,}02$, den Radreibungsverlust mit $r = 0{,}010$ und den mechanischen Verlust mit $m = 0{,}015$ an, so ergibt sich aus Gl. (13) (S. 81) ein Gesamtwirkungsgrad von

$$\eta = (1 - \sigma)\,\eta_h - r - m = 0{,}98 \cdot 0{,}87 - 0{,}025 = 0{,}83\,.$$

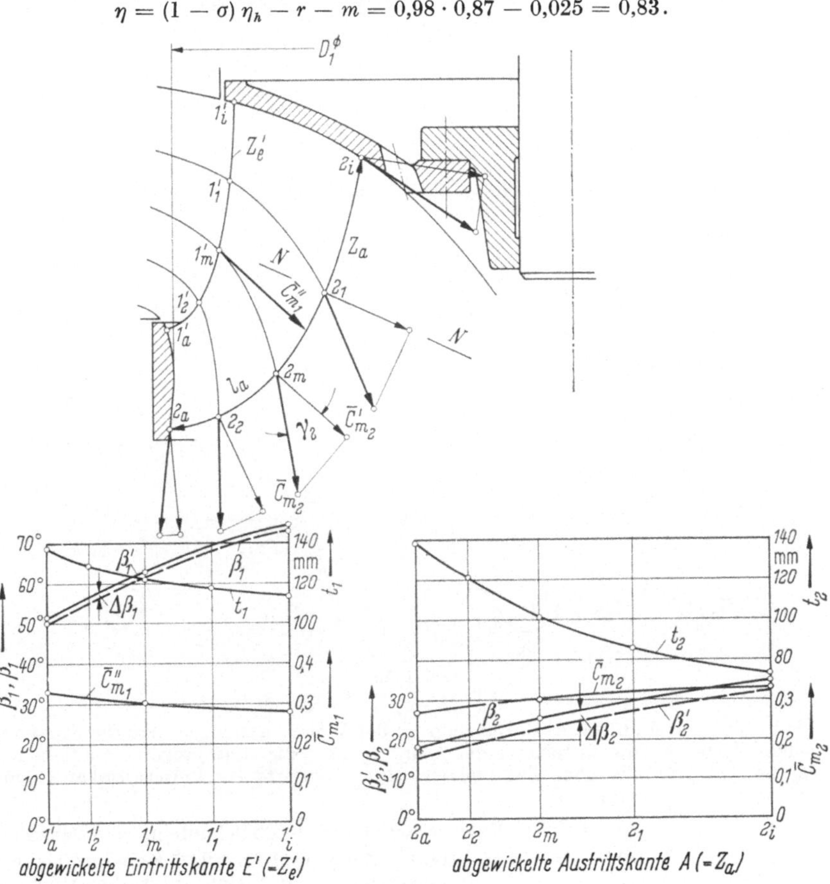

Abb. 138

Die Ursprungsdiagramme der übrigen Flutbahnen werden so festgelegt, daß sich ihre Relativgeschwindigkeiten $\bar{w}_2$ im Fußpunkt x von $\bar{c}_2(3/4)$ schneiden (Abb. 132).

Nunmehr lassen sich für jede Flutbahn die endgültigen, auf die zurückgeschnittene Eintrittskante E' bezogenen Geschwindigkeitsdiagramme aufzeichnen

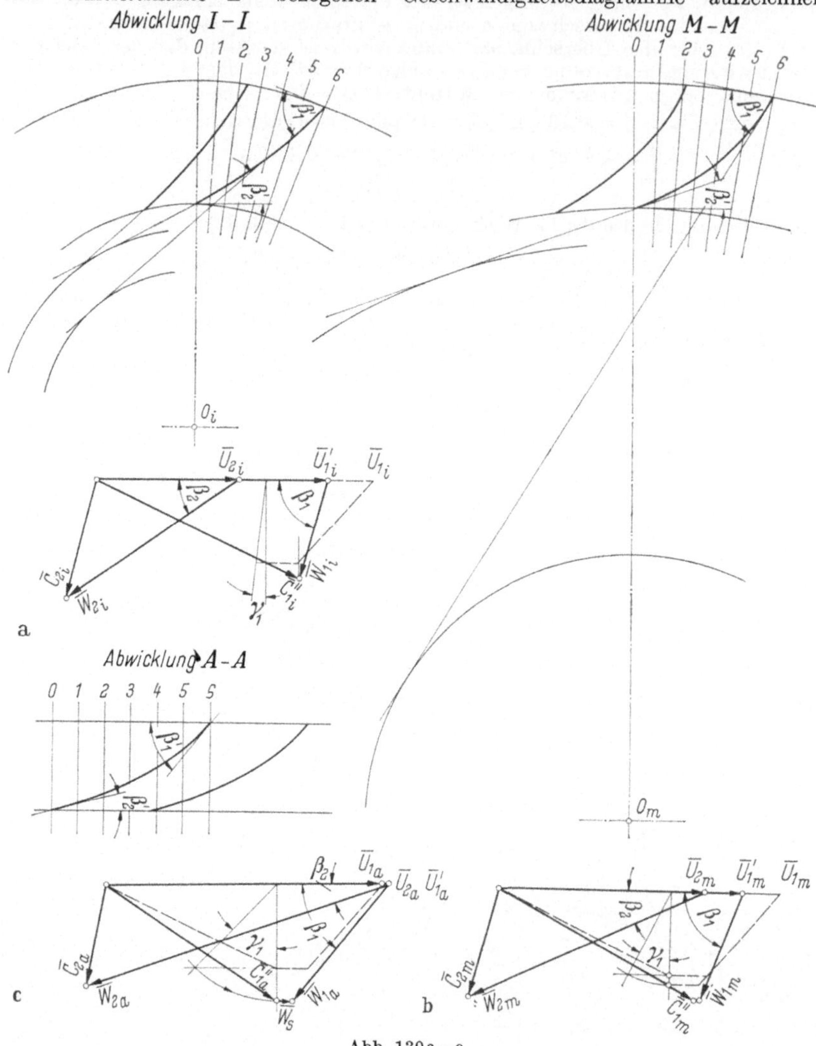

Abb. 139a—c

(Abb. 139). Sie sind, wie Abb. 138 zeigt, in der Weise auszulegen, daß die Schaufelwinkel β_1 und β_2, die Gitterteilungen t_1 und t_2 sowie die Meridiangeschwindigkeiten $\bar{c}''_{m_1}$ und $\bar{c}_{m_2}$, jeweils über der abgewickelten Eintritts- und Austrittskante aufgetragen, stetig verlaufen.

4. Schaufelentwurf. Dem Entwurf werden $z_1 = 23$ Schaufeln, eine Schaufelwandstärke $s_1 = 0{,}15\,\sqrt{D_1} = 0{,}15\,\sqrt{1000} = 5$ mm und für alle 5 Kanalprofile eine Winkelübertreibung $\varDelta\beta_1 = 2°$ am Gittereintritt und eine Winkelübertreibung $\varDelta\beta_2 = 5°$ am Gitteraustritt sowie ein Schaufelsprung $\varphi_s = 27°$ zugrunde gelegt.

Man erhält dann bei einem Teilungswinkel $\varphi_t = 360°/z_1 = 15{,}7°$ eine Schaufel-überdeckung von $\varphi/\varphi_t = 1{,}75$.

Mit diesen Unterlagen können die Kanalprofile in die abgewickelten Kegel- und Zylinderflächen eingezeichnet und die Schreinerschnitte anhand von Achsschnitten

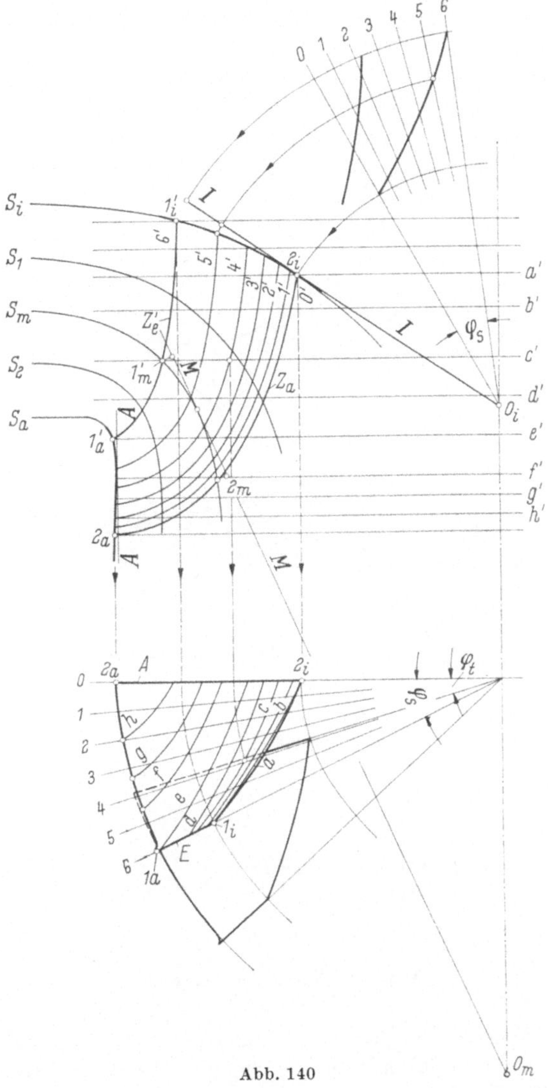

Abb. 140

konstruiert werden. Wie die Abb. 139 und 140 zeigen, begnügt man sich im vorliegenden Beispiel mit der Darstellung der beiden Kegelflächenabwicklungen JJ und MM und einer Zylinderflächenabwicklung AA und nahm zur Konstruktion der Schreinerschnitte a bis h die Achsschnitte 0 bis 6 zur Hilfe.

5. Wasserstromkontrolle. Den Abschluß aller Arbeiten bildet die Wasserstromkontrolle, mit der nachzuweisen ist, daß Q_n vom Laufrad verarbeitet werden kann.

Hierfür müssen der in der Rotationsfläche der Austrittskante A liegende Gitteraustrittsquerschnitt $\Delta F_a = (t_2 - \Delta t_2)\cdot\Delta l_a$ und die senkrecht zur Austrittskante A

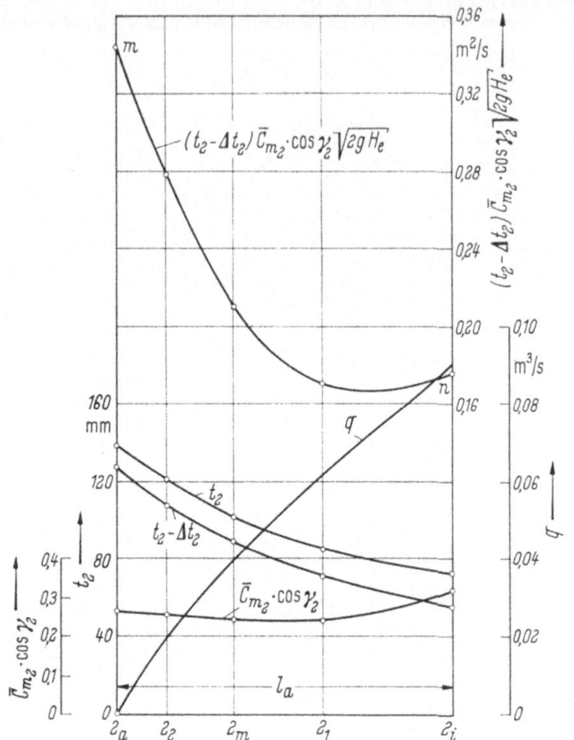

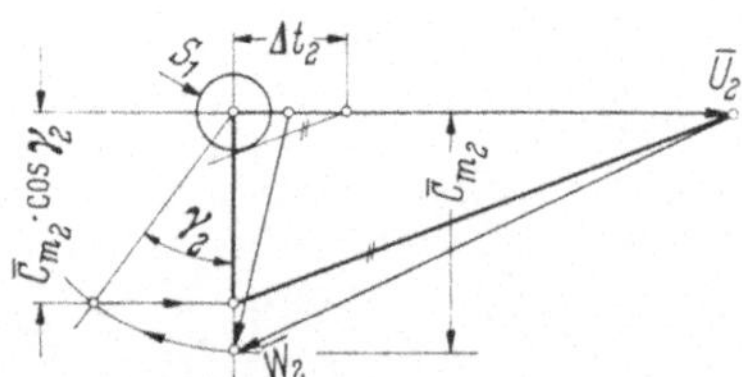

Abb. 141. Wasserstromkontrolle

stehende Meridiangeschwindigkeit $c'_{m_2} = c_{m_2}\,\cos\gamma'_2 = \bar{c}'_{m_2}\,\cos\gamma_2\,\sqrt{2gH_e}$ gegeben sein (Abb. 138). Dann ergibt sich aus der Stetigkeitsbedingung der Wasserstrom pro Schaufelkanal zu

$$q = \Sigma\, c'_{m_2}\,\Delta F_a = \Sigma\,(t_2 - \Delta t_2)\,\Delta l_a\,\bar{c}_{m_2}\,\cos\gamma\,\sqrt{2gH_e}\quad [\mathrm{m^3/s}],$$

und damit für z_1 Schaufelkanäle

$$Q = z_1\,q\quad [\mathrm{m^3/s}].$$

Die Gitterverengung Δt_2 am Gitteraustritt läßt sich, wie Abb. 141 zeigt, für jeden Schaufelkanal graphisch aus s_1 bestimmen.

Trägt man über Abwicklung l_a der Austrittskante A für jede Flutbahn $\bar{c}'_{m_2}$, $t_2 - \Delta t_2$ und dementsprechend das Produkt $c'_{m_2} \Delta F_a$ auf, so erhält man q als Inhalt der Fläche $2_a - m - n - 2_i$ oder als Endordinate der Inhaltssummenlinie $q = \sum c'_{m_2} \Delta F_a$. Für unser Zahlenbeispiel entnimmt man aus Abb. 141 $q = 0{,}09 \text{ m}^3/\text{s}$ und erhält somit bei $z_1 = 23$

$$Q = z_1\, q = 23 \cdot 0{,}09 = 2{,}07 \text{ m}^3/\text{s} > Q_n\,.$$

34. Das Kaplanlaufrad

34.1 Grundlagen der Tragflügeltheorie

Die Grundlage für den Entwurf des durch weitgestellte und verstellbare, tragflügelförmige Schaufeln gekennzeichneten, axialen Schaufelgitters eines Kaplanlaufrades bildet die Tragflügeltheorie. Sie gibt Aufschluß über die Strömungsverhältnisse und Kräfte am einzelnen Tragflügel und am Tragflügelgitter.

Es wird zunächst ein einzelner, in unbegrenzter Parallelströmung liegender Tragflügel von der Länge l und der senkrecht zur Bildebene

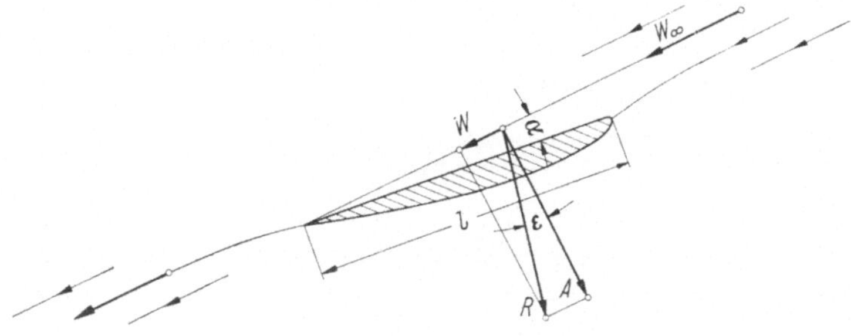

Abb. 142

gemessenen Breite b betrachtet, der unter dem Winkel α, dem Anströmwinkel, mit der Strömungsgeschwindigkeit w_∞ angeströmt wird (Abb. 142). α ist dabei der Winkel zwischen Anströmrichtung und Profilsehne s.

Auf diesen Tragflügel wirken dann eine zur Anströmrichtung senkrecht stehende Kraft A, die Auftriebskraft, und eine Kraft W, die Widerstandskraft, in der Anströmrichtung. A entsteht, wie in Abschn. 12.1, S. 69, beschrieben, durch den Druckunterschied zwischen Tragflügelrücken und -bauch. W dient zur Überwindung des Profilwiderstandes und der Reibung.

Führt man als dimensionslose Beiwerte die Auftriebszahl ξ_a und die Widerstandszahl ξ_w ein, so ergibt sich für einen Tragflügel von der Fläche $F = b\,l$

$$A = \xi_a \frac{\gamma}{g}\, b\, l\, \frac{w_\infty^2}{2}\,, \tag{28}$$

$$W = \xi_w \frac{\gamma}{g}\, b\, l\, \frac{w_\infty^2}{2}\,, \tag{29}$$

und damit eine resultierende Kraft

$$R = \sqrt{A^2 + W^2}. \tag{30}$$

Die Beiwerte ξ_a und ξ_w, die aus Versuchen zu ermitteln sind, trägt man in Funktion von α auf (Abb. 143a). Noch übersichtlicher wird die Darstellung in Form einer Polarkurve (Abb. 143b), bei der ξ_a in Funktion von ξ_w aufgetragen ist und α als Parameter erscheint.

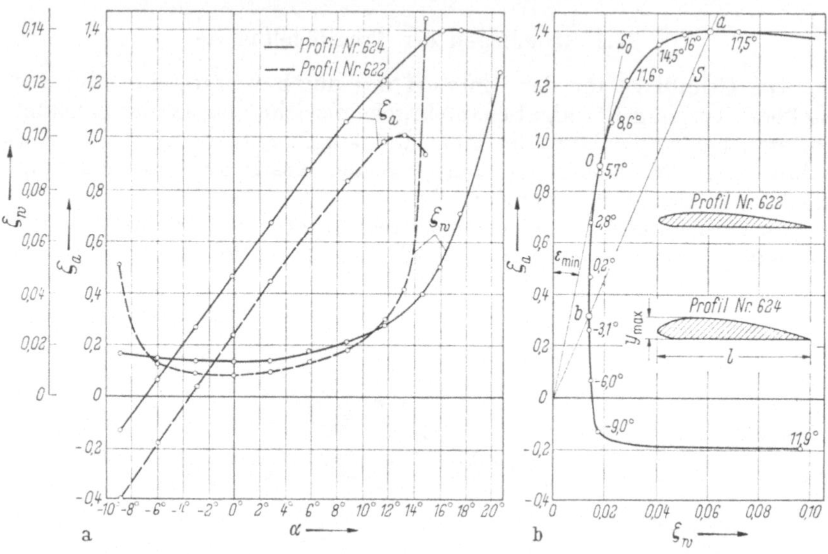

a $\alpha \longrightarrow$ b $\xi_w \longrightarrow$

Abb. 143a u. b. Polarkurven

Das Verhältnis $\tan\varepsilon = W/A = \xi_w/\xi_a$, das als Gleitzahl bezeichnet wird, bestimmt die strömungstechnischen Eigenschaften des Tragflügels. Je kleiner diese Gleitzahl bzw. der Gleitwinkel ε wird, desto größer wird A im Verhältnis zu W. Im Polardiagramm ist die Gleitzahl durch den Winkel ε zwischen Fahrstrahl S und Ordinate bestimmt. Der Verwendungsbereich eines Tragflügels ist nach oben wie nach unten durch Grenzwerte festgelegt, die durch die Punkte a und b (Abb. 143b) gekennzeichnet sind. Oberhalb von a läuft man Gefahr, daß die Strömung vom Tragflügel abreißt, oberhalb Pkt. a und unterhalb Pkt. b werden die Gleitzahlen groß. Das Optimum ε_{min} liegt im Berührpunkt O des Fahrstrahls S_o mit der Polarkurve. ξ_a und ξ_w hängen demnach vom Anstellwinkel α und außerdem, wie Abb. 143a zeigt, sehr stark von der Profilform des Tragflügels ab. Schlanke Profile (z. B. Göttinger Profil Nr. 622) weisen kleine ξ_a-Werte, dicke Profile (z. B. Göttinger Profil Nr. 624) große ξ_a-Werte auf.

Die am Einzeltragflügel gewonnenen Ergebnisse lassen sich auf das axiale Schaufelgitter einer Kaplanturbine, das durch die Winkel β_1 und β_2 sowie durch die Relativgeschwindigkeiten w_1 und w_2 der weit vor und weit hinter dem Gitter herrschenden Strömung bestimmt ist (s. Abschn. 12.1, S. 69), übertragen, wenn man

1. für w_∞ den geometrischen Mittelwert aus w_1 und w_2 als Anströmgeschwindigkeit einsetzt,

2. jeweils das durch zwei koaxiale Zylinderschnitte y_1 und y_2 begrenzte Teilgitter von der Breite b betrachtet und

3. dieses Teilgitter von der Gitterbreite b und der Gitterteilung $t = \pi\,D/z_1$ in eine Ebene abwickelt (Abb. 144).

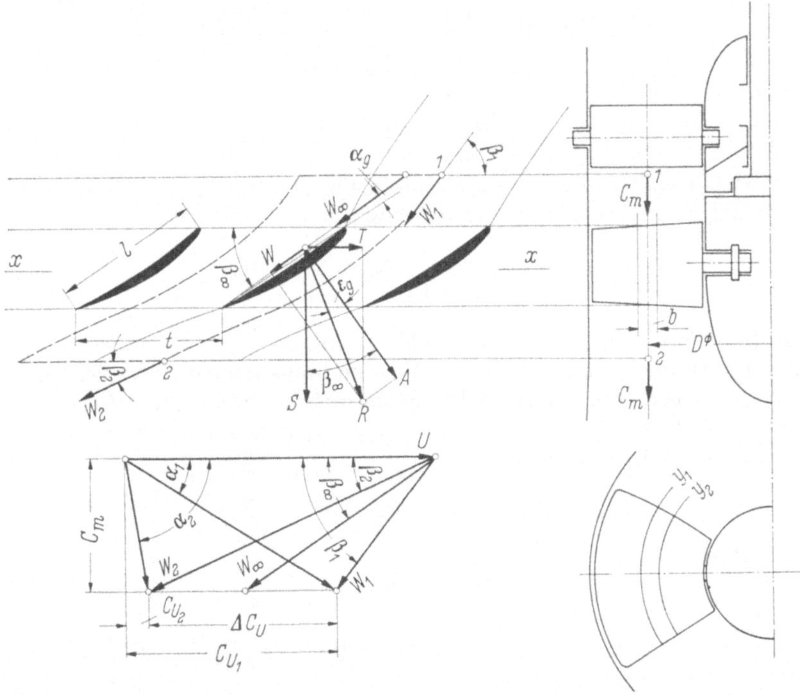

Abb. 144. Kräfte am axialen Tragflügelgitter der Kaplanturbine

Führt man weiter anstelle der Tragflügelbeiwerte ξ_a, ξ_w und ε die Gitterbeiwerte ξ_{a_g}, ξ_{w_g} und ε_g ein, so ergibt sich mit Abb. 144 die am Teilgitter wirksame Tangentialkraft, also die Umfangskraft T aus der Beziehung

$$T = R \sin(\beta_\infty - \varepsilon_g). \tag{31}$$

Da aber die senkrecht zu w_∞ stehende Gitterauftriebskraft

$$A = \xi_{a_g}\,\frac{\gamma}{g}\,b\,l\,\frac{w_\infty^2}{2} \tag{28a}$$

wird und

$$R = \frac{A}{\cos\varepsilon_g}$$

ist, so folgt aus Gl. (31)

$$T = \xi_{a_g} \frac{\gamma}{g} \, b \, l \, \frac{\sin(\beta_\infty - \varepsilon_g)}{\cos\varepsilon_g} \, \frac{w_\infty^2}{2}.$$ (31a)

T läßt sich aber auch aus dem Impulssatz bestimmen. Durch die Teilgitterfläche $f = b\,t$ strömt mit der Meridiangeschwindigkeit $c_m = w_\infty \sin\beta_\infty$ der Teilwasserstrom

$$q = f\,c_m = b\,t\,w_\infty \sin\beta_\infty.$$

Dann wird mit Gl. (II), S. 73,

$$T = \frac{\gamma\,q}{g}\,(c_{u_1} - c_{u_2})$$

oder

$$T = \frac{\gamma}{g}\,b\,t\,w_\infty \sin\beta_\infty\,(c_{u_1} - c_{u_2}).$$ (31b)

Durch Gleichsetzen von Gl. 31a und (31b) erhält man die für den Gitterentwurf ausschlaggebende *Belastungszahl*

$$B_y = \frac{\xi_{a_g}\,l}{t} = \frac{2\,(c_{u_1} - c_{u_2})}{w_\infty}\,\frac{\sin\beta_\infty}{\cos\varepsilon_g \sin(\beta_\infty - \varepsilon_g)}.$$ (32)

Gl. (32) läßt sich noch wesentlich vereinfachen, wenn man, da ε_g bei guten Profilen in dem üblichen Verwendungsbereich sehr klein bleibt, $\cos\varepsilon_g = 1$ setzt, und ihre rechte Seite mit u, der Umfangsgeschwindigkeit, erweitert. Dann wird mit $u = u_1 = u_2$ und mit $\eta_h = 2\,\bar{u}\,(\bar{c}_{u_1} - \bar{c}_{u_2})$ $= 2\,\bar{u}\,\varDelta\bar{c}_u$ [Gl. (7b), S. 82]

$$\frac{2\,u\,(c_{u_1} - c_{u_2})}{u\,w_\infty} = \frac{2\,\bar{u}\,\varDelta\bar{c}_u}{\bar{u}\,\bar{w}_\infty} = \frac{\eta_h}{\bar{u}\,\bar{w}_\infty}$$

und damit

$$B_g = \frac{\xi_{a_g}\,l}{t} = \frac{\eta_h}{\bar{u}\,\bar{w}_\infty}\,\frac{\sin\beta_\infty}{\sin(\beta_\infty - \varepsilon_g)}.$$ (32a)

Vernachlässigt man endlich ε_g, so findet man für die Belastungszahl die einfache Beziehung

$$B'_g = \frac{\xi_{a_g}\,l}{t} = \frac{\eta_h}{\bar{u}\,\bar{w}_\infty}.$$ (32b)

B'_g ändert sich somit umgekehrt verhältnisgleich mit $\bar{u}$ und $\bar{w}_\infty$.

34.2 Entwurf und Konstruktion

Wie beim Francislaufrad werden auch beim Kaplanlaufrad anhand der Unterlagen in Kurvenblatt Abb. 127 der Laufraddurchmesser D_1 aus Gl. (23), die Leitradbreite b_0 aus Gl. (24) und der Nabendurchmesser D_n aus der Beziehung $D_n = \bar{u}_n/\bar{u}_1\,D_1$ berechnet und das Strombild entworfen. Da sich vor und hinter dem Laufradschaufelgitter im besten Betriebsbereich eine Strömung einstellt, bei der die Meridiangeschwindigkeit $c_m = c_{m_1} = c_{m_2}$ über den Radius hinweg nahezu konstant bleibt, genügt es, die Stromlinien $S_i - S_a$ (Abb. 147) in dem durch D_1 und D_n bestimmten Bereich des Laufradschaufelgitters so einzuzeichnen, daß die Teilturbinen gleich große Wasserströme führen. Dabei soll der Meridianschnitt des vom Leitrad bis zum Saugrohr reichenden Hohlraums stetig verlaufen (Abb. 147). Führt man das Leitrad und die Wände des schaufellosen Raumes als Schweißkonstruktion aus (Abb. 146), so setzt man die innere Berandung K_i aus Kegelmantellinien zusammen.

Das Laufrad legt man in den zylindrischen Teil des Rotationshohlraums und führt bei großen Laufrädern zur Verminderung der Spaltverluste Laufradmantel und Laufradnabe im Verstellbereich der Laufradschaufeln als Kugelflächen aus (Abb. 146).

Die Grundlage für den Entwurf des Laufradschaufelgitters bilden die Geschwindigkeitsdiagramme, die Belastungszahl B_g und der Profilkatalog, in dem die Abmessungen und Polarkurven erprobter, für Kaplanlaufräder geeigneter Gitterprofile enthalten sein müssen. Die Geschwindigkeitsdiagramme der Teilturbinen, deren Zahl von den Laufradabmessungen abhängt, entwirft man für eine Beaufschlagung $q = 1$ unter der Annahme, daß der hydraulische Wirkungsgrad η_h für alle Teilturbinen gleich groß sei.

Da im Verwendungsbereich guter Gitterprofile der Gleitwinkel sehr klein bleibt, kann die Belastungszahl B_g aus Gl. (32b) bestimmt werden. Dabei sind für alle Teilturbinen möglichst strömungstechnisch gleichartige Gitterprofile auszuwählen.

Maßgebend für die Belastungszahl ist der Gitterauftriebsbeiwert ξ_{a_g}. ξ_{a_g} sind die gleichen Grenzen wie ξ_a gesetzt. Da sich B_g bzw. B_g' umgekehrt verhältnisgleich mit den aus den Geschwindigkeitsdiagrammen vorliegenden Werten von $\bar{u}$ und $\bar{w}_\infty$ ändert, sind die Nabenprofile, bei denen $\bar{u}$ und $\bar{w}_\infty$ am kleinsten sind, hoch und die Randprofile, bei denen $\bar{u}$ und $\bar{w}_\infty$ ihre Höchstwerte erreichen, nieder belastet. Man wählt daher schlanke Randprofile und dicke Nabenprofile, eine Vorschrift, die gleichzeitig den Forderungen der Festigkeit gerecht wird. Infolge ihrer hohen Belastung sind aber die dicken Nabenprofile besonders kavitationsgefährdet. Da Kaplanturbinen häufig bei stark schwankenden Fallhöhen arbeiten müssen, hat man bei der Profilauswahl darauf zu achten, daß zur Vermeidung von Kavitation der

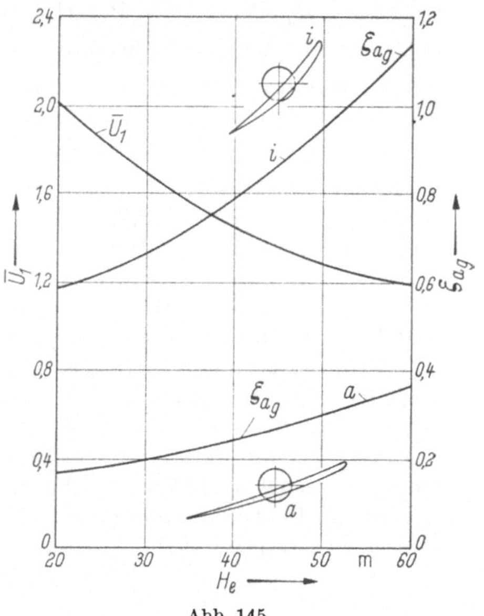

Abb. 145

für die jeweilige Höchstfallhöhe H_n zulässige ξ_{a_g}-Wert nicht überschritten wird und außerdem die Gleitzahlen klein bleiben. Dabei soll ξ_{a_g} die in Abb. 145 angegebenen Werte nicht überschreiten.

Die Schaufelzahl z_1, für welche die in Abb. 111 eingetragenen Grenzen gelten, liegt zwischen 4 und 8. Da aber ξ_{a_g} nach oben festliegt und $\bar{u}$ sowie $\bar{w}_\infty$ bei Langsamläufern klein, bei Schnelläufern groß sind, wird B_g' und damit l/t bei Langsamläufern groß und bei Schnelläufern klein. Langsamläufer erhalten somit hoch belastete, enggestellte Schaufelgitter (z_1 groß) und Schnelläufer schwach belastete, weitgestellte Schaufelgitter (z_1 klein). z_1 wird aber nach oben durch die Abmessungen der Nabe begrenzt, in der die Schaufelstiele gelagert und die Verstellorgane der Schaufeln untergebracht werden müssen. Mit B_g', ξ_{a_g} und $t = \pi \dfrac{D}{z_1}$ lassen sich für jedes Teilturbinenprofil die Schaufellänge l berechnen und damit die Gitterprofile auswählen.

Beim Entwurf der Laufradschaufel geht man nun derart vor, daß man die für die Teilturbinen ausgewählten Gitterprofile als Zylinderschnitte aufzeichnet und sie so legt, daß die Profilsehnen unter dem Winkel $\beta_\infty - \alpha_g$ verlaufen und die Profilenden möglichst in einer Achsebene liegen. Der Schaufelwinkel β_∞ wird den Geschwindigkeitsdiagrammen (Abb. 148) und der Anstellwinkel α_g entsprechend dem zulässigen ξ_{a_g}-Wert den Polarkurven der ausgewählten Gitterprofile entnommen. Da im Verwendungsbereich guter Gitterprofile ξ_{a_g} proportional mit α_g ansteigt (vgl. Abb. 143a), kann α_g auch aus der Gl. (33)

$$\xi_{a_g} = \frac{a\, y_{\max}}{l} + b\, \alpha_g^0 \tag{33}$$

bestimmt werden. Hierbei bedeuten $y_{\max}$ die größte, von der Profilsehne aus gemessene Profilhöhe (Abb. 143b) und a und b jeweils charakteristische Profilkonstanten.

Zur Herstellung der Laufradschaufel benützt man wieder achsnormale Schreinerschnitte, die eine stetig verlaufende Schaufelrücken- und Schaufelbauchfläche ergeben müssen.

Die an der Laufradschaufel angreifenden Fliehkräfte C und hydraulischen Kräfte T und S, die z. T. auf Öffnen, z. T. auf Schließen wirken, ergeben das Verstellmoment M_s an der Schaufel. Dieses Moment, das von der Druckverteilung an der Schaufel und von der Lage der Resultierenden R (Abb. 144) zur Schaufeldrehachse abhängt, läßt sich rechnerisch nicht exakt feststellen. Es kann aber auf Grund von Modellgesetzen durch Versuche bestimmt und mit der Gl. (34)

$$M_s = m\, D_1^3 H_n \quad [\text{mkp}] \tag{34}$$

erfaßt werden, wenn m bekannt ist und D_1 und H_n in m eingesetzt werden. Dementsprechend sind die Schaufelstiele, die auf Zug, Biegung und Verdrehung beansprucht werden, anzuordnen und zu bemessen. Die erforderlichen Kräfte zum Verstellen der Laufradschaufeln liefert in der Regel ein Drucköldstellmotor, der im Kopf der Turbinenhohlwelle (Abb. 146) oder in der Laufradnabe (Abb. 79) eingebaut wird und

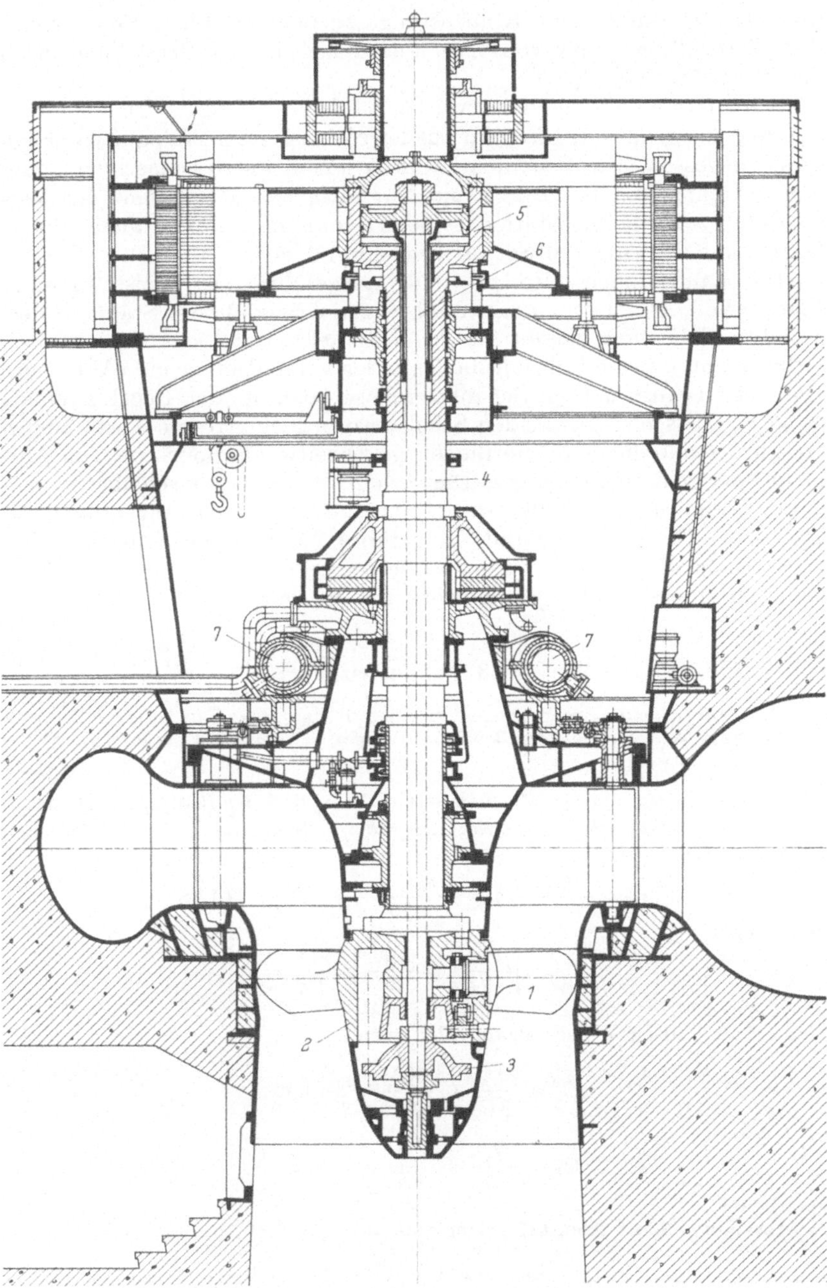

Abb. 146. Laufradverstellung einer großen Kaplanspiralturbine (Voith)

1 Laufradschaufel; *2* Laufradnabe; *3* Verstellkreuz; *4* Hohlwelle; *5* Laufradstellmotor mit Verstellstange *6*; *7* Leitradringbogen-Stellmotoren

diese Kräfte durch seine Kolbenstange zu dem an ihrem Ende sitzenden Verstellkreuz und von hier über Laschen und Verstellhebeln zu den Schaufelstielen leitet.

Schaufel und Schaufelstiel werden bei kleinen Laufrädern aus Grauguß und bei großen Laufrädern aus korrosionsfestem Stahlguß in einem Stück gegossen. Die Schaufeln werden auf Kopierfräsmaschinen oder Kopierdrehbänken bearbeitet und sorgfältig nachgeschliffen. Zur Vermeidung von Spaltkavitation schweißt man mitunter schmale Spaltleisten auf den äußeren Schaufelrückenrand auf.

Die Laufradnabe wird zweiteilig ausgeführt. Der meist an einer Flanschwelle befestigte, starkwandige, aus Grauguß oder Stahlguß hergestellte Nabenkopf nimmt die Schaufelstiele samt Lagerung und Verstellelementen sowie Führungsbüchsen der Verstellstange auf (Abb. 146). Die hoch beanspruchten Schaufelstiele werden in der Regel zweifach gelagert. Zwischen den beiden Stiellagern ordnet man die Verstellhebel an. Ihre zweiteiligen Köpfe dienen gleichzeitig als Spurlager zur Aufnahme der Schaufelfliehkräfte. Die verhältnismäßig dünnschalige Nabenhaube nimmt das Verstellkreuz und das untere Kolbenstangenführungslager auf. Der gesamte, mit Öl gefüllte Nabenraum muß sorgfältig nach außen abgedichtet werden. Alle tragenden und dichtenden Teile der Nabe müssen sehr genau bearbeitet werden.

34.3 Zahlenbeispiel

Für eine stehende Kaplanschachtturbine, die bei $H_e = 5$ m Nutzgefälle einen Wasserstrom $Q_n = 2$ m³/s verarbeiten und mit $n_n = 500$ min⁻¹ laufen soll, ist das Laufrad zu entwerfen.

1. Berechnung der spezifischen Drehzahl n_s und der Hauptabmessungen. Mit einem geschätzten Gesamtwirkungsgrad $\eta = 0,85$ ergibt sich analog dem Zahlenbeispiel S. 119

$$N_n = \frac{\gamma Q_n H_e}{75}\,\eta = \frac{1000 \cdot 2 \cdot 5}{75} \cdot 0,85 = 115 \text{ PS}$$

und damit

$$n_s = \frac{n_n}{H_e}\sqrt{\frac{N_n}{\sqrt{H_e}}} = \frac{500}{5}\sqrt{\frac{115}{\sqrt{5}}} = 710.$$

Man erhält also einen Schnelläufer, der mit

$$n_1 = \frac{n_n}{\sqrt{H_e}} = \frac{500}{\sqrt{5}} = 224 \text{ min}^{-1}$$

läuft und

$$Q_1 = \frac{Q_n}{\sqrt{H_e}} = \frac{2,0}{\sqrt{5}} = 0,895 \text{ m}^3/\text{s}$$

verarbeitet.

Aus Kurvenblatt Abb. 127 findet man für $n_s = 710$

$$\bar{u}_1 = 1,82, \quad \bar{c}_{m_0} = 0,245, \quad \bar{u}_n = 0,725.$$

Damit kommt

$$D_1 = \frac{84,6\,\bar{u}_1}{n_1} = \frac{84,6 \cdot 1,82}{224} = 0,688 \text{ m}, \quad b_0 = \frac{0,072\,Q_1}{\bar{c}_{m_0}\,D_1} = \frac{0,072 \cdot 0,895}{0,345 \cdot 0,688} = 0,270 \text{ m}$$

und

$$D_n = \bar{u}_n/\bar{u}_1 \, D_1 = \frac{0,725}{1,82} \cdot 0,688 = 0,275 \text{ m}.$$

Gewählt: $D_1 = 690$ mm, $b_0 = 270$ mm, $D_n = 275$ mm.
Mit $D_1 = 0,69$ m und $D_n = 0,275$ m wird dann

$$c_{m_1} = \frac{4 Q_n}{\pi (D_1^2 - D_n^2)} = \frac{4 \cdot 2,0}{\pi (0,69^2 - 0,275^2)} = 6,3 \text{ m/s}$$

und

$$\bar{c}_{m_1} = \frac{c_{m_1}}{\sqrt{2 g H_e}} = \frac{6,3}{\sqrt{2 g 5}} = 0,634.$$

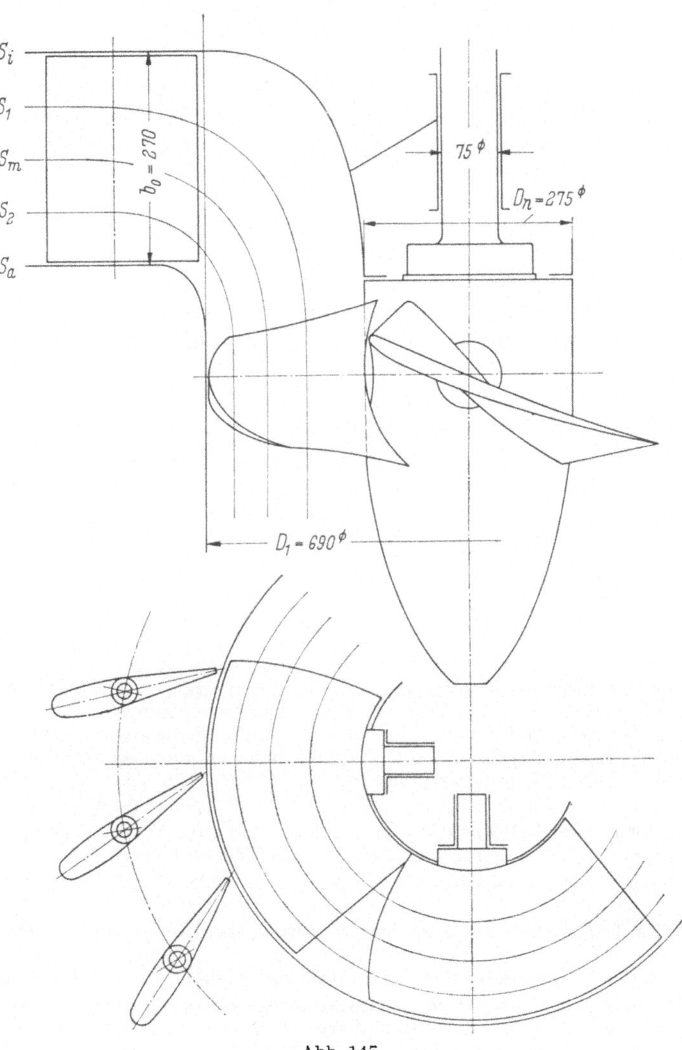

Abb. 147

2. Meridianschnitt und Strömungsbild. Den durch D_1, $\bar{c}_{m_0}$ und D_n bestimmten Meridianschnitt zeigt Abb. 147. Dem Entwurf des Strömungsbildes werden 4 Teilturbinen zugrunde gelegt. Da $\bar{c}_{m_1}$ als konstante Größe angenommen werden kann und damit jede Teilturbine den gleichen Wasserstrom $q = Q_n/4 = 0,5$ m³/s verarbeitet, erhält man aus der Stetigkeitsbedingung

$$F_1 - F_a = F_a - F_m = F_m - F_i = F_i - F_n = \frac{q}{c_{m_1}} = \frac{q}{c_{m_2}}$$

die Durchmesser D_a, D_m und D_i der Teilturbinen und damit die Lage der im Laufradgitterbereich parallel verlaufenden Flutbahnen S_1, S_m, S_2, die man anhand der bereits bekannten Anleitung bis in den Leitradbereich verlängert (Abb. 147).

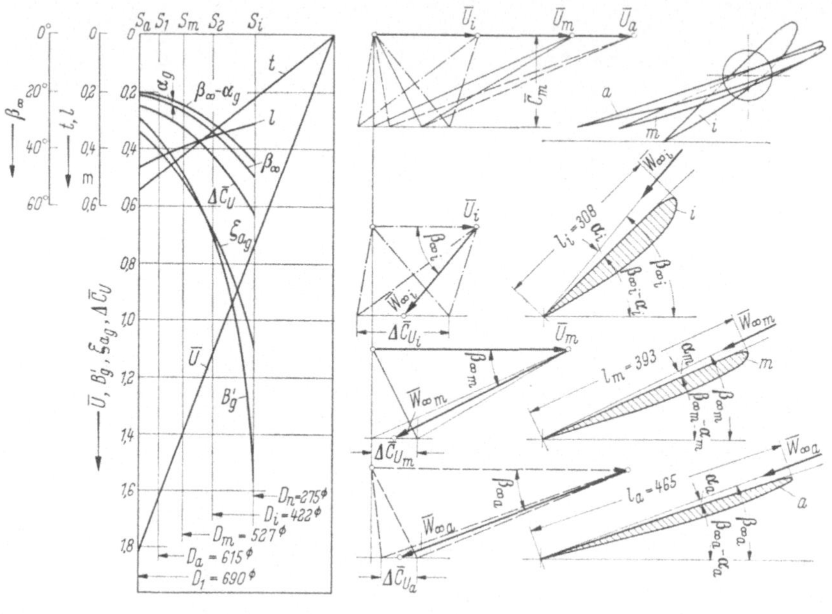

Abb. 148

3. Geschwindigkeitsdiagramme. Die Geschwindigkeitsdiagramme werden für eine Beaufschlagung $q = 1$ und einem hydraulischen Wirkungsgrad $\eta_h = 0,92$ entworfen. Da für jede Teilturbine (Flutbahn) die Umfangsgeschwindigkeit $\bar{u}$ und mit $\eta_h = \cdot 2\,\bar{u}\,\Delta\bar{c}_u$ auch $\Delta\bar{c}_u$ festliegen (s. Zahlentabelle), können die Geschwindigkeitsdiagramme (Abb. 148) aufgezeichnet werden.

4. Auswahl der Gitterprofile. Dem Schaufelentwurf werden Göttinger Profile zugrunde gelegt, die alle strömungstechnisch ähnlich und durch ξ_{a_g}-Werte gekennzeichnet sind, die der Gleichung $\xi_{a_g} = 4y_{\max}/l + 0{,}092\,a_g^0$ gehorchen.

5. Schaufelentwurf. Bei einer formgerechten, formsteifen und strömungstechnisch einwandfreien Laufradschaufel müssen die zum Entwurf notwendigen Gitterbeiwerte ξ_{a_g}, die Schaufelwinkel β_∞ und Anstellwinkel α_g sowie die Profilabmessungen l und $y_{\max}$ in Funktion vom Laufradradius r stetig verlaufen. Die errechneten und tabellarisch zusammengestellten Werte (Tab. 4) werden daher zur Stetigkeitskontrolle graphisch über r aufgetragen (Abb. 148).

Tabelle 4

	D_1 S_a	D_a S_1	D_m S_m	D_i S_2	D_n S_i
D m	0,69	0,615	0,527	0,422	0,275
$\bar{u}$	1,82	1,625	1,39	1,115	0,725
$\Delta \bar{c}_u = \eta_h/2\,\bar{u}$	0,253	0,284	0,331	0,415	0,636
β_∞ aus Diagramm . . .	21,5°		27°		50,5°
w_∞ aus Diagramm . . .	1,725		1,37		0,81
$B_g' = \dfrac{\eta_h}{\bar{u}\,\bar{w}_\infty}$	0,293		0,484		1,57
ξ_{a_g}	0,34		0,51		1,1
$t_1 = \pi D/z_1$ m	0,542		0,414		0,216
$l = \dfrac{B_g'\, t_1}{\xi_{a_g}}$ m	0,465		0,393		0,308
$y_{\max}$ m	0,0225		0,028		0,042
$y_{\max}/l$	0,0485		0,00715		0,136
$\alpha_g = \dfrac{\xi_{a_g} - 4\,y_{\max}/l}{0{,}092}$ . . .	1,59		2,45		6,05
$\beta_\infty - \alpha_g$	20,9		24,55		44,45

Mit diesen Unterlagen können die in Abb. 148 dargestellten Profile entworfen werden. Abb. 147 zeigt das Schaufelgitter im Grund- und Aufriß.

35. Das Leitrad

35.1 Allgemeines

Vom Leitrad verlangt man, daß es den Eintrittsdrall für das Laufrad erzeugt, den für jeden Betriebszustand geforderten Wasserstrom sicher einregelt und als Abschlußorgan wirkt. Diese Forderungen erfüllt das von Prof. FINK erfundene Leitrad mit im Betrieb verstellbarem Schaufelgitter. Die besten Verhältnisse bekommt man, wenn man für die Leitschaufeln symmetrische oder leicht gekrümmte Tragflügelprofile wählt und die Leitschaufeln in zylindrischen oder kegeligen Gittern konzentrisch zum Laufrad anordnet.

Symmetrische Profile verwendet man vorwiegend bei Leiträdern für normal- und schnell laufende Francisturbinen (Abb. 150) und für Kaplanturbinen, leicht gewölbte Profile bei Leiträdern für langsam laufende Francisspiralturbinen (Abb. 149).

Dem Entwurf wird in der Regel der Konstruktionswasserstrom Q_n zugrunde gelegt. Man stellt das Schaufelprofil so in die Strömung, daß seine Achse am Profilende in die Richtung der absoluten Eintrittsgeschwindigkeit c_1 fällt und das Profilende auf dem Durch-

Abb. 149a u. b

messer D_1 liegt. Den Profilwinkel φ_s wählt man zwischen 10° und 15°. Die Schaufellänge L_0 hängt von der Leitschaufelzahl z_0 ab. Mit Rücksicht auf

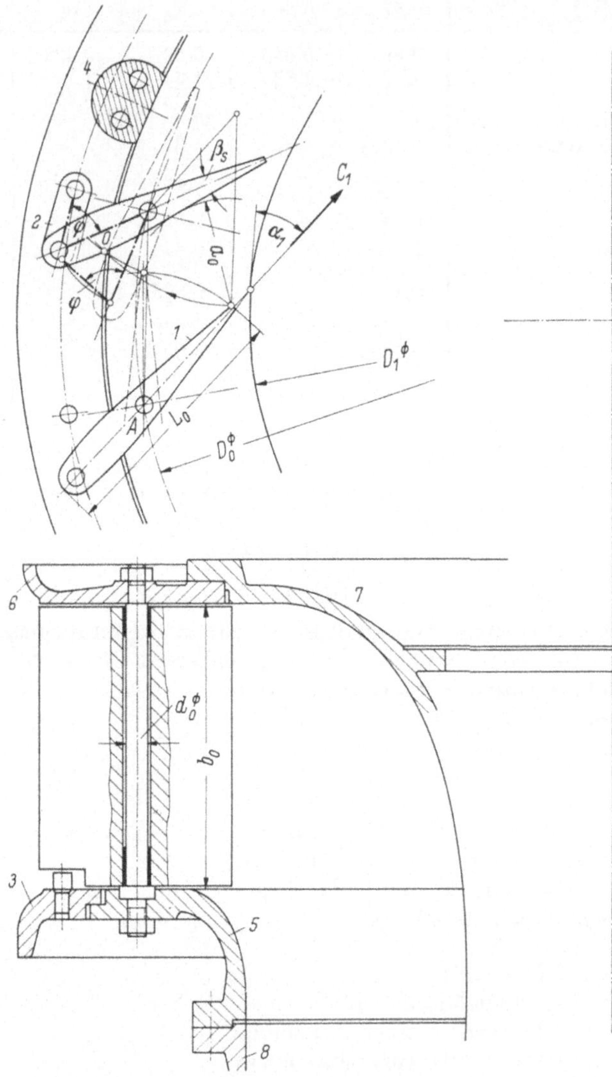

Abb. 150. Leitrad (Innenregelung)

1 Leitschaufel;   *2* Lenker;   *3* Verstellring;   *4* Führungsstück;   *5* Leitradring;   *6* Leitraddeckel;   *7* Stützdeckel für Wellenlagerung;   *8* Tragring

Fertigung und Einbau soll sie gerade und möglichst durch vier teilbar sein. Wenige Schaufeln bringen billige Leiträder, dafür aber größere Verstellkräfte als viele Schaufeln. Ausschlaggebend ist letzten Endes die Forderung, daß man die erforderlichen Gitteraustrittsquerschnitte

$f_0 = a_0 b_0 = Q_n/z_0 \bar{c}_1 \sqrt{2gH_e}$, stetige Strömungsbeschleunigung in den Gitterkanälen, wirtschaftlich tragbare Abmessungen, einfachen Einbau, kleine Verstellarbeit erhält und die Leitschaufeln einwandfrei schließen. Infolgedessen muß der Schlußpunkt 0, der sich, wie Abb. 150 zeigt, graphisch rasch bestimmen läßt, auf der Leitschaufel liegt. Der Drehpunkt A soll die Schaufellänge L_0 ungefähr halbieren.

Die Schaufelkräfte lassen sich grundsätzlich aus der am Schaufelprofil herrschenden Druckverteilung bestimmen. Da sich aber die Reibungskräfte in den Verstellorganen nicht errechnen lassen, werden sie aus Versuchen bestimmt (Abb. 151).

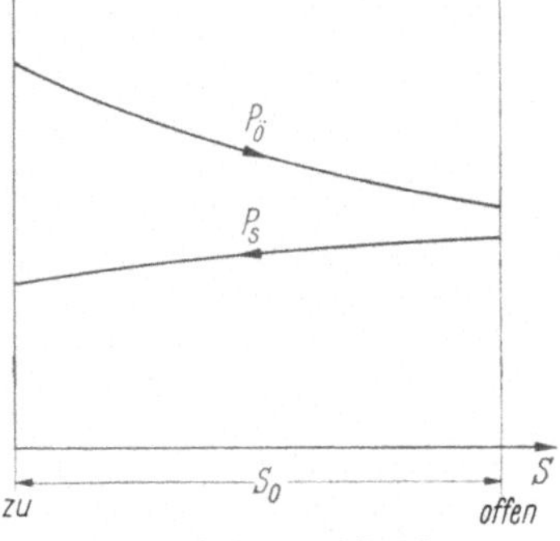

Abb. 151. Leitschaufelkräfte

Sie ergeben sich dann als Differenz zwischen der Öffnungskraft $P_ö$ und der Schließkraft P_s. Es wird somit, wenn s_0 der Verstellweg ist (Abb. 151), die Verstellarbeit $A_r = P_{ö\max} s_0$. In der Regel läßt sich A_r genügend genau aus der Beziehung

$$A_r = k \frac{N_{\max}}{\sqrt{H_n}} \quad \text{[mkp]} \tag{35}$$

berechnen, wobei $k = 2{,}2$ bis $2{,}4$ für innen verstellbare, $k = 1{,}5$ bis $1{,}7$ für außen verstellbare Leiträder gilt und $N_{\max}$ in PS, H_n in m einzusetzen ist.

35.2 Konstruktion

35.2.1 Innen verstellbares Leitrad (Innenregelung). Zur Verstellung der Leitschaufeln dienen die Laschen, der Verstellring, das Verstellgestänge und die Verstellwelle (Abb. 150, 152a, 153).

Da sämtliche Verstellorgane im Wasser sitzen, daher nicht zugänglich und schlecht zu schmieren sind, verwendet man innen verstellbare Leiträder nur noch bei kleinen Schachtturbinen.

Die Leitschaufeln reiten auf den Leitschaufelbolzen, deren Enden im Leitradring und Leitraddeckel eingepreßt und verschraubt werden und damit die ganze Leitradkonstruktion versteifen. Der Verstellwinkel φ ist so abzustimmen, daß in der Schlußstellung eine kräftige Kniehebelwirkung (Abb. 150) entsteht. Sämtliche drehbaren Elemente sind auszubüchsen. Die Zapfenpressung soll wegen der unzulänglichen Schmierung $p = 50$ kp/cm² nicht überschreiten. Die einfache Anordnung des Stangenantriebs verlangt einen verhältnismäßig breiten Spalt zwischen Leitrad- und Verstellring sowie 2 Führungsstücke (*3*) zur Aufnahme der Querkraft P_q (Abb. 152a). Die Verdrillung der Verstellwelle soll $\psi = 0{,}25°$/m nicht überschreiten. Für die Leitschaufeln, Leitraddeckel, Leitrad-, Verstell- und Tragringe nimmt man in der Regel Grauguß als Werkstoff und führt den Leitraddeckel zweiteilig aus.

Die Verstellarbeit A_r wird außer bei Kleinstturbinen, die mit von Hand verstellbaren Leiträdern auskommen, durchweg vom Stellmotor des Drehzahlreglers aufgebracht.

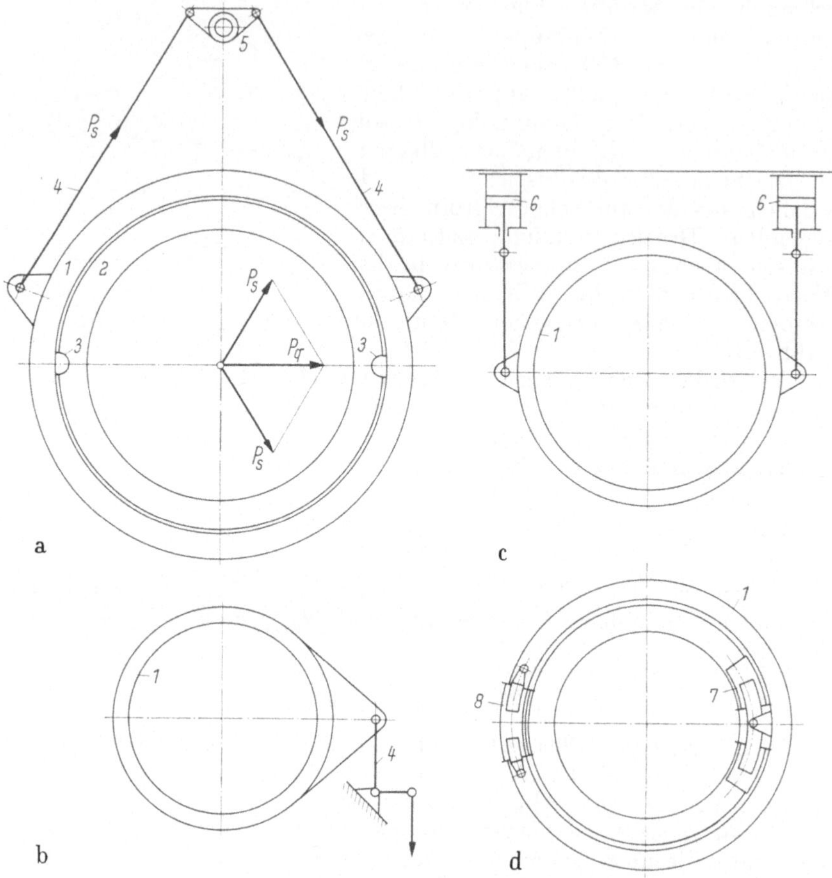

Abb. 152a—d. Anordnung der Leitradverstellung

a) 2-Stangenantrieb für Innenregelung (liegende und stehende Turbinen);   b) 1-Stangenantrieb für Außenregelung (liegende Turbinen);   c) achssymmetrischer Stellmotorantrieb für Außenregelung (liegende und stehende Turbinen);   d) Ringbogenstellmotorantrieb für Außenregelung (stehende Turbinen)

1 Verstellring;   2 Leitradring;   3 Führungsstücke;   4 Verstellstangen;   5 Verstellwelle; 6 kreiszylindrische Stellmotoren;   7 Doppelkolben-Ringbogenstellmotoren;   8 Doppelzylinder-Ringbogenstellmotoren

35.2.2 Außen verstellbares Leitrad (Außenregelung). Hier sind sämtliche Verstellorgane leicht zugänglich und einwandfrei zu schmieren. Anstelle der Leitschaufelbolzen treten Schaufelstiele, die in langen Führungsbüchsen lagern und durch Stopfbüchsen abzudichten sind. Sie können mit der Leitschaufel in einem Stück aus Grau- oder Stahlguß hergestellt oder in die Leitschaufeln eingepreßt werden. Bei einer Leitradbreite $b_0 \leqq 75$ mm kann man die Leitschaufel auch einstielig, also fliegend lagern. Bei großen Leitradbreiten verwendet man zur Gewichtsersparnis geschweißte Stahlblechleitschaufeln.

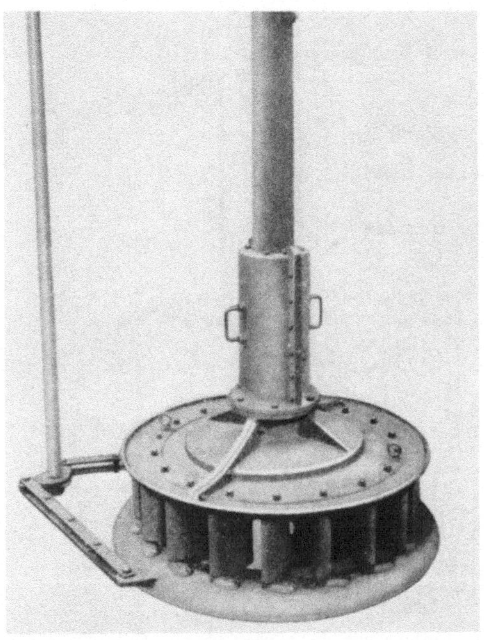

Abb. 153
Stehende Francisschachtturbine mit innenverstellbarem Leitrad (2-Stangenantrieb) (Voith)

Auf den Schaufelstielen sitzen die Verstellhebel. Die aus Verstellhebeln, Lenkern und Verstellring bestehende Verstellvorrichtung legt man bei liegenden Turbinen auf die Abtriebsseite (Abb. 85, 154) oder auf die Saugrohrseite (Abb. 84, 155). Bei stehenden Turbinen kommt sie stets auf die Abtriebsseite (Abb. 135, 146). Die Verstellhebel können nach innen wie nach außen schlagen (Abb. 149). Die abtriebsseitige Anordnung mit nach innen schlagenden Verstellhebeln erfordert den geringsten Aufwand an Raum und Gewicht.

Solange die Verstellarbeit A_r vom Reglerstellmotor aufzubringen ist, beschränkt man sich auf den Zweistangenantrieb (Abb. 85) oder auf einen einseitigen Stangenantrieb (Abb. 152b).

Wird A_r groß, so muß man den Stellmotor vom Drehzahlregler abtrennen und unmittelbar über dem Leitrad anordnen. Die beste Lösung erhält man hierbei mit zwei (4) achssymmetrisch zum Verstellring angeordneten Stellmotoren (Abb. 152c, 152d). Bei dieser Anordnung tritt nur noch ein Kräftepaar auf, bei dem die Führungskräfte am Verstellring verschwinden. Bevorzugt werden heute Ringbogenstellmotoren mit Doppelkolben (Abb. 152d, 156) oder Ringbogenstell-

9a*

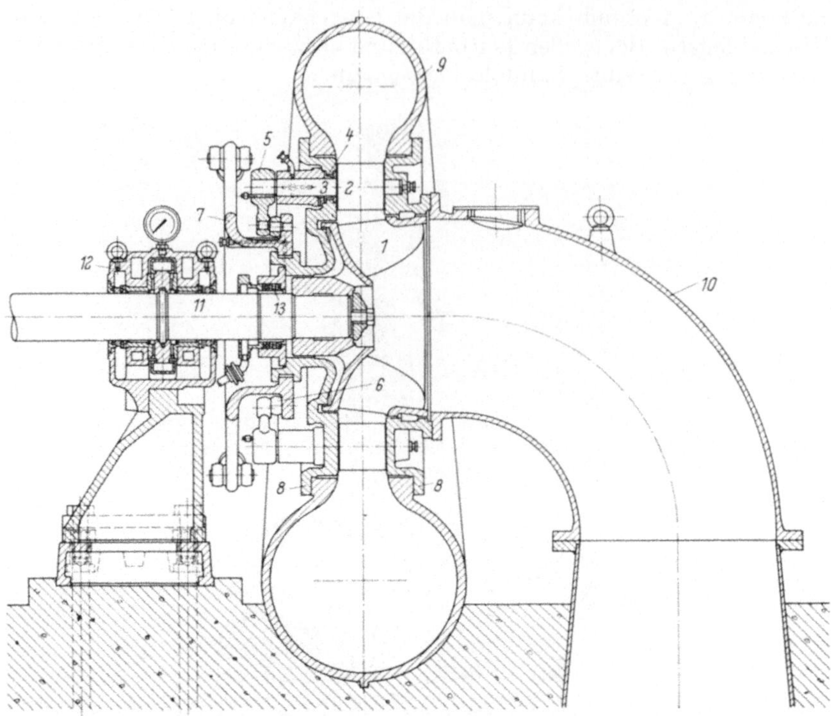

Abb. 154
Kleine Francisspiralturbine mit außen verstellbarem Leitrad (2-Stangenantrieb) (Voith)

1 Laufrad;   *2* Leitschaufel;   *3* Leitschaufelstiel;   *4* Stopfbüchse;   *5* Verstellhebel;   *6* Lenker;
7 Verstellring;   *8* Leitraddeckel;   *9* Graugußspiralgehäuse;   *10* Saugkrümmer;   *11* Welle;
12 Achsschub-Traglager;   *13* Wellenstopfbüchse

Abb. 155. Maschinensaal, Kraftwerk Rodund, Vorarlberger Illwerke. Francisspiralturbine mit
liegender Welle (Escher Wyss)

$H_n = 327$ bis 350 m, $Q_n = 16{,}0$ bis $16{,}5$ m³/s, $n_n = 500$ min^{-1}, $N_{n\,\mathrm{max}} = 67\,000$ PS

motoren mit Doppelzylinder (Abb. 68, 152d). Neuerdings verwendet
man sogar Einzelstellmotoren (Abb. 157).

Abb. 156. Doppelkolben-Ringbogenstellmotor zur Leitradverstellung (Voith)

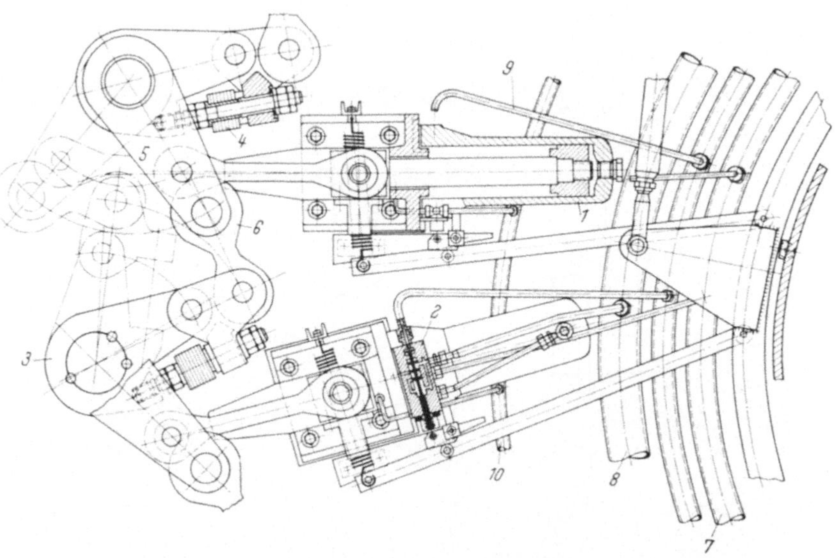

Abb. 157. Leitradverstellung durch Einzelstellmotoren (Escher Wyss)

1 Stellmotor; *2* Steuerventil; *3* Leitschaufelhebel; *4* Bruchsicherung; *5* Gelenkkettenhebel;
6 Gelenkkettenlenker;   *7* Steuerölleitung;   *8* Steuerdruckleitung;   *9* Notschlußleitung;
10 Leckölleitung

Da die Leitschaufelstiele keine Längskräfte aufnehmen können,
müssen zur Versteifung hoch beanspruchter Leiträder besondere Vor-
schaufelringe mit einem fest eingebauten Vorschaufelgitter (Abb. 135, 146)
vorgesehen werden.

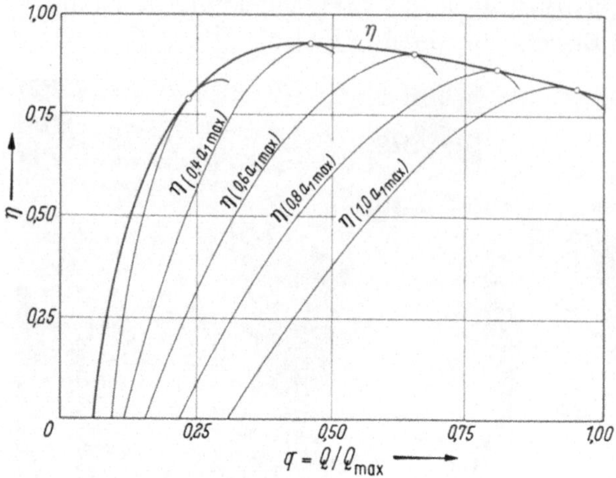

Abb. 158

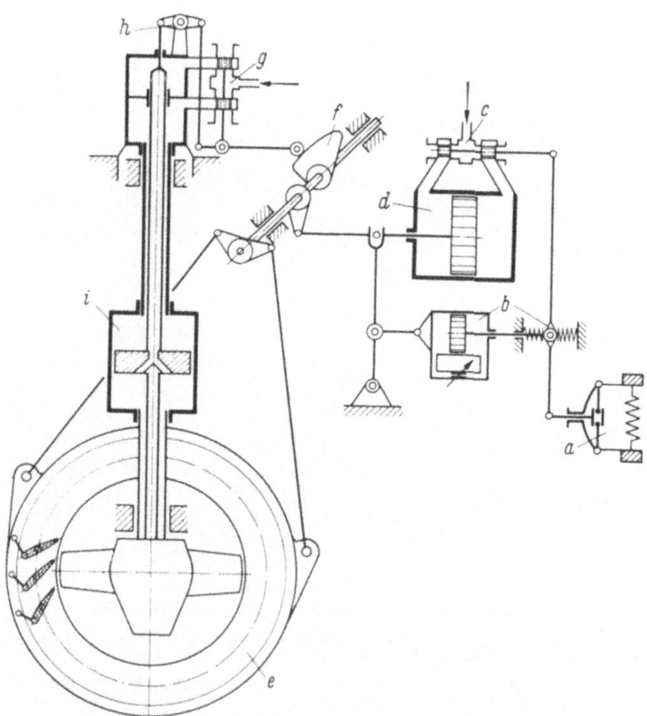

Abb. 159. Schema der Laufrad- und Leitradverstellung einer Kaplanturbine

a Reglermeßwerk (Fliehkraftpendel); d Leitradstellmotor mit Steuerkolben c und nachgiebiger Rückführung b; e Leitrad; f Steuerscheibe zur Kopplung der Laufrad- und Leitradregelstrecke; i Laufradstellmotor mit Steuerkolben g und starrer Rückführung h

35.2.3 Leit- und Laufradverstellung der Kaplanturbine. Bei Kaplan-turbinen ist die Laufradverstellung regeltechnisch derart mit der Leit-radverstellung zu koppeln, daß jeder Laufradstellung stets diejenige Leitradstellung zugeordnet wird, bei welcher der Gesamtwirkungsgrad η jeweils seinen Höchstwert erreicht (Abb. 158).

Diese η-Höchstwerte findet man, indem man die Turbine der Reihe nach bei konstanter Laufradstellung a_1 und konstanter Drehzahl n von Leerlauf bis Vollast durchbremst, die hierbei gemessenen η_{a_1}-Wir-kungsgrade in Funktion der Beaufschlagung q aufträgt und die Hüll-kurve an die η_{a_1}-Wirkungsgradkurven legt. Die Zuordnung wird erfüllt, wenn man, wie Abb. 159 schematisch zeigt, die Regelstrecke des Laufrad-stellmotors durch eine Steuerscheibe mit der Regelstrecke des Leitrad-stellmotors koppelt und die Kurvenbahn der Steuerscheibe so ausbildet, daß jedem η-Höchstwert eine bestimmte Scheibenstellung entspricht.

36. Das Saugrohr

Da die Austrittsenergie $c_2^2/2g$ mit der spezifischen Drehzahl n_s sehr rasch ansteigt und bei Kaplanturbinen im Vollastbereich nahezu 50%

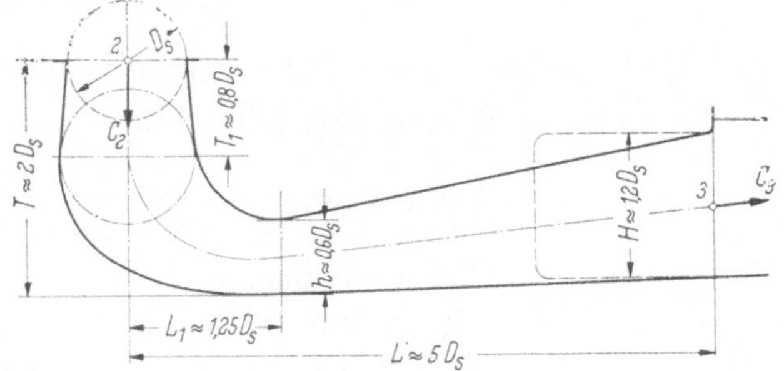

Abb. 160. Saugkrümmer

der verfügbaren Energie erreichen kann, ist die richtige Bemessung und Formgebung von Saugrohren und Saugkrümmern ausschlaggebend für die Erreichung hoher Gesamtwirkungsgrade,

Infolge des fast immer vorhandenen und zudem stark von der Beauf-schlagung abhängigen Austrittsdralls sind Richtung und Größe der absoluten Austrittsgeschwindigkeit c_2 und damit ihrer Umfangs- und Meridiankomponenten örtlich sehr verschieden. Außerdem treten zeit-lich veränderliche, von der Drehzahl und Laufradschaufelzahl ab-hängige und von der Formgebung der Spirale und des Saugkrümmers beeinflußte Geschwindigkeitsschwankungen auf, die sich rechnerisch nicht erfassen lassen. Man ist daher auch beim Entwurf von Saugrohren und Saugkrümmern weitgehend auf Versuchsunterlagen angewiesen.

Entscheidend für den Energieumsatz in Saugrohren und Saug-krümmern sind die Gesamtlänge L, die Querschnittserweiterung F_3/F_2 und bei Saugkrümmern außerdem die Gesamthöhe T sowie die Saug-kegelhöhe T_1 (Abb. 160).

Bei geraden, kegelig erweiterten Saugrohren mit kreisrunden Querschnitten lassen sich mit Saugrohrlängen von $L = 5$ bis $8 \left(\sqrt{F_3} - \sqrt{F_2} \right)$ und einem Erweiterungswinkel $\varphi_s = 8$ bis $10°$ Saugrohrwirkungsgrade von 70 bis 80 % erreichen. Da aber F_3 nach oben durch eine maximal zulässige Austrittsgeschwindigkeit von $c_3 \approx 1$ m/s begrenzt wird, ergeben sich sehr rasch Saugrohrlängen, die tiefe, also teure Wasserbauten erfordern und die Kavitationsgefahr erhöhen. Es muß dann anstelle des Saugrohrs der Saugkrümmer treten. Will man hier gute Wirkungsgrade erreichen, so muß man für eine gute Druckverteilung im Saugrohrbogen sorgen, einen möglichst steten Übergang vom kreisrunden Saugkegelquerschnitt F_2 zum rechteckigen Austrittsquerschnitt F_3 schaffen und zur Vermeidung von Rückströmung die mittlere Austrittsgeschwindigkeit c_3 in der Gegend von 1 m/s halten. Bei Einhaltung der in Abb. 160 angegebenen Maße lassen sich Saugrohrwirkungsgrade bis zu 85 % erreichen.

Betonsaugkrümmer müssen dicht sein, glatte Oberflächen haben und bei hohen Austrittsgeschwindigkeiten c_2 im Saugkegelbereich mit einer Stahlblechpanzerung ausgekleidet werden (Abb. 83).

VIII. Berechnung und Konstruktion der Freistrahl- (Pelton-) Turbine

37. Das Laufrad

37.1 Hauptabmessungen

Die Laufradabmessungen werden vom Strahlkreisdurchmesser D_1 und vom Strahldurchmesser d_0 bestimmt. Mit der für Peltonturbinen gültigen spezifischen Umfangsgeschwindigkeit $\bar{u}_1 = 0{,}45$ bis $0{,}48$ folgt aus Gl. 23 der Strahlkreisdurchmesser

$$D_1 = \frac{84{,}6\,u_1}{n_1} = \frac{38}{n_1} - \frac{40}{n_1} \quad [\text{m}]. \tag{36}$$

Mit dem Strahlquerschnitt $f_0 = \dfrac{\pi\,d_0^2}{4}$ m² und der bei gut ausgebildeten Nadeldüsen zu erreichenden Strahlgeschwindigkeit $c_0 = 0{,}98\,\sqrt{2 H g_e}$ m/s erhält man aus der Stetigkeitsbedingung $Q_n = c_0\,f_0$ zusammen mit Gl. (15) den Strahldurchmesser

$$d_0 = 0{,}543\,\sqrt{Q_1} \quad [\text{m}]. \tag{37}$$

37.2 Entwurf und Konstruktion

Außer D_1 und d_0 müssen für den Entwurf des Laufrades die Schaufelabmessungen, die Lage der Schaufel zum Strahl und die Schaufelteilung t_1 vorliegen.

Von der bereits beschriebenen, aus zwei symmetrischen, ellipsoidförmigen Halbschalen gebildeten Schaufel verlangt man, daß sie dem Strahl möglichst vollständig seine Strömungsenergie entzieht. Dies erfordert stetig gekrümmte, sorgfältig ausgeschliffene, völlig symmetrische und richtig bemessene Schaufelschalen und eine Schaufelteilung t_1, bei der die Strahlenergie bis zum letzten Tropfen des von der Schaufel verarbeiteten Strahlstücks ausgenützt wird. Gute Verhältnisse ergeben sich, wenn man bei der Bemessung der Schaufel innerhalb folgender Werte bleibt:

$$h = 2{,}8 \text{ bis } 3{,}2\, d_0; \quad b = 2{,}8 \text{ bis } 3{,}2\, d_0; \quad t = 0{,}8\, d_0 \text{ (Abb. 161)}$$

und den Schneidenwinkel $\varphi_s = 7$ bis $15°$, den Schaufelwinkel $\beta_2 = 4$ bis $8°$ einhält (Abb. 96).

Soll das Wirkungsgradmaximum im Teillastbereich liegen, so sind die kleinen Werte zu nehmen. Strebt man dieses Maximum im Vollastbereich an, so wähle man die großen Werte.

Man kann die Schaufeln einzeln (Abb. 162, 163) oder paarweise (Abb. 162) auf der Laufradscheibe befestigen oder sämtliche Schaufeln mit der Laufradscheibe aus einem Stück gießen (Abb. 69). Diese Bauweise wird dort notwendig, wo das Verhältnis d_0/D_1 so groß wird, daß sich Einzelschaufeln nicht mehr einwandfrei am Laufradscheibenumfang befestigen lassen. Die Schaufeln werden durch Längs- mitunter auch durch Querrippen versteift. Einzelne und paarweise zusammengegossene Schaufeln erhalten in Verlängerung der Längsrippen 2 Befestigungspratzen, mit

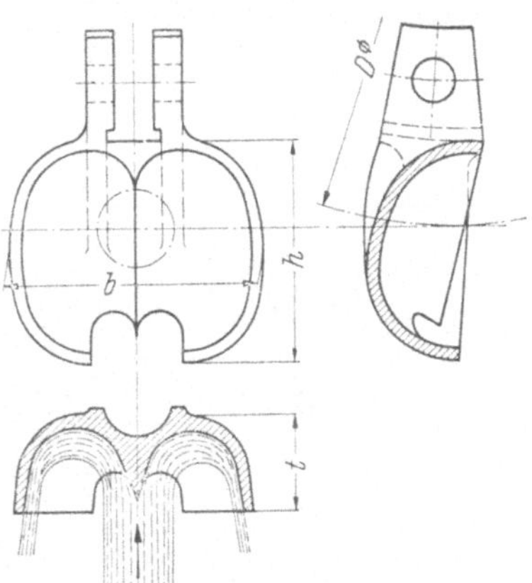

Abb. 161. Peltonschaufel

denen sie durch zylindrische oder schwach kegelige Paßschraubenbolzen am Umfang der Laufradscheibe befestigt und durch Kegelspannbolzen oder Spannkeile gegenseitig verspannt werden (Abb. 162). Mit dieser Ringverspannung erreicht man eine gleichmäßige Verteilung der Strahlkraft auf den ganzen Umfang der Laufradscheibe.

Schwach beanspruchte, kleine Einzelschaufeln und Laufradscheiben sowie aus einem Stück gegossene Laufräder werden aus Grauguß, hoch beanspruchte, große Einzelschaufeln und Laufradscheiben sowie aus einem Stück gegossene Laufräder aus hochwertigem, legiertem Stahlguß hergestellt.

Beim Durchgang durch das Laufradschaufelgitter wird der Strahl von den umlaufenden Schaufeln in Einzelstücke zerhackt. Die Schaufelteilung t_1 ist daher in den Grenzen zu wählen, in denen, wie oben erwähnt, die Strahlenergie bis zum letzten Wassertropfen sicher an die Schaufel abgegeben wird.

t_1 findet man mit Hilfe der äußeren Relativbahn R_a, auf welcher der letzte, von der Schaufelschneide S angeschnittene Wassertropfen O des vollen Strahles relativ durch das Laufrad schlüpft. (Abb. 163).

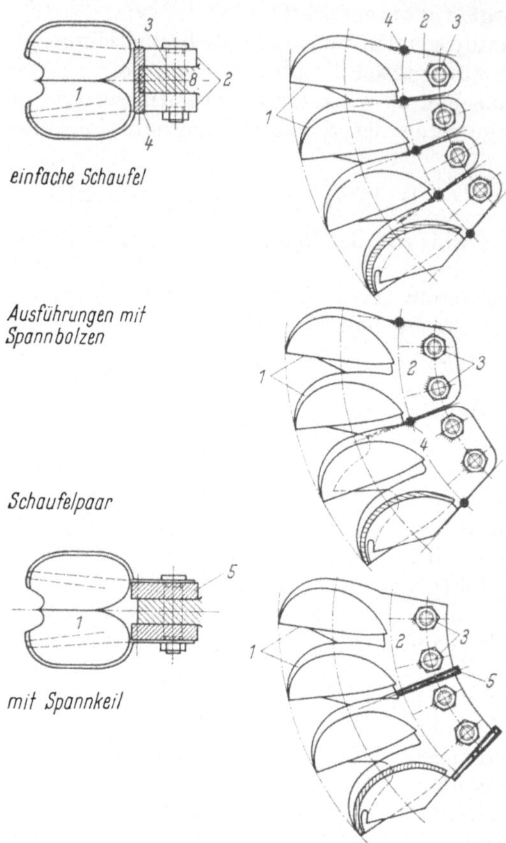

Abb. 162. Befestigung und Verspannung von Pelton-schaufeln (Escher Wyss)

1 Schaufel; *2* Schaufelpratzen; *3* Paßschraubenbolzen; *4* Spannbolzen; *5* Spannkeile

Der von R_a auf dem Spitzenkreis $D_s = D_1 + 2e$ abgeschnittene Kreisbogen, die Schlüpfungsteilung t_s, ist dann das obere Grenzmaß für die Schaufelteilung t_1 und damit für die Schaufelzahl $z_1 = \pi D_1/t_1$. Um sicher zu gehen, daß kein Wasserteilchen ohne vollständige Energieabgabe durch das Laufradschaufelgitter schlüpft, nimmt man $t_1 = 2/3$ bis $3/4\, t_s$.

Wichtig ist weiter die Lage der Schaufelschneide S zum Strahl. Die Schaufelschneide soll nämlich innerhalb der Beaufschlagungszone möglichst wenig von der Senkrechten abweichen, weil sich nur dann der Strahl in der Schaufel hinreichend zusammen halten läßt und die Energieverluste klein bleiben. Dies läßt sich erreichen, wenn man die Strahleneinschneidung $e = 1,1$ bis $1,2\, d_0$ macht und die Schaufelschneide S möglichst in der Mitte zwischen dem ersten und letzten vollen Auftreffen senkrecht zum Strahl stellt. Verfährt man nach dieser Vorschrift, so erhält man Schaufelzahlen, bei denen sich die Schaufeln bis zu $n_s \cong 30$ noch sicher auf dem Umfang der Laufradscheibe unterbringen lassen.

Das letzte volle Auftreffen ergibt sich aus der inneren Relativbahn R_i, auf welcher der erste von der Schaufelschneide S angeschnittene Wassertropfen O' durch das Laufradschaufelgitter geht.

Zur Konstruktion der beiden Relativbahnen R_a und R_i trägt man von O (O') aus auf dem Umfang des Spitzenkreises vom Durchmesser D_s gleiche Teile von der Größe $u_s\, \varDelta\tau = 0\,1', 1'\,2' \ldots$ und auf der Strahlmantellinie m (m') gleiche Teile von der Größe $c_0\, \varDelta\tau = 0\,1'', 1''\,2'' \ldots$ ab.

Dabei ist $u_s = D_s/D_1\,u_1$; $\varDelta\tau$ beliebige Zeiteinheit. Beschreibt man jetzt um M Kreise durch die Punkte $1''$, $2''$, $3''$ ... und um $O(O')$ Kreise mit den Radien $1'\,1''$, $2'\,2''$ ..., so sind die Schnittpunkte $1, 2, 3$ ... dieser Kreisbögen mit denjenigen um M Punkte der Relativbahn $R_a(R_i)$.

Besondere Sorgfalt ist auf die Ausbildung des Strahlausschnitts in der Schaufel zu legen. Seine Breite b_s soll etwa $1,1\,d_0$ sein. Damit der

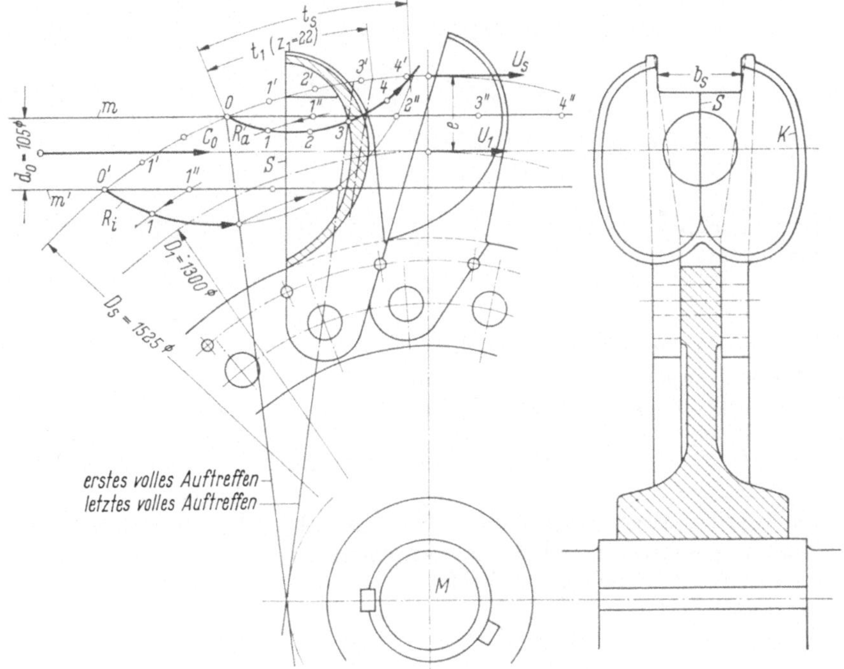

Abb. 163. Konstruktion der Relativbahnen

Strahl beim Anschneiden möglichst wenig verletzt wird, hinterschneidet man den Schaufelrücken, soweit es die Schaufelwandstärke zuläßt, über die Breite b_s hinweg mindestens in Richtung von R_a.

Schaufelschneide S und Schaufelaustrittskante K kann man in eine Ebene legen oder schränken. Bei mehrdüsiger Anordnung darf der Zentriwinkel zwischen den Düsen nicht kleiner als $50°$ werden, damit sich die Strahlen gegenseitig nicht stören.

An den Schaufeln greifen Fliehkräfte C und Strahlkräfte P_s an, die bei großen Nennfallhöhen und großen Schaufelabmessungen sehr hohe Beträge erreichen können.

Mit dem Schaufelgewicht G, das aus der Schaufelzeichnung errechnet, besser aber aus dem Gewicht ausgeführter, geometrisch ähnlicher und werkstoffgleicher Schaufeln ermittelt wird, und dem Schwerpunktshalbmesser $R'_s \approx D_1/2$ ergibt sich, wenn noch $u'_s \approx u_1$ gesetzt wird, die

10*

Fliehkraft

$$C = \frac{m\,u_s'^2}{R_s} = \frac{2\,G\,u_1^2}{g\,D_1} \quad [\text{kp}]. \tag{38}$$

C verschwindet bei $n = 0$ und erreicht seinen Höchstwert bei der Durchgangsdrehzahl n_d. Man erhält dann mit $u_1 = 0{,}48\,\sqrt{2g\,H_e}$ m/s bei der Betriebsdrehzahl n_n

$$C_n \approx 0{,}9 \cdot \frac{G\,H_e}{D_1} \quad [\text{kp}], \tag{38a}$$

bei einer Durchgangsdrehzahl $n_d = 1{,}8\,n_n$

$$C_d \approx 3 \cdot \frac{G\,H_e}{D_1} \quad [\text{kp}] \tag{38b}$$

und für eine beliebige Drehzahl n

$$C = (n/n_n)^2\,C_n \quad [\text{kp}]. \tag{38c}$$

Bei voller Beaufschlagung $q = Q/Q_n = 1$ folgt aus dem Impulssatz die Strahlkraft

$$P_s = \frac{\gamma\,Q_n}{g}\,(c_{u1} - c_{u2}) \quad [\text{kp}]. \tag{39}$$

Sie erreicht ihren Höchstwert bei $n = 0$ und wird bei $n = n_d$ zu Null. Nun wird aber bei festgebremsten Laufrad ($n = 0$!) $c_{u_2} = -c_{u_1} \approx c_0$ und somit die größte Strahlkraft

$$P_{s_\text{max}} = 2 \cdot \frac{\gamma\,Q_n}{g}\,c_0 \quad [\text{kp}]. \tag{39a}$$

Da bei der Betriebsdrehzahl n_n der Strahl praktisch senkrecht zur Umfangsgeschwindigkeit u aus der Schaufel austritt, also $c_{u_2} = 0$ wird, erhält man hier eine Strahlkraft

$$P_{s_n} = \frac{\gamma\,Q_n}{g}\,c_0 \quad [\text{kp}]. \tag{39b}$$

Mit $c_{u_1} \approx c_0 = 0{,}98\,\sqrt{2g\,H_e}$ m/s und $Q_n = \dfrac{\pi\,d_0^2}{4}\,c_0$ m³/s läßt sich jetzt P_{s_max} und P_{s_n} aus Gl. (39a) und (39b) bzw. aus den gestutzten Gleichungen

$$P_{s_\text{max}} \approx 3000\,d_0^2\,H_e \quad [\text{kp}] \tag{39c}$$

und

$$P_{s_n} \approx 1500\,d_0^2\,H_e \quad [\text{kp}] \tag{39d}$$

(d_0 und H_e in m!) berechnen.

Die Schaufeln, auf die somit eine resultierende Kraft $R = \sqrt{C^2 + P_s^2}$ wirkt, werden von der Fliehkraft C stetig auf Zug, von der Strahlkraft P_s dagegen hammerschlagartig schwellend auf Biegung beansprucht. Entscheidend ist vor allem die in den Schaufelpratzen bzw.

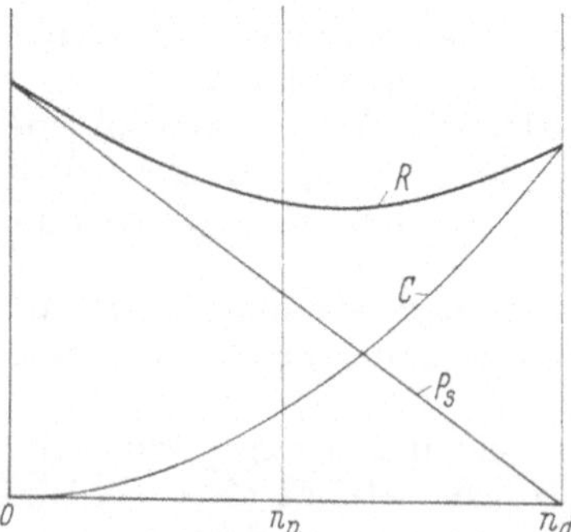

Abb. 164. Kräfte an der Peltonschaufel

im Schaufelfuß auftretende Höchstspannung. Um sicher zu gehen, trägt man C und P_s in Funktion der Drehzahl n auf (Abb. 164) und hält die sich aus R ergebende Höchstspannung bei n_n unter der zulässigen Dauerschwellfestigkeit.

Infolge dieser Beanspruchung ist größte Sorgfalt auf die Bearbeitung einer von jeder Schleifspur freien Schaufelinnenfläche zu legen, da kleinste Schleifspuren zu Dauerbrüchen führen können.

38. Die Nadeldüse

Von einer Nadeldüse (Abb. 165) wird verlangt, daß sie einwandfrei schließt, in jeder Nadelstellung s einen glatten, drallfreien und kreisrunden Strahl erzeugt und bei geringsten Energieverlusten jeden gewünschten Wasserstrom sicher einregelt. Sie muß daher zur Vermeidung des Dralls und unnötiger Energieverluste ein genau zentriertes, mit

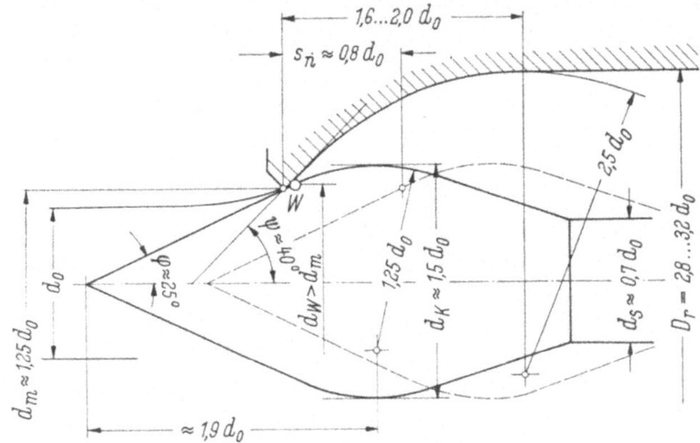

Abb. 165. Nadel- und Düsenabmessungen

langen und gut profilierten Rippen ausgestattetes Führungskreuz, einen Zulaufkrümmer mit großem Krümmungsradius erhalten, den Wasserstrom scharf beschleunigen und mit einem fein einstellbaren Nadelantrieb ausgestattet werden, der kleine Verstellkräfte erfordert.

Nadeldüsen, die diesen Forderungen entsprechen, pflegen die in Abb. 165 angegebenen Abmessungen zu haben. Die kleinen Werte gelten für $H_e < 400$ m, die großen Werte für $H_e > 400$ m. Bei richtig bemessenen Nadeldüsen verläuft der Wasserstrom zwischen Schluß- und Vollaststellung angenähert proportional dem Nadelhub s (Abb. 166) und es liegt der Wendepunkt W (Abb. 165) innerhalb der Düse.

Dem Entwurf legt man die Werte der Abb. 165 und zunächst einen Nadelhub $s_n \approx 0,8\ d_0$ zugrunde, der anhand der Wasserstromkennlinie (Abb. 166) nachgeprüft gegebenenfalls abgeändert werden muß.

Aus der Stetigkeitsbedingung erhält man mit dem Ausflußquerschnitt $f_m = 2\pi\, r\, a$ m² und der Abb. 166 zu entnehmenden Ausflußziffer μ den Wasserstrom $Q = \mu\, f_m \sqrt{2g\, H_e}$ m³/s. Rechnet man jetzt für 3 bis 4

f_m-Querschnitte Q aus und trägt diese Q-Werte über den entsprechenden s-Werten auf, so erhält man die Wasserstromkennlinie der Düse (Abb. 166) und den bei Q_n erforderlichen s_n-Wert. Die Wandstärken des Zulaufkrümmers und der Düse bestimmt man nach den für Rohre

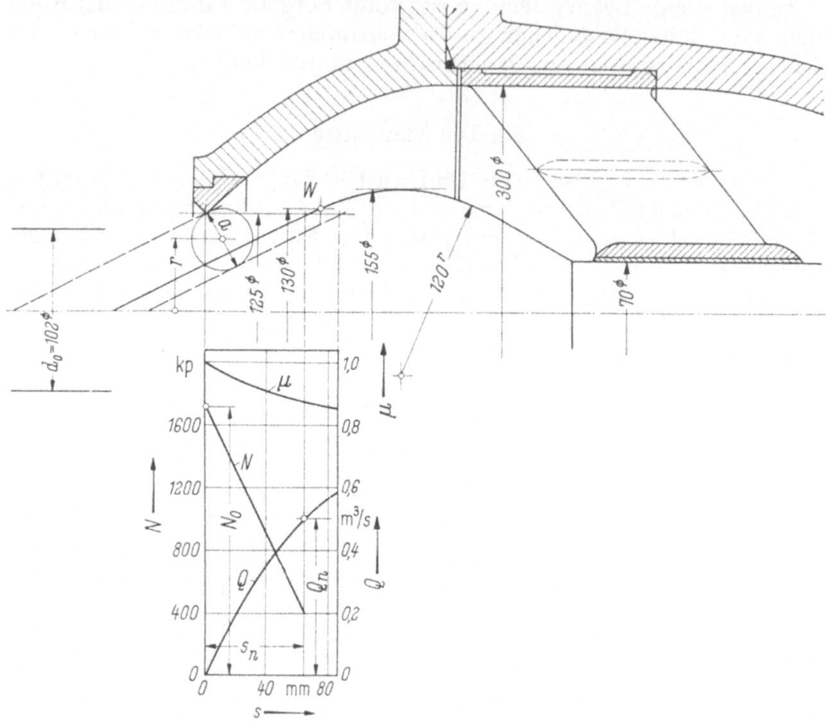

Abb. 166. Konstruktion der Nadeldüse, Wasserstromkontrolle

geltenden Regeln (Abschn. 5.2.5, S. 35). Bleibt die Beanspruchung unter 150 kp/cm², so können Graugußkrümmer und -düsen verwendet werden. Darüber hinaus muß Stahlguß gewählt werden. Sämtliche Flanschverbindungen müssen absolut dicht sein. Große Sorgfalt ist auf die Ausführung der Nadelschaftstopfbüchsen zu legen.
Mit Rücksicht auf einfachen Einbau wird der Nadelkopf auf die Nadelschaft aufgeschraubt und vielfach noch geteilt. Alle durch Korrosion oder Sandschliff gefährdeten Teile der Düse und Nadel müssen aus korrosionsfestem Stahl hergestellt werden und auswechselbar sein.

39. Strahlablenker, Nadel- und Ablenkerverstellung

Die gefährlichen Druckstöße, die bei plötzlichen Belastungsänderungen in einer Turbinenrohrleitung auftreten (s. a. Abschn. 5.2.4, S. 32) lassen sich nur durch langsames Schließen der Nadel, also nur durch lange Schlußzeiten T_s vermeiden. Hierbei ergibt sich aber eine sehr träge und daher unbrauchbare Drehzahlregelung der Turbine. Dieser Nachteil läßt sich bei Freistrahlturbinen vermeiden, wenn man einen Strahlablenker als zusätzliches Regelorgan vorsieht. Da der Strahlablenker den Strahl bei jeder Belastungsänderung sofort und unmittelbar zum Unter-

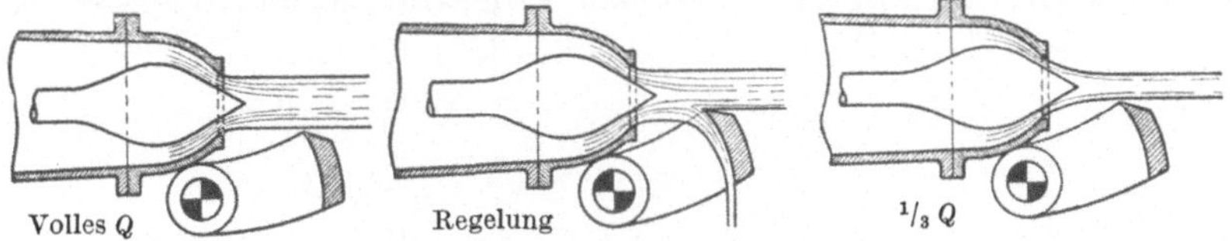

Abb. 167. Wirkungsweise des Strahlablenkers

wasser abweist, kann man die Nadel ohne Beeinträchtigung der Regelung so langsam verstellen, daß keine nennenswerte Druckstöße mehr auftreten.

Den Strahl kann man durch schneidende oder durch drückende Ablenker vom Laufrad abweisen. Der drückende Ablenker benötigt zur Strahlablenkung kurze Wege. Er zerquetscht aber den Strahl. Der schneidende Ablenker (Abb. 167) braucht zum Abschneiden des vollen Strahles einen langen Weg, dafür schont er aber den restlichen Strahl.

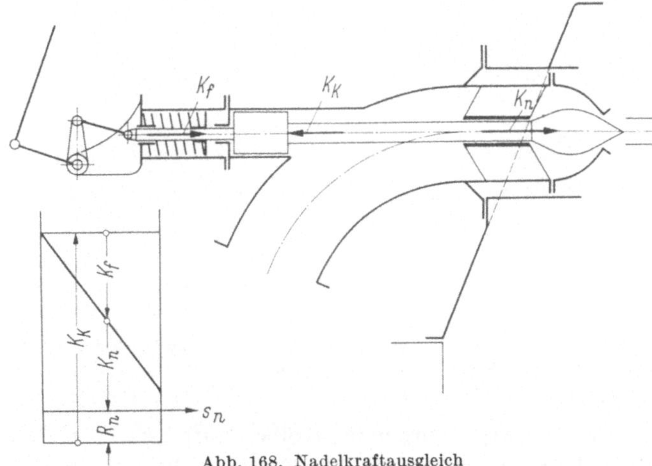

Abb. 168. Nadelkraftausgleich

Strahlablenker werden durch die Strahlablenkung hoch beansprucht. Sie müssen daher kräftig, meist am Düsenkopf, gelagert werden (Abb. 172). Ausschlaggebend für die Bemessung des Nadel- und Ablenkerantriebs sind die an Nadel und Ablenker wirksamen Strahlkräfte.

Die Nadelkraft K_n, die sich mit Hilfe des Impulssatzes bestimmen läßt, erreicht ihren Höchstwert $K_{n_{max}}$ bei geschlossener Düse, und sinkt dann nahezu proportional mit dem Nadelhub s auf einen Kleinstwert $K_{n_{min}}$ ab, dessen Betrag von der Formgebung der Düse und Nadel abhängt (Abb. 168).

Mit dem Düsenmündungsdurchmesser d_m, dem Nadelschaftdurchmesser d_s und dem in der Düse herrschenden statischen Druck $p = H_e/10$ wird $K_{n_{max}} = \pi/4\,(d_m^2 - d_s^2)\,p$. Um möglichst kleine und konstante Nadelverstellkräfte zu erhalten, läßt man entgegen der Schließrichtung eine mit dem Nadelhub s proportionale Federkraft K_f und außerdem eine

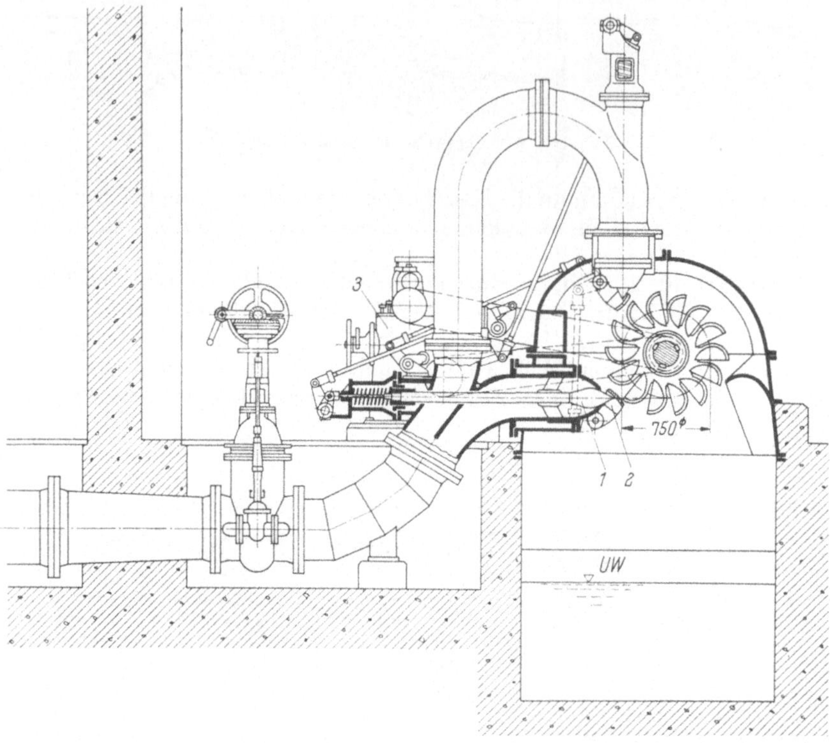

Abb. 169. Nadel- und Strahlablenkerverstellung einer kleinen, 2düsigen Peltonturbine (Voith)
1 Nadeldüse mit Ausgleichskolben und Ausgleichsfeder;   *2* Strahlablenker;   *3* Doppelregler

konstante, K_f entgegenwirkende Kolbenkraft $K_k = \pi/4\,(D_k^2 - d_s^2)\,p$ eines Ausgleichkolbens vom Durchmesser D_k in einer Größe wirken, daß die resultierende Kraft $R_n = K_n + K_f - K_k$ stets auf Öffnen der Nadel wirkt. Sie wird so groß gehalten, daß sie die Reibungskräfte des gesamten Nadelantriebs sicher überwindet. Damit wird die Verstellarbeit für die Nadel $A_n = R_n\,s_n$, wobei s_n der nutzbare Nadelhub ist.

Die Verstellkräfte und damit die Verstellarbeit A_{ab} für den Strahlablenker lassen sich nur durch Versuche feststellen. Überschlägig wird, wenn z_a die Anzahl der Strahlablenker ist und d_0, der Strahldurchmesser in cm eingesetzt wird, die Ablenkerverstellarbeit

$$A_{ab} \approx z_a\,\frac{d_0^3\,H_e}{2600} \quad [\text{mkp}].$$

Düse und Ablenker sind dicht an das Laufrad zu rücken, damit der Strahl noch völlig geschlossen in das Laufrad eintritt.

Solange die Verstellarbeit $A_r = A_n + A_{ab}$ klein bleibt, werden Nadel und Ablenker durch je einen Stangenantrieb unmittelbar vom Drehzahl-

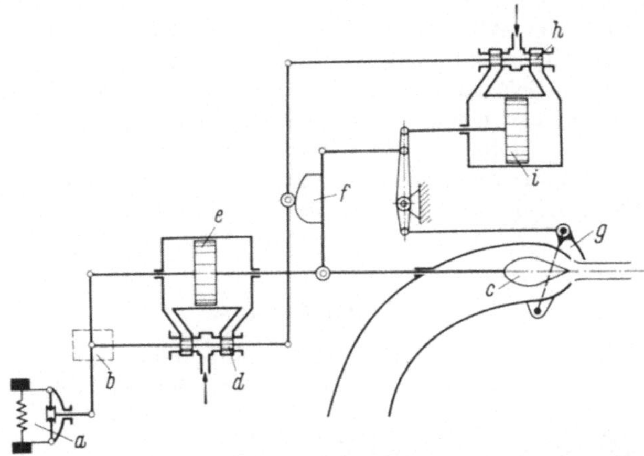

Abb. 170. Schema der Nadel- und Strahlablenkerverstellung einer Freistrahlturbine
a Reglermeßwerk (Fliehkraftpendel); *c* Nadel; *e* Nadelstellmotor mit Steuerkolben *d* und nachgiebiger Rückführung *b*; *f* Steuerscheibe zur Kopplung der Nadel- und Strahlablenkerregelstrecke; *g* drückender Strahlablenker; *i* Strahlablenkerstellmotor mit Steuerkolben *h*

regler verstellt. Er muß dann als Doppelregler, also mit 2 Stellmotoren ausgeführt werden, von denen der eine die Verstellarbeit A_n für die Nadel und der andere die Verstellarbeit A_{ab} für den Strahlablenker liefert (Abb. 169).

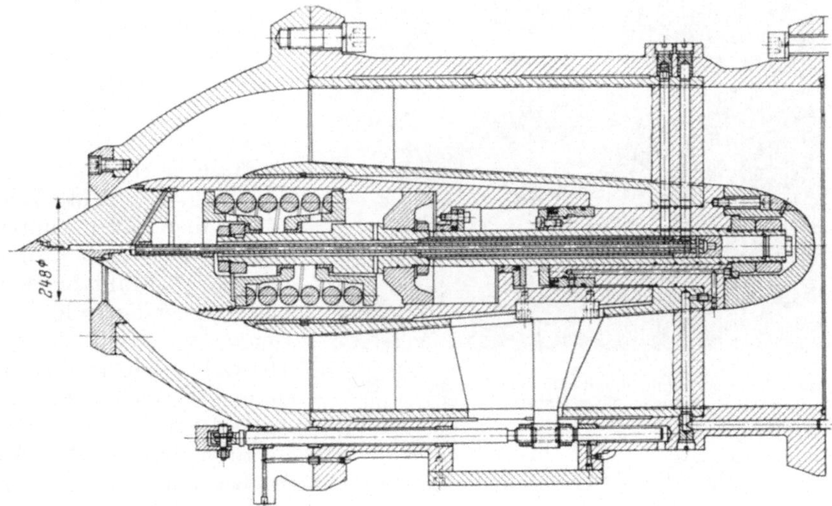

Abb. 171. Nadeldüse mit innenliegendem hydraulischem Nadelantrieb (Voith)

Bei großen Freistrahlturbinen trennt man die Stellmotoren vom Drehzahlregler ab und ordnet je einen Stellmotor der Nadel wie dem Strahlablenker zu (Abb. 88, 170). In jedem Fall muß man auch hier die Regelstrecken des Nadel- und Strahlablenkerantriebs regeltechnisch über eine Steuerscheibe koppeln. Dabei ist ihre Kurvenbahn derart auszubilden, daß der Ablenker bei plötzlicher Belastungsänderung ihrer Größe entsprechend sofort den Strahl ablenkt, die Nadel langsam in ihre der neuen Belastung entsprechende Stellung gelangt und gleichzeitig der Ablenker wieder so weit zurückgeschwenkt wird, daß er, sofort von neuem eingriffsbereit, dicht am Strahl liegt.

Neuestens wird, wie Abb. 171 zeigt, der gesamte hydraulische Nadelantrieb bei großen Freistrahlturbinen unmittelbar in den nunmehr schaftlosen und damit strömungstechnisch sehr guten Nadelkopf eingebaut.

40. Das Gehäuse

Das Gehäuse, welches das Laufrad samt Düsen und Strahlablenker aufnimmt, muß Welle und Lagerung, die die Strahlkräfte auf das Fundament übertragen und dem fächerförmig aus dem Laufrad austretenden Strahl reichlich Platz für den ungestörten Abfluß zum Unterwasser bieten. Es muß also formsteif, standfest, geräumig und bei Anordnung für liegende Welle auch noch formschön sein. Bei Freistrahlturbinen mit liegender Welle teilt man mit Rücksicht auf Transport und Einbau in der Regel das Gehäuse horizontal, legt dabei den Teilflansch auf, über oder unter Wellenmitte und bringt Düsen, Strahlablenker und Wellenlagerung im Gehäuseunterteil unter. Der Gehäuseoberteil kann dann als leichte Spritzwasserhaube mit einer

Abb. 172. Anordnung des Strahlablenkers an der Nadeldüse einer 2düsigen Einradfreistrahlturbine (Voith)

lichten Breite von 1,2- bis 1,4mal Schaufelbreite ausgebildet werden. An die Rückwand des Gehäuseunterteils flanscht man bei 1düsigen Turbinen den Düsenkrümmer so an, daß der Strahl schräg nach unten geht. Bei 2düsigen, meist großen Turbinen muß man die untere Düse unter Flur legen, an einer besonderen, fest mit dem Gehäuseunterteil verbundenen Düsenplatte befestigen und einen schräg nach oben gerichteten Strahl in Kauf nehmen. Damit der aus dem Laufrad austretende Strahl ungestört zum Unterwasser gelangt, muß man eine Gehäuseunterteilbreite von 3- bis 4mal Schaufelbreite, kräftige, sanft gekrümmte Ablenkwände, bei 2düsigen Turbinen über der unteren Düse einen Strahlabweissattel und bei großen Maschinen außerdem noch eine Schachtpanzerung vorsehen. Düsenrohrstutzen, kräftig verrippte Düsenplatten und Doppelwände tragen zur weiteren Versteifung des Gehäuses bei (Abb. 88, 172).

Abb. 169 zeigt eine für kleine und mittlere, 2düsige Freistrahlturbinen gebräuchliche Gehäuseform, bei der die obere Düse im kräftig ausgebildeten Rückenteil der Gehäusehaube untergebracht ist und der obere Strahl senkrecht nach unten geht. Stehende, mehrdüsige Freistrahlturbinen (Abb. 89a) erhalten geschweißte Gehäuse mit dicht an die Laufradscheibe reichenden, ringförmigen und sehr geräumig bemessenen Ablenkwänden.

41. Zahlenbeispiel

Für eine Peltonturbine mit liegender Welle, die bei $H_e = 200$ m einen Wasserstrom $Q_n = 0,5$ m³/s verarbeiten und mit einer Drehzahl $n_n = 425$ min⁻¹ laufen muß, sind Laufrad und Nadeldüse zu entwerfen.

1. Laufrad. Mit einem geschätzten Wirkungsgrad $\eta = 0,85$ erhält man die Nutzleistung

$$N_n = \frac{\gamma \, Q_n H_e}{75} \, \eta = \frac{1000 \cdot 0,5 \cdot 200}{75} \cdot 0,85 = 1130 \text{ PS}$$

und damit eine spezifische Drehzahl

$$n_s = \frac{n_n}{H_e} \sqrt{\frac{N_n}{\sqrt{H_e}}} = \frac{425}{200} \sqrt{\frac{1130}{\sqrt{200}}} = 19,$$

also einen 1düsigen Normalläufer. Mit $n_1 = \dfrac{n_n}{\sqrt{H_e}} = \dfrac{425}{\sqrt{200}} = 30$ min⁻¹ und

$Q_1 = \dfrac{Q_n}{\sqrt{H_e}} = \dfrac{0,5}{\sqrt{200}} = 0,0354$ m³/s ergibt sich aus Gl. (36) ein Strahlkreisdurchmesser von

$$D_1 = \frac{39}{n_1} = \frac{39}{30} = 1,3 \text{ m}$$

und aus Gl. (37) ein Strahldurchmesser von

$$d_0 = 0,543 \sqrt{Q_1} = 0,543 \sqrt{0,0354} = 0,102 \text{ m}.$$

Weiter wird mit $e_1 = 1,1 \, d_0 = 1,1 \cdot 0,102 = 0,112$ m der Spitzenkreisdurchmesser $D_s = D_1 + 2e_1 = 1,3 + 0,224 = 1,524$ m, der mit $D_s = 1,525$ m ausgeführt wird. Damit kommt

$$u_1 = \frac{\pi \, D_1 n_n}{60} = \frac{\pi \, 1,3 \cdot 425}{60} = 28,8 \text{ m/s}$$

bzw.

$$\bar{u}_1 = \frac{u_1}{\sqrt{2g H_e}} = \frac{28,8}{\sqrt{2g \cdot 200}} = 0,46$$

10 a*

und

$$\bar{u}_s = \frac{D_s}{D_1}\,\bar{u}_1 = \frac{1{,}525}{1{,}3}\cdot 0{,}46 = 0{,}54\,.$$

Die mit $\bar{u}_s = 0{,}54$ und $\bar{c}_0 = 0{,}98$ konstruierte äußere Relativbahn Ra (Abb. 163) läßt dann $z_1 = 22$ Schaufeln zu und ergibt das erste volle Auftreffen des Strahles auf die Schaufelschneide S. Mit der entsprechend konstruierten inneren Relativbahn Ri findet man das letzte volle Auftreffen. Die Schaufelschneide S legt man, wie gewünscht, ungefähr in der Mitte zwischen ersten und letzten vollen Auftreffen senkrecht zum Strahl.

Es werden Stahlgußeinzelschaufeln mit 2 Versteifungsrippen und 2 Befestigungspratzen vorgesehen. Ihre Form und Abmessung zeigt Abb. 163. Das Schaufelgewicht wird auf $G_s = 25$ kp geschätzt. Auf jede Schaufel wirkt dann bei der Betriebsdrehzahl $n_n = 425\ \mathrm{min}^{-1}$ eine Fliehkraft von

$$C = \frac{2\,G}{g}\,\frac{u_1^2}{D_1} = \frac{2\cdot 25}{9{,}81}\,\frac{28{,}8^2}{1{,}3} \approx 3250\ \mathrm{kp}$$

und eine Strahlkraft von

$$P_s = 1500\,d_0^2\,H_e = 1500\cdot 0{,}1^2\cdot 200 \approx 3000\ \mathrm{kp}\,.$$

Die resultierende Kraft

$$R = \sqrt{C^2 + P_s^2} = \sqrt{3250^2 + 3000^2} \approx 4400\ \mathrm{kp}$$

läßt sich durch einen vorwiegend auf Abscheren beanspruchten, zylindrischen Stahlpaßbolzen von $d = 50$ mm $\varnothing$ und einen Spannbolzen sicher aufnehmen.

2. Nadeldüse (Abb. 166). Unter Zugrundelegung eines Strahldurchmessers von $d_0 = 105$ mm und der Vorschriften gemäß Abb. 165 werden folgende Abmessungen gewählt:

$$d_m = 125\ \mathrm{mm}\,,\qquad D_r = 300\ \mathrm{mm}\,,\qquad d_k = 155\ \mathrm{mm}\,,\qquad d_s = 70\ \mathrm{mm}\,.$$

Bei dem zunächst gewählten Nadelhub $s_n = 0{,}8\,d_0 = 0{,}8\cdot 0{,}105 = 0{,}084$ m $= 8{,}4$ cm wird mit dem Abb. 166 entnommenen Ausflußbeiwert $\mu = 0{,}85$, mit $r = 4{,}5$ cm, $a = 3{,}9$ cm, also mit einem Düsenausflußquerschnitt $f_m = 2\pi\,r\,a = 2\pi\cdot 4{,}5\cdot 3{,}9 = 110$ cm² der Wasserstrom $Q = \mu\,f_m\,\sqrt{2g\,H_e} = 0{,}85\cdot 0{,}011\,\sqrt{2g\cdot 200} = 0{,}585$ m³/s. Rechnet man, was hier nicht weiter durchgeführt wird, unter Beachtung der entsprechenden μ-Werte die Wasserströme für 3 bis 4 s-Zwischenwerte aus, so erhält man die Wasserstromkennlinie, aus der sich für $Q_n = 0{,}5$ m³/s ein nutzbarer Nadelhub von $s_n = 65$ mm ergibt.

Die Nadelkraft bei geschlossener Düse wird mit $p = H_e/10 = 20$ kp/cm²

$$K_{n_{\max}} = \pi/4\,(d_m^2 - d_s^2)\,p = \pi/4\,(12{,}5^2 - 7{,}0^2)\,20 \approx 1700\ \mathrm{kp}\,.$$

Sie ergäbe ohne Berücksichtigung der Reibung eine maximale Nadelverstellarbeit $A_{n_{\max}} = K_{n_{\max}}\,s_n = 1700\cdot 0{,}065 = 110$ kpm, die sich einschließlich einer Ablenkerverstellarbeit von

$$A_{ab} \approx \frac{d_0^3\,H_e}{2600} = \frac{10^3\cdot 200}{2600} \approx 77\ \mathrm{kpm}$$

auch ohne weiteren Nadelkraftausgleich unmittelbar von einem Geschwindigkeitsdoppelregler mittlerer Normgröße aufbringen ließe. Ein Nadelkraftausgleich durch Ausgleichkolben und Ausgleichfeder würde dagegen eine wesentlich kleinere Nadelverstellarbeit A_n und damit einen kleineren Regler erfordern.

Düsenkopf und Düsenkrümmer werden aus Grauguß hergestellt. Bei der gewählten Wandstärke $s_r = 25$ mm tritt in der Rohrwand gem. Abschn. 5.2.5, S. 35, eine zulässige Beanspruchung von

$$\sigma_z = \frac{p\,D_r}{2\,s_r} = \frac{20\cdot 30}{2\cdot 2{,}5} = 120\ \mathrm{kp/cm^2}$$

auf.

IX. Abnahme

42. Allgemeines

Für Abnahmeversuche an Wasserturbinen gelten die VDI-Regeln für Abnahmeversuche an Wasserkraftmaschinen, die meist einen Teil des Liefervertrags bilden und unter Leitung eines unparteilichen Sachverständigen durchzuführen sind.

Sie erstrecken sich in der Regel auf die Nachprüfung der im Liefervertrag zugesicherten Leistungs- und Wirkungsgradgarantien, also auf die Feststellung des Wasserstroms Q, des Nutzgefälls H_e, der Nenndrehzahl n_n, der am Kuppelflansch abgegebenen Nutzleistung N_n und des Gesamtwirkungsgrades η bei den vertraglich vereinbarten Belastungsstufen, gegebenenfalls der bei plötzlicher Laständerung auftretenden Drehzahl- und Druckschwankungen. In der Regel werden Versuche bei mindestens 4 Belastungsstufen verlangt und ein Gesamtmeßfehler zugelassen, der nicht mehr als 2% der Garantiewerte überschreiten darf. Meßstelle, Belastungsstufen und Meßfehlergrenzen sind vertraglich festzulegen.

43. Meßmethoden

43.1 Wasserstrommessung

Sie beruht auf einer Geschwindigkeits- und Querschnittsmessung. Die Strömungsgeschwindigkeiten c sind bei konstanter Fallhöhe H_n in einem unveränderlichen, einwandfrei vermeßbaren und in der Nähe der Turbine gelegenen Meßquerschnitt einer geraden, möglichst langen und dichten

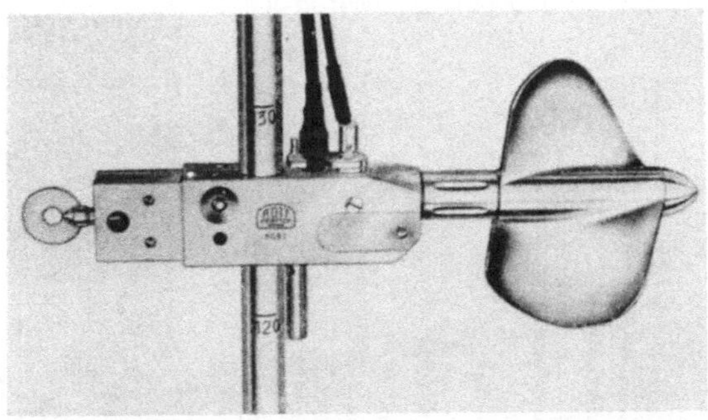

Abb. 173. Universalmeßflügel (A. Ott, Kempten)

Meßstrecke zu messen. Für die Geschwindigkeitsmessung benutzt man in der Regel Meßflügel, bei denen zwischen Flügeldrehzahl n_f und Strömungsgeschwindigkeit c eine eindeutige Funktion besteht (Abb. 173). Flügeldrehzahl und Meßdauer registriert man am besten mit automatischen Zeitschreibern (Chronographen).

Meßquerschnitte in offenen Gerinnen teilt man in Meßfelder ein und mißt c möglichst gleichzeitig in möglichst vielen Meßpunkten (Abb. 174).

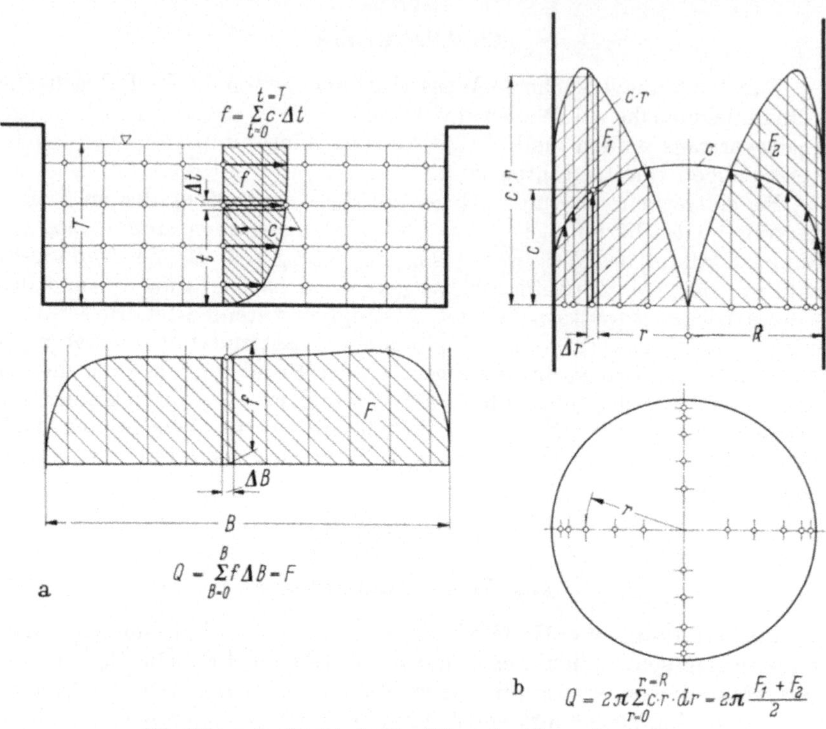

Abb. 174a u. b. Graphische Ermittlung des Wasserstromes Q
a) Freispiegelkanal; b) Rohrleitung

Abb. 175. Verstellbares Meßflügelgerüst für große Meßquerschnitte

Hierfür benutzt man Meßgeräte oder Meßwagen, an denen die Meßflügel befestigt sind, (Abb. 175). In Rohrleitungen mißt man c am besten über zwei senkrecht zueinanderstehende Durchmesser hinweg (Abb. 174). Den Wasserstrom Q erhält man dann durch graphische Integration der gemessenen und in den Meßpunkten aufgetragenen Geschwindigkeitswerte c (Abb. 174).

43.2 Gefällsmessung

Als Basis für die Gefällsmessung ist ein unverrückbarer, unverwüstlicher und deutlich erkennbarer Festpunkt anzulegen, von dem aus alle Höhen einwandfei einnivelliert werden können.

Bei offen eingebauten Turbinen ergibt sich das Nutzgefälle aus der Pegelstandsmessung, indem man die Höhenlage des Ober- und Unterwasserspiegels von einem Festpunkt aus durch feste Pegelmeßlatten, Stechpegel oder Schwimmpegel mißt. Die besten Ergebnisse liefern selbstregistrierende, in Beruhigungsschächten eingebaute Schwimmpegel.

Das Nutzgefälle von Rohrleitungsturbinen, das bei Überdruckturbinen durch Gl. (2), S. 67, und bei Freistrahlturbinen durch die Gleichung $H_e = x + p_e/\gamma + c_e^2/2g$ bestimmt wird, ergibt sich aus einer Höhen-, Geschwindigkeits- und Druckmessung. Hierbei werden die Drücke mit Quecksilber- oder Federmanometern gemessen und die Höhe x auf den Ruhestandspegel des Quecksilbermanometers oder auf Zifferblattmitte des Federmanometers bezogen. Die Druckmeßinstrumente setzt man in gerade Rohrstrecken von konstantem Querschnitt. Ihre Anschlußstutzen müssen senkrecht zur Rohrwand stehen und mit der Rohrinnenwand bündig abschließen. Die Verbindungsleitungen zwischen Meßstelle und Instrument sind bei Überdruckmessung luftfrei und bei Unterdruckmessung wasserfrei zu halten.

43.3 Leistungs- und Drehzahlmessung

Die Drehzahlen werden mit Stechtachometern oder Umlaufzählern gemessen. Die Messung der Nutzleistung läuft in der Regel auf eine Leistungsmessung des Stromerzeugers hinaus, da sich Bremszäune, Torsionsdynamometer oder elektrische, auf Induktivitäts- oder Kapazitätsmessung basierende Leistungsmesser in der Regel nicht verwenden lassen.

44. Durchführung und Auswertung der Versuche

Sämtliche Messungen sind im Beharrungszustand durchzuführen. Zur Messung sind gute Meßinstrumente und zuverlässige Beobachter zu nehmen. Die Instrumente sind unmittelbar vor und sofort nach dem Abnahmeversuch zu eichen. Sämtliche Meßstellen sind möglichst gleichzeitig und so häufig abzulesen, daß sich die Mittelwerte einwandfrei bestimmen lassen. Sämtliche Meßergebnisse sind laufend zu registrieren und, wenn nötig, auf das garantierte Nutzgefälle umzurechnen. Außerdem ist eine Fehlerrechnung für Einzel- und Gesamtfehler nachzuweisen.

Das Ergebnis des Abnahmeversuchs ist vom Versuchsleiter in einem Abnahmebericht niederzulegen und durch eigenhändige Unterschrift zu bestätigen. In diesem Bericht sind Besitzverhältnisse, Lage und Einrichtung der untersuchten Anlage so zu beschreiben, daß alle maßgebenden Zusammenhänge erkennbar werden. Weiter muß er Name des Lieferanten, Baujahr und Fabriknummer der Turbine, Herkunft, Tag und Ort der letzten Instrumenteneichung, Anordnung sämtlicher Meßstellen, Dauer und Tag des Abnahmeversuchs enthalten. Endlich müssen in diesem Bericht alle Meßergebnisse in zeitlicher Reihenfolge zahlenmäßig und graphisch mit einem Nachweis der erreichten Meßgenauigkeit angegeben sein.

Literaturverzeichnis

Fachbücher

1. Wasserkraftanlagen

LUDIN, A.: Wasserkraftanlagen (Handbibl. für Bauingenieure, III. Teil, 8. Bd.), Berlin: Springer 1934

RAUCH, A.: Wasserkraftanlagen (Franckh-Taschenbücher), Stuttgart: Franckhsche Verlagshandlung 1959

2. Wasserturbinen

CAMERER, R.: Vorlesungen über Wasserkraftmaschinen, Leipzig: Engelmann 1924

ESCHER-DUBS: Theorie der Wasserturbinen 3. Aufl., Berlin: Springer 1924

THOMANN, R.: Wasserturbinen, Stuttgart: Wittwer 1924 und 1931

KAPLAN-LECHNER: Theorie und Bau von Turbinenschnelläufern, München: Oldenbourg 1931

SPANNHAKE, W.: Kreiselräder als Pumpen und Turbinen, Berlin: Springer 1931

LAWACZEK, F.: Turbinen und Pumpen, Berlin: Springer 1932

PFLEIDERER, C.: Die Wasserturbinen, Wolfenbüttel-Hannover: Wolfenbüttler Verlagsanstalt 1947

KEYL-HÄCKERT: Wasserkraftmaschinen und Anlagen, Stuttgart: F. K. Köhler 1949

ADOLPH, M.: Einführung in die Strömungsmaschinen, Berlin/Göttingen/Heidelberg: Springer 1958

Fachzeitschriften

Energiewirtschaftliche Fragen
Ingenieurarchiv
ÖZE, Österr. Zeitschrift für Elektrizitätswirtschaft
Schweizer Bauzeitung
VDI-Forschungshefte
VDI-Regeln
VDI-Zeitschrift
Wasserkraft und Wasserwirtschaft

Firmenzeitschriften

Charmilles Informations Techniques
Escher Wyss Mitteilungen
Sulzer Technische Rundschau
Voith Forschung und Konstruktion